制作过程参见第2章

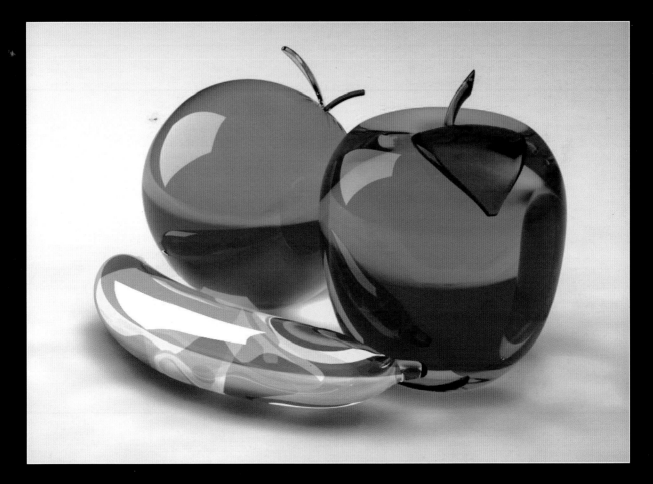

VRay灯光与渲染技术精粹

制作过程参见第2章

制作过程参见第2章

制作过程参见第2章

制作过程参见第2章

制作过程参见第4章

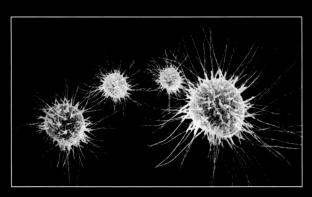

制作过程参见第2章

制作过程参见第2章

制作过程参见第3章

制作过程参见第4章

制作过程参见第5章

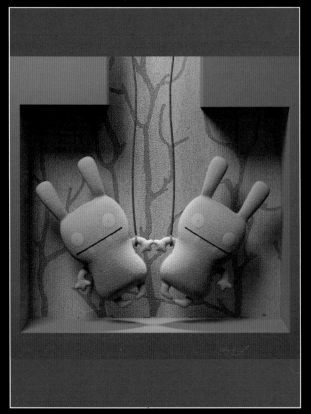

制作过程参见第6章

制作过程参见第5章

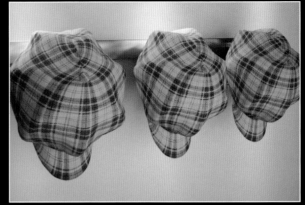

制作过程参见第6章

VRay 与

张海华 隗艳淼 胡潇 / 编著

灯光 渲染 技术精粹

清华大学出版社
北京

内容简介

　　本书定位于灯光与渲染技术，主要讲解3ds Max 2010和VRay 1.5 SP2在效果图表现领域的应用。通过23个完整案例，详细介绍了各种灯光的属性以及VRay渲染面板的设置，还公开了许多作者在长期灯光与渲染工作中积累的宝贵经验，本书附带一张DVD光盘，包括书中相关案例场景的模型、贴图及相关案例的视频教学内容。

　　本书特别适合于希望在效果图渲染方面提高渲染质量的人员阅读学习，也可以作为各大院校及相关培训班的教学参考用书。

图书在版编目（CIP）数据

VRay灯光与渲染技术精粹/张海华，隗艳淼，胡潇编著.——北京：清华大学出版社，2011.11
ISBN 978-7-302-25123-1

Ⅰ.①V… Ⅱ.①张… ②隗… ③胡… Ⅲ.①三维—动画—图形软件，VRay Ⅳ.①TP391.41

中国版本图书馆CIP数据核字（2011）第051628号

责任编辑：陈绿春
责任校对：徐俊伟
责任印制：王秀菊

出版发行：清华大学出版社　　　　　　　　地　　　址：北京清华大学学研大厦 A 座
　　　　　http://www.tup.com.cn　　　　　邮　　　编：100084
　　　　　社　总　机：010-62770175　　　邮　　　购：010-62786544
　　　　　投稿与读者服务：010-62795954，jsjjc@tup.tsinghua.edu.cn
　　　　　质　量　反　馈：010-62772015，zhiliang@tup.tsinghua.edu.cn
印　刷　者：北京市世界知识印刷厂
装　订　者：三河市兴旺装订有限公司
经　　　销：全国新华书店
开　　　本：210×285　印　张：21　插　页：4　字　数：578千字
　　　　　附 DVD1 张
版　　　次：2011 年 11 月第 1 版　　　印　次：2011 年 11 月第 1 次印刷
印　　　数：1～5000
定　　　价：79.00 元

产品编号：037325-01

　　随着经济的发展和社会需求的专业化，计算机在各个行业中得到了越来越广泛的应用，其中建筑公司、房地产、展缆展示等行业正在以计算机的各个软件制作项目规划。其中效果图制作行业，步步兴旺，从事这一行业的人数越来越多，众多的设计人员都在追求照片级的效果图。要制作照片级效果图最重要的除了材质就是灯光的合理利用，如何能调出具备照片级的效果图，正是许多人都刻苦钻研的目标。在本书中就将给大家讲解如何创建与设置正确的灯光属性，对VRay的每一种灯光属性都有全面的解释。每一种灯光所表现出不同的效果，以及最终VRay渲染面板的正确设置方法，在书中每章实例中都有特别提示读者应该注意的问题。根据多年积累，将丰富的材质与灯光设置方法与技巧通过每个案例一一讲解出来。

　　本书写作时使用的软件版本是3ds Max 2010 中文版，操作系统环境为Windows XP Service Pack 3、ADM Athlom II X3 425，VRay的版本为1.50 SP2，因此希望各位读者在学习时使用与笔者相同的软件环境，以降低出现问题的可能性。

　　全书共分了7章内容进行了详细的讲解，第1章主要介绍了部分VRay灯光的属性。第2章到第6章是通过不通的案例讲解了各种不通属性的灯光设置方法，最后一章内容我们运用了一个厨房来整体的介绍了制作效果图的过程。

　　本书结构清晰，步骤详细，每一步具体的操作都附有相对应的图片，读者熟悉了本书内容后绝对可以大大的提高自己的制做水平。与以往比较你会发现你的制图水平又上了一个台阶。

　　所附的DVD光盘中包含学习书中所有案例所需要的素材，以及笔者为帮助各位读者加快学习进度特别录制的教学视频。

　　本书作者从事CG行业多年，具有相当丰富的制图经验，书中内容融合了笔者多年累计的制图方法与技巧，供读者借签，希望对大家有所帮助，如果读者在阅读的过程中发现有不明白的和不清楚的地方，欢迎与本书的作者联系共同控讨。

　　本书由张海华、隗艳淼、胡潇主笔，参与本书编写的还包括：李玉贵、白燕飞、邓小乐、王宏艳、宋艳、李志芳、戈海利、曹鹏、王倩、张利娜、邓兰、王刚、席占龙、王辰、王存宝、郝艳伟、王艳彦、陈志芳、王桂花、杜志江、李卫玮、杜振红、邓志勇、邓桃、宋玉龙、王润清、郝艳青、张振军、郭海桃、吴小燕、李霞、李金、董宪粉、王存江、刘艳九、张润、肖凤英、张小婷、王斌、高鹏飞、胡建信、黄俊佳、李沙、史凤琴、王军良、王昊、曹福兴、韩勃生、周玉花、徐雪绒、胡娜、田丽、陈忠梅、许雪琴、赵琼、徐祥华、代光晶、孙杰、代宗轩、赵文清、李萍、刀淑贞、沈建华。

目 录

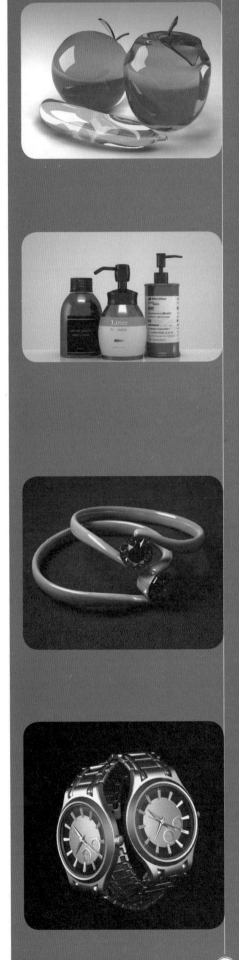

VRay灯光与渲染技术精粹

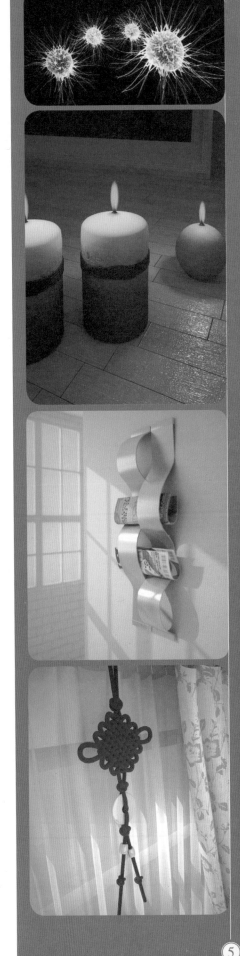

第1章
VRay灯光基础

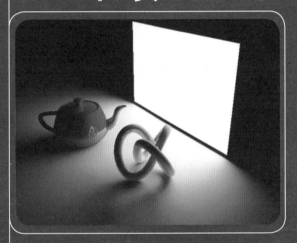

光线的运用以及表现在效果图中占有非常重要的地位，无论模型与材质设置得再好，多么出色，如果场景中光线的运用不到位，也不会表现出真实的、高质量的图像，恰当的运用光线能够非常好的体现模型的材质质感，表现出其立体感与真实感。VRay渲染器有自带的灯光类型，在"创建"面板中单击按钮，在下拉列表中选择VRay，在"对象类型"卷展栏中就会出现VRay自带的灯光类型选项，在VRay Adv1.50.SP4中有4种灯光类型，以下主要介绍VRay灯光，如图1-1-1所示。

图1-1-1　Vray灯光基础

VRay灯光的类型有4种，分别为平面、穹顶、球体和网格，如图1-1-2所示。

图1-1-2　灯光类型

- 平面：光线是从整个平面发散出来的。
- 穹顶：这种类型的VRay灯光可以模仿全局光的光线漫射，但是没有使用全局照明，这个效果和使用3ds Max的天空光获得的效果相似。
- 球体：光线是从整个球体表面发散的。
- 网格：该灯光可以拾取任何三维网格物体，使拾取后的物体发光，光线从物体本身发出。

以下主要介绍平面类型的VRay灯光参数。

平面类型的VRay灯光很容易理解，它只是个简单的发光面板，主要的参数除了强度和颜色，还有光照方向。对于平面，主要参数是尺寸的调整，它直接影响阴影效果。总体上来说，VRay灯光尺寸越小，阴影越锐利。相反，VRay灯光尺寸越大，阴影则越模糊，参数如图1-1-3所示。

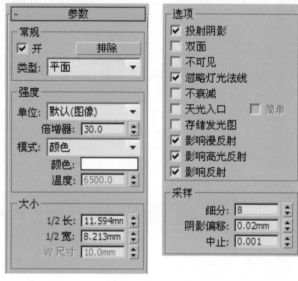

图1-1-3　灯光参数

1.1 常规选项区域

下面介绍"常规"选项区域中各参数的设置。

1.1.1 开

开：用于激活光源。激活和关闭VRay灯光的效果对比，如图1-1-4所示。

图1-1-4　开参数设置

只有激活VRay灯光选项，灯光的设置才会对场景光线起作用，取消该选项后空间中的物体就看不到了。

1.1.2 排除

排除：单击该按钮，会弹出一个对话框，这个对话框是用来设定哪些物体可以被照亮，哪些可以产生阴影，哪些两者都具备的。

单击"排除"按钮弹出的对话框。如图1-1-5所示。

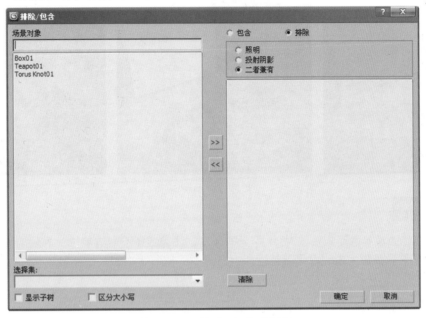

图1-1-5　排除/包含对话框

该对话框的左侧是场景里的几何体的名称，通过把部分模型移到右侧，可以决定它们是否被包含或被排除在照明里，是否能产生阴影，或即有阴影也同时被照明。

如图1-1-6所示是选择不同选项所得出的不同渲染效果。

图1-1-6　不同渲染效果

第1幅图中，虽然阴影很好，但是茶壶没有被VRay灯光的直接照明所影响。第2幅图中没有阴影。第3幅图中，既没有阴影也没有照明。

1.2 强度选项区域

下面介绍"强度"选项区域各参数的设置。

1.2.1 颜色

颜色：该选项可以设定由VRay灯光发射光线的颜色。

如图 1-2-1 所示是不同颜色的灯光所渲染出的效果。

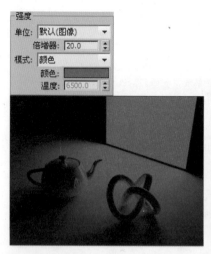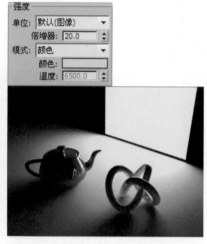

图1-2-1 不同颜色灯光渲染的效果

1.2.2 倍增器

倍增器：通过修改该参数可以修改 VRay 灯光的强度。注意选择不同的单位，表现的光线亮度会有所改变。VRay 灯光倍增器数值越大发光效果就越强烈，如图 1-2-2 所示。

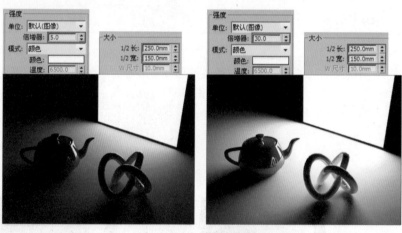

图1-2-2 倍增器设置

1.2.3 单位

- **默认／图像**：选中该选项时，衡量单位没有任何的物理参考，通过改变 VRay 灯光的尺寸，相等的倍增器参数，表现的光线亮度也会发生变化，阴影会非常锐利明显。
- **发光率**：选中该选项时，VRay 灯光尺寸的改变不会影响发光强度。光线数量和阴影的清晰度不再跟这个因素有关系，大的或小的 VRay 灯光平面都可以获得轮廓清晰的阴影。
- **亮度**：这里的发光能量不是全部的，而是每个面单位的。当使用这种单位时，改变 VRay 灯光尺寸和发光能量强度，会发生跟使用默认单位时一样的情况。
- **辐射率**：当选中该模式时，VRay 灯光尺寸的改变不会对发光强度有任何影响，同样的情况在使用发光率数量单位时也可以看见。记住，一个100W的白炽灯灯泡只把吸收的能量的2%～3%转换成光线。
- **辐射**：选中该选项时，如果改变 VRay 灯光的尺寸和发光量的强度，跟使用默认和亮度单位时的情况一样。

1.3 大小选项区域

下面介绍"大小"选项区域各参数的设置。

当灯光类型为"平面"时，可以设置平面光源的长度与宽度，当灯光类型为"球体"时，可以设置球体光源的半径。当灯光为"穹顶"光源时就不用这个参数了。

如图1-3-1所示是修改平面灯光的长度与宽度所发生的效果变化，倍增器参数相同。

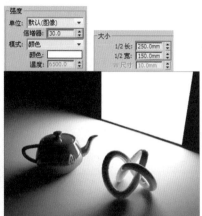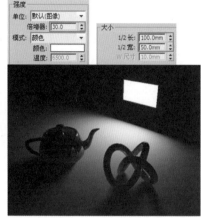

图1-3-1 修改长度和宽度

1.4 "选项"选项区域

下面介绍"选项"选项区域各参数的设置。

1.4.1 投射阴影

投射阴影：该选项可以控制渲染过程中是否有阴影。如果取消勾选的话，就不生成阴影。

如图1-4-1所示为勾选"投射阴影"与取消勾选"投射阴影"选项的对比。

图1-4-1 设置投射阴影

1.4.2 双面

双面：默认的 VRay 平面灯光只沿着图标箭头指示的方向发射光线。勾选"双面"选项的话，可以从图标两侧同时发射光线，勾选"双面"选项只对 VRay 平面灯光有作用。

如图 1-4-2 所示为勾选"双面"与取消勾选"双面"选项时渲染效果的对比。

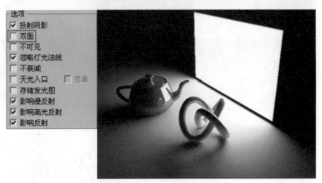

图1-4-2　设置双面

提示：

从图中可以发现勾选"双面"选项后，VRay平面光源两面都发光，背面的空间也受到光源的影响，取消勾选"双面"选项后，面光源只有箭头所指的方向发光。

1.4.3 不可见

不可见：该选项可以控制 VRay 灯光的可见性。勾选时，VRay 灯光在保持强度和颜色特性时还可以看到它。注意可见性的意思说的是相机能直接看见的光线，如果是反射物体上的光源，"不可见"选项是没有作用的。想要在物体表面也反射不到它们的话，就必须使用"影响反射"选项，我们马上会讲到这个参数。

如图 1-4-3 所示为勾选"不可见"与取消勾选"不可见"选项时渲染效果的对比。

提示：

勾选"不可见"选项后，在渲染视图中看不到面光源了，只有面光源发射出来的光线，取消勾选"不可见"选项后就能看到面光源了。

图1-4-3　设置不可见

1.4.4 影响反射

影响反射：勾选该选项，VRay 灯光就会在物体的反射中看到。

如图 1-4-4 所示为勾选"影响反射"与取消勾选"影响反射"选项时渲染效果的对比。

提示：

勾选"影响反射"选项后，可以在物体上看到反射的面光源，而取消勾选"影响反射"选项后，在物体上就看不到反射的面光源。

图1-4-4　设置影响反射

1.5 采样选项区域

下面介绍"采样"选项区域各参数的设置。

1.5.1 细分

细分：该参数可以设定 VRay 用于运算 VRay 灯光产生阴影的采样数量，跟所有的细分值一样，值越小，渲染越快，质量越差，噪点越多。

如图 1-5-1 所示为不同细分值所渲染的效果对比。

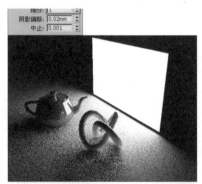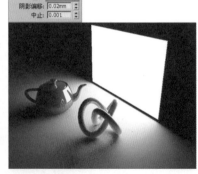

提示：

在图中可以发现当细分值为1时，有非常多的噪点，渲染质量很差，随着细分值的提高，图像渲染的质量越来越好，噪点也越来越少，得到的效果越细腻。

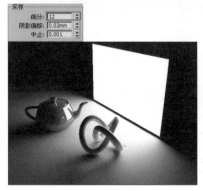

图1-5-1　设置细分

1.5.2 阴影偏移

　　阴影偏移：该参数控制物体的阴影渲染偏移程度。参数设置得越高，阴影越靠近几何体，直到消失。

　　如图 1-5-2 所示为"阴影偏移"参数由小到大所渲染出的不同阴影效果。

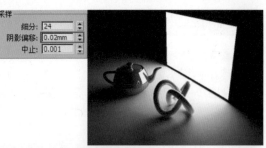

> **提示：**
>
> 　　"阴影偏移"为0.02时，场景中物体的阴影范围很大、很模糊，当"阴影偏移"参数提高后，物体阴影越来越清晰，也越接近物体本身，当参数为100时，阴影几乎已经没有了。

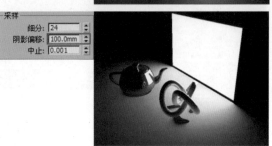

图1-5-2　设置阴影偏移

1.5.3 中止

　　中止：该参数是设定 VRay 灯光强度的临界值，低于该值就不产生光线了。

　　使用很低的中止值，对 VRay 灯光的影响很大，发光量把很远的物体也能覆盖到。增加临界值，VRay 灯光会对更远的区域降低它的影响力，如图 1-5-3 所示。

> **提示：**
>
> 　　从图中可以发现设置得中止参数越高，面光源发射的光线就越少，更远的区域就无法进行照明，参数越小，发射的光线越远。

　　小结：本章介绍了 VRay 灯光中常用的参数，掌握好这些知识可以为自己打下一个很好的基础。

图1-5-3　设置中止

第2章
VRay灯光与渲染

2.1 实例：香水瓶的灯光与渲染

⊙本案例主要表现了水晶玻璃的质感，最终效果如图2-1-1所示。

图2-1-1 最终效果

2.1.1 摄影机光晕参数对空间的影响

01 首先来讲述一下空间中摄影机的创建方法，在 📷 面板中单击 VR物理摄影机 按钮，如图2-1-2所示。

02 切换到顶视图中，创建空间中的摄影机。按住鼠标在顶视图中创建一个摄影机，具体位置如图2-1-3所示。

图2-1-2 选择摄影机

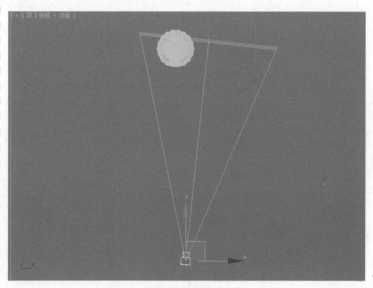

图2-1-3 摄影机顶视图角度位置

03 切换到前视图中，调整摄影机位置，如图2-1-4所示。

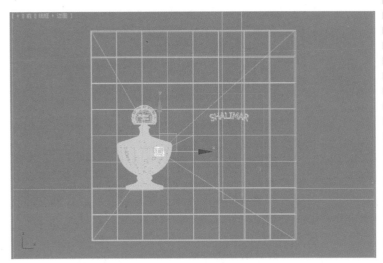

图2-1-4　前视图摄影机位置

04 切换到左视图中，调整摄影机位置，如图2-1-5所示。

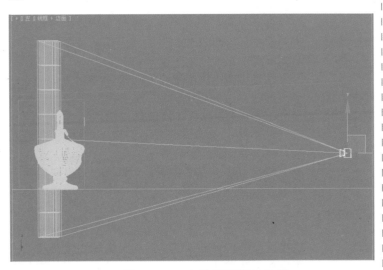

图2-1-5　左视图摄影机位置

05 在修改器列表中设置摄影机的参数，将"光圈数"设置为1，其他设置如图2-1-6所示。

提示：

本场景的相机目标点向上移动了，需要单击"估算垂直移动"按钮来进行校正。

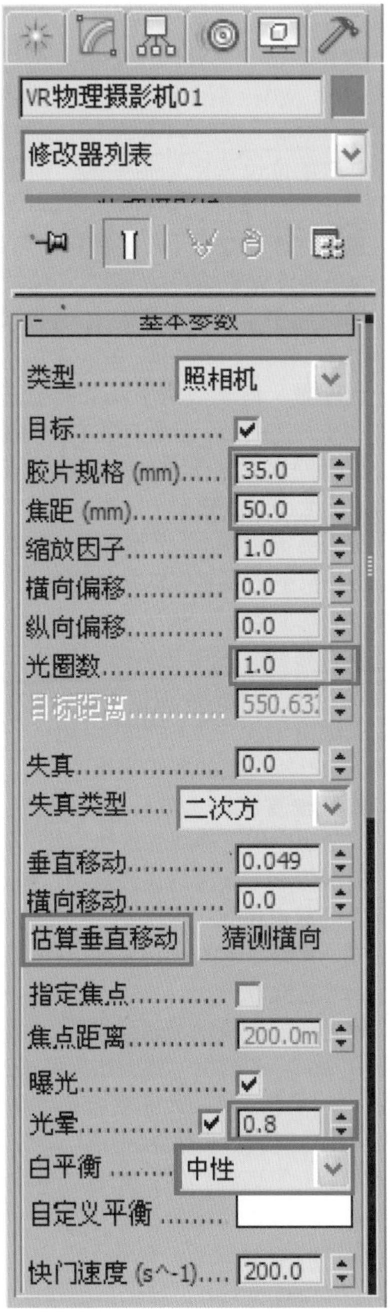

图2-1-6　摄影机参数

类型：在该下拉列表中可以选择到不同的相机类型，它的选择直接影响运动模型的类型。

照相机：可以模仿典型的胶片相机，可以显示快门、孔径和物镜。

电影摄像机：可以模仿电影院数码电影相机，它有个特别的特性就是有个旋转的快门。

DV 摄像机：可以模仿 CCD 传感器的视频相机，没有实际的快门，它的功能是自动控制的。

目标：取消勾选该选项（默认的设置），视频相机里就没有目标点了。视频相机角度就只能通过改变相机目标来实现，而不是目标点。

胶片规格：该参数用于设定框的水平尺寸，单位是毫米，VRay 默认设置使用的是照相机，胶片的尺寸是 36mm，框为 36×24mm，注意该值是和 3ds Max 中的单位设置密切相关的。还有其他格式，比如 55×55mm 的中等格式。

焦距：该参数用于设定目标的焦距，焦长与 3ds Max 的单位设置密切相关。

缩放因子：该参数越高，物体越被放大，低于 1 的值则让物体更小。

光圈数：该参数用于设立孔径开口数量，只有当激活曝光选项后，光圈参数才影响图片的曝光数量。

目标距离：这是个信息参数，可以显示相机和它的目标之间的距离。

失真：该参数设定用于相机镜头的变形数量的。当拍摄有很多直线的物体时变形最明显，如格子、大楼、海平面等。

垂直移动：这里指的是当给一个楼或摩天大厦照相时，向上倾斜相机所产生的特殊透视效果，这个现象是由于胶片面板和被照物体的垂直线面板之间的不平行所造成的透视效果。

估算垂直移动：位于 VR 物理相机中，这个选项可以自动找到正确的垂直移动值。

指定焦点：取消勾选该选项，焦点会和 VR 物理像机的目标点位置完全重合。勾选该选项的话，可以通过"焦距"参数人工的设定焦点距离，而不用管目标点的位置。

曝光：如果取消勾选该选项，VR 物理像机会和普通的 3ds Max 相机一样。如果勾选该选项，"光圈"参数、快门速度和胶片速度会影响图的曝光，VRay 相机会和真实的相机相同。

光晕：勾选该选项，光晕效果会被使用到最终渲染图上，这是个很普通的相机现象。还可以设定渲染图里的光晕数量。光晕为 0 时，没有光晕效果出现，当光晕为 1 时，是正常的强度。

白平衡：试想一下在白天看一个白色的纸，如果用设备来衡量它的颜色，会出现黄色或淡蓝色的色调，这是因为受了太阳光和天空的影响。用人眼来观察的话纸就是白色，如果在一个有白炽灯的房间中看纸，也还是白色的，但其实它是有黄色的，实际上这是因为大脑让人眼认为纸是白色的，但技术上却不是白色的，可以通过相机来模仿这个效果。

快门速度：该参数表示快门的开放速度，由秒来表示，比如设置为 250，VRay 表示为 1/250th 每秒。快门速度参数和光圈密切相关，因此需要调整两个参数来保证曝光数量的正确，光圈和快门速度是两个最主要的参数。

快门角度：该参数表示相机的快门角度。

快速偏移：该参数表示电影相机的快门角度的运动。

延迟：该参数用于数码 CCD 相机，这个表示电子快门的等待时间，以秒衡量。

胶片速度：该参数表示胶片的敏感度。设置低胶片敏感度低，如果是这样的话，相等的光圈设置，胶片需要曝光的时间要比敏感度高的胶片需要的时间更长。相反，相等的光圈和快门速度设置，使用敏感度高的胶片，可以获得更亮、更清晰的图片。

叶片数：该参数直接影响背景特效。

旋转：该参数设定孔径的叶片的旋转，这就意味着旋转背景特效效果，可以顺时针或逆时针旋转。

中心偏移：该参数可以选择背景特效的形状和它的侧面的厚度。

各项异性：该选项可以使背景特效水平和垂直方向都变形，当模仿一些物镜歪像的镜头时很管用。

景深：该选项用于设置 DOF。

运动模糊：该选项用于设置运动模糊。

细分：该参数决定用于景深和运动模糊运算的采样，因此来设定噪点的级别。

地平线：勾选该选项，在 VR 物理相机中可以观察视图里地平线的状态。

剪切：勾选该选项后就可以修改近端剪切平面和远端剪切平面参数了。这两个参数可以设定从距离相机的哪个位置，VRay 开始渲染。比由近端剪切平面设定的面板更近的物体在渲染图里是看不见的，比由远端剪切平面设定的面板更远的物体在渲染图里也看不见。这些面板就像两个大刀把场景给切断了。

近端环境范围：该参数决定距离切板多远之内不渲染东西。

远端环境范围：该参数决定距离切板超过多远之外不渲染东西。

空间的材质有香水瓶的材质和纸盒的材质，下面来详细的介绍香水材质的具体设置方法。

2.1.2　香水瓶质感的表现

01　打开配套光盘中的"香水 .max"文件，如图 2-1-7 所示。

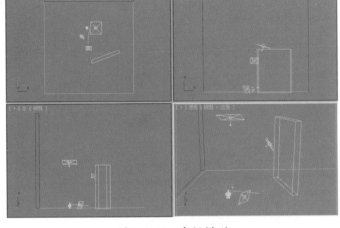

图2-1-7　空间模型

02　打开材质编辑器，在材质编辑器中新建一个 ●VR材质，设置玻璃材质的漫反射颜色。颜色数值分别设置为 192/192/184，如图 2-1-8 所示。

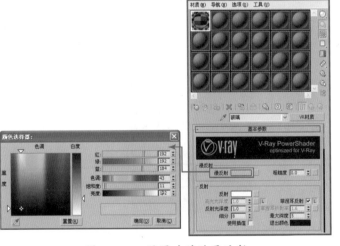

图2-1-8　设置玻璃的漫反射

03　设置完漫反射颜色后，再来调整反射，颜色数值分别设置为 255/255/255，同时勾选"菲涅尔反射"选项。参数设置如图 2-1-9 所示。

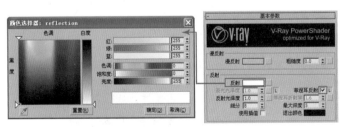

图2-1-9　设置玻璃的反射

> **提示：**
> 　　VRay的反射强度是通过黑白亮度的调节进行设置的，设置的颜色越白，反射强度越强。在"反射"选项区域里，"光泽度"的数值最大为1，说明反射为完全反射。"光泽度"越小模糊感越强。玻璃一般为镜面反射，所以不用设置光泽度，在勾选"菲涅尔反射"选项后，反射物体的反射效果随着物体曲面变化而发生变化。当反射物体表现与视点的夹角越小时，反射效果越明显。当反射物体表现与视点的夹角呈90°时，反射效果最弱。勾选"菲涅尔反射"选项后，可用来模拟玻璃、瓷器和油漆材质。

04 玻璃为透明的物体，所以要设置"折射"，在这里将玻璃的折射颜色数值分别设置为238/238/238，为了更好的表现玻璃的效果，将"折射率"设置为1.5，同时勾选"影响阴影"选项，"影响通道"为"颜色+alpha"，参数如图2-1-10所示。

图2-1-10　设置玻璃的折射

提示：

　　勾选折射中的"影响阴影"选项，可以使光线穿过半透明物体，并影响阴影的颜色。设置反射折射中的影响通道为"颜色+Alpha"后，在最终渲染的图像中会影响透明物体的Alpha通道。

05 参数设置完成，材质球最终的显示效果如图2-1-11所示。

图2-1-11　玻璃材质球

06 玻璃材质设置完成后，再设置液体材质。打开材质编辑器，新建一个 ●VR材质，颜色数值分别设置为247/224/233，其他参数如图2-1-12所示。

图2-1-12　设置液体漫反射颜色

07 设置完漫反射颜色后，调整一下反射，将颜色数值分别设置为188/188/188，同时勾选"菲涅尔反射"选项，参数设置如图2-1-13所示。

图2-1-13　设置液体的反射

08 液体为透明的物体，所以要设置折射参数，在这里将液体的折射颜色数值分别设置为255/255/255，为了更好的表现液体的效果，勾选"影响阴影"选项，烟雾颜色数值分别设置为247/224/233，同时"烟雾倍增"设置为0.3，如图2-1-14所示。

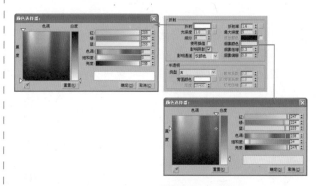

图2-1-14　设置液体的折射

提示：

　　"影响阴影"用来调整穿过物体的光线的衰减。可以模仿玻璃的物理特性，薄的几何体比厚的更透明，颜色更淡，设置的颜色从亮到暗的变化会更改材质本身渲染的颜色、亮度和透明度，同时阴影也会有新的颜色变化。

09 参数设置完成，材质球最终的显示效果如图2-1-15所示。

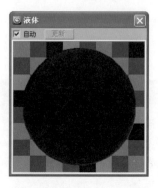

图2-1-15　液体材质球

10 液体材质设置完成后，设置塑料材质。打开材质编辑器，在材质编辑器中新建一个 ●VR材质，颜色数值分别设置为12/12/12，其他参数如图2-1-16所示。

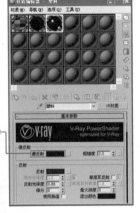
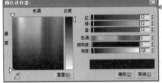

图2-1-16　设置塑料漫反射颜色

11 设置完漫反射颜色后，调整一下反射，颜色数值分别设置为27/27/27，"反射光泽度"设置为0.86，参数设置如图2-1-17所示。

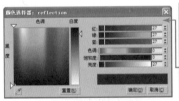
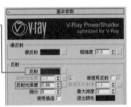

图2-1-17　设置塑料的反射

知识点：

VRay材质中的"光泽度"与"细分"是两个非常重要的参数。光泽度最大值为1，最小值为0。光泽度越大，物体的反射模糊感就越弱。光泽度越小，物体的反射模糊感就越强。细分值默认为8，细分值越高模糊反射的颗粒感越小越细腻。细分值越高同样可以减少图像的噪点，以达到提高渲染质量的目的。

12 参数设置完成，材质球最终的显示效果如图2-1-18所示。

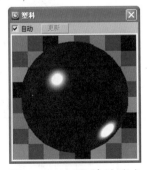

图2-1-18　塑料材质球

13 接下来设置金属的材质。在材质编辑器中新建一个 ●VR材质，设置金属漫反射的颜色数值分别为214/205/146，如图2-1-19所示。

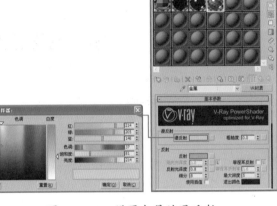

图2-1-19　设置金属的漫反射

14 设置完漫反射颜色后，调整一下反射，颜色数值分别设置为153/153/153，"反射光泽度"设置为0.8，参数设置如图2-1-20所示。

图2-1-20　设置金属的反射

15 参数设置完成，材质球最终的显示效果如图2-1-21所示。

图2-1-21　金属材质球

2.1.3　表现菲涅尔反射的效果

01 金属材质设置完成后，设置文字的材质。打开材质编辑器，在材质编辑器中新建一个 ●VR材质，颜色数值分别设置为12/12/12，具体参数如图2-1-22所示。

图2-1-22 设置字体的漫反射颜色

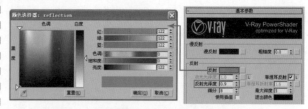

图2-1-23 设置字体的反射

02 设置完漫反射颜色后，调整一下反射，颜色数值分别设置为122/122/122，"反射光泽度"设置为0.9，同时勾选"菲涅尔反射"选项，其他参数设置如图2-1-23所示。

03 参数设置完成，材质球最终的显示效果如图2-1-24所示。

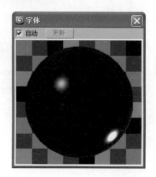

图2-1-24 字体材质球

2.1.4 贴图模糊参数的调整

01 文字材质设置完成后，再设置纸盒材质。打开材质编辑器，在材质编辑器中新建一个 ●VR材质，在漫反射通道中添加一张 □位图 贴图，其他参数如图2-1-25所示。

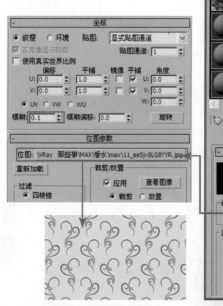

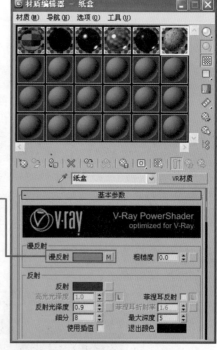

图2-1-25 设置纸盒漫反射颜色

提示：
　　在漫反射中添加位图时，可以适当修改位图的模糊值。模糊值越小，最终渲染出来的贴图就越清晰，模糊值的最小值为0.01。

02 设置完漫反射颜色后，调整一下反射，颜色数值分别设置为49/49/49，"反射光泽度"设置为0.9，参数设置如图2-1-26所示。

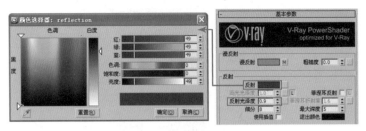

图2-1-26 设置纸盒的反射

03 在"贴图"卷展栏中设置"凹凸"贴图，在凹凸通道中添加一张 位图 贴图。贴图"模糊"值设置为0.1。凹凸数值设置为30，其他参数如图2-1-27所示。

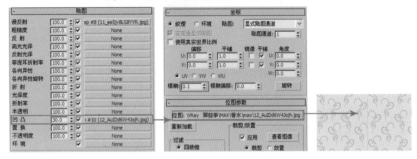

图2-1-27 设置纸盒的凹凸

04 设置UVW贴图，选择纸盒模型，在修改器列表中添加"UVW贴图"修改器，设置贴图类型为"长方体"，将长度、宽度与高度参数分别设置为120mm/120mm/80mm，其他设置如图2-1-28所示。

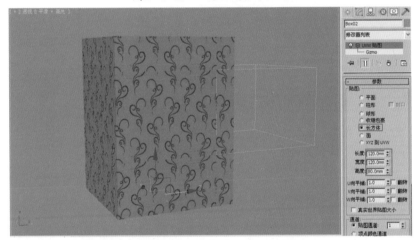

图2-1-28 设置UVW贴图

05 参数设置完成，材质球最终的显示效果如图2-1-29所示。

图2-1-29 纸盒材质球

2.1.5 漫反射的调整

01 接下来设置地面的材质，在材质编辑器中新建一个 VR材质，设置地面材质的漫反射，漫反射颜色数值分别设置为255/255/255，参数设置如图2-1-30所示。

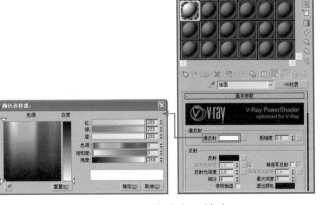

图2-1-30 设置地面材质

02 参数设置完成，材质球最终的
显示效果如图2-1-31所示。

图2-1-31　地面材质球

2.1.6　发光反光板的效果

01 接下来设置反光板的材质，
在材质编辑器中新建一个
●VR灯光材质，设置颜色数值
分别为255/255/255。数
值设置为1，参数设置如图
2-1-32所示。

图2-1-32　设置反光板材质

提示：
　　发光材质如果参数设置得太高会对空间的渲染效果有一定的影响，在这里只需要使用发光板达到一
个反射效果，所以不需要将参数设置得太高。

02 参数设置完成，材质球最终的
显示效果如图2-1-33所示。

图2-1-33　反光板材质球

空间中的材质已经设置完毕，查看赋予材质后的效果，
如图2-1-34所示。

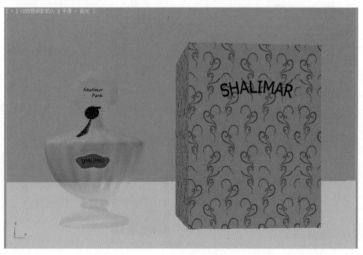

图2-1-34　赋予材质后的空间

2.1.7 创建场景中的灯光属性的表现

01 首先来创建模型顶面处的光源，在这个空间中创建了3面VRay光源，单击创建命令面板中的图标，在相应的面板中，单击VRay类型中的"VRay灯光"按钮，将灯光的类型设置为"面光源"，如图2-1-35所示。

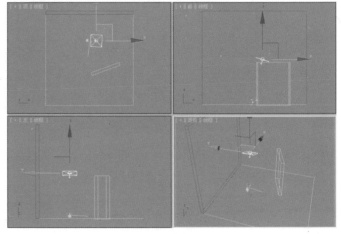

图2-1-35 创建VRay灯光

02 设置灯光大小为200mm×200mm，设置灯光的颜色分别为255/255/255，颜色"倍增器"为15，参数设置如图2-1-36所示。

图2-1-36 设置VRay灯光参数

03 在"选项"选项区域中勾选"不可见"选项，并设置"细分"值为16，参数设置如图2-1-37所示。

图2-1-37 设置VRay灯光参数

提示：

设置VRay灯光中的细分值，可以提高灯光的光影效果，降低阴影噪点。但过高的细分值会降低渲染速度。勾选VR灯光的"不可见"选项，可以让相机看不见VR灯光，但VR灯光对室内还是照明的。

04 再来创建模型前方处的光源，在这个空间中创建了一面VRay光源，单击创建命令面板中的图标，在相应的面板中，单击VRay类型中的"VRay灯光"按钮，将灯光的类型设置为"面光源"，如图2-1-38所示。

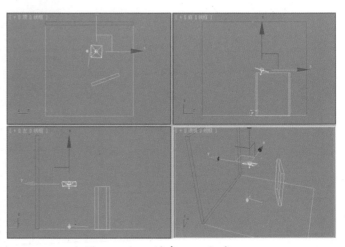

图2-1-38 创建VRay灯光

05 设置灯光大小为 100mm×100mm，设置灯光的颜色分别为 255/255/255，颜色"倍增器"为 10，参数设置如图 2-1-39 所示。

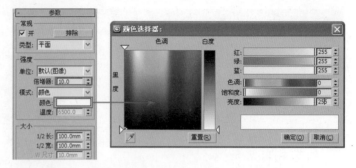

图2-1-39　设置VRay灯光参数

06 在"选项"选项区域中勾选"不可见"选项，并设置"细分"值为16，参数设置如图 2-1-40 所示。

图2-1-40　设置VRay灯光参数

07 最后创建一面局部照亮香水的光源，单击创建命令面板中的图标，在相应的面板中，单击 VRay 类型中的"VRay 灯光"按钮，将灯光的类型设置为"面光源"，如图 2-1-41 所示

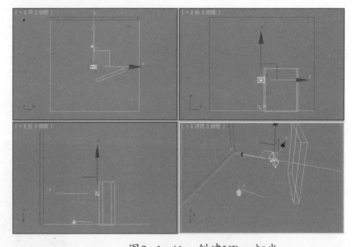

图2-1-41　创建VRay灯光

08 设置灯光大小为 100mm×100mm，设置灯光的颜色分别为 255/255/255，颜色"倍增器"为 5，参数设置如图 2-1-42 所示。

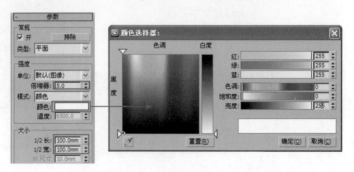

图2-1-42　设置VRay灯光参数

09 在"选项"选项区域中勾选"不可见"选项,并设置"细分"值为16,参数设置如图2-1-43所示。

图2-1-43 设置VRay灯光参数

2.1.8 场景渲染面板设置

01 按快捷键F10打开"VRay渲染器"面板,设置VRay的全局开关,进入 V-Ray::全局开关[无名] ,将默认灯光设置为"关"的状态,其实默认灯光选项在空间中有光源的情况下就会自动失效,设置参数如图2-1-44所示。

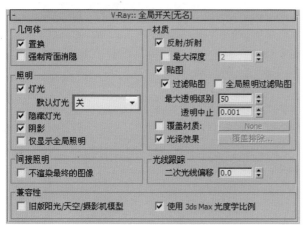

图2-1-44 设置全局开关参数

02 设置成图图像抗锯齿,进入 V-Ray::图像采样器(反锯齿) 卷展栏,设置图像采样器的类型为"自适应确定性蒙特卡洛",打开"抗锯齿过滤器",设置类型为"VRay蓝佐斯过滤器",如图2-1-45所示。

图2-1-45 设置全局开关参数

提示:

在图像采样器类型中使用"自适应准蒙特卡洛"类型,可以更好的表现出各种贴图、灯光、模糊反射、折射,所以它是VRay渲染器中最好的图像采样器类型,但也是渲染最慢的采样器。开启"抗锯齿过滤器"的作用类似于给图像在渲染中施加锐化。一般情况使用"VRay蓝佐斯过滤器"即可。当然也可以根据自己的习惯使用其他过滤器。

03 进入 V-Ray::间接照明(GI) ,打开"全局光焦散",设置全局光引擎类型,首次反弹类型为"发光图",二次反弹类型为"灯光缓存",之后使用的类型都是这两种,发光图与灯光缓存相结合渲染速度比较快,质量也比较好,如图2-1-46所示。

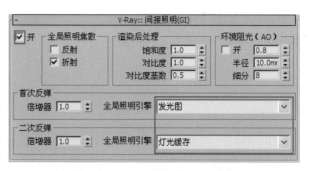

图2-1-46 设置间接照明参数

提示:

单体模型的渲染方式可以有好几种组合方式。比如上面讲到的使用发光贴图加灯光缓存的方式,也可以使用双BF算法,同样也可以使用"BF算法"加"灯光缓存"的方式,本书主要采用发光贴图加灯光缓存的间接照明组合。

04 进入 `V-Ray:: 发光图[无名]`，设置发光图参数，设置当前预置为"中"，打开"细节增强"选项，由于单体模型本来占用空间就很小，所以不需要设置保存路径，灯光缓存与发光贴图同理，如图2-1-47所示。

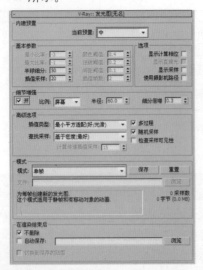

图2-1-47　设置发光图参数

提示：

根据最终渲染出图的大小，在发光贴图中将当前预置设定为"中"，已经足够表现本书中所有的模型，当然如果对渲染质量要求更高，可以将当前预置设定得更高一些。"半球细分"和"插补采样"都可以控制图像的渲染质量，提高数值会增加渲染时间。勾选"细节增强"选项能更好的表现模型转折处的阴影关系，增强物体的体积感，同样也会增加渲染时间。

05 进入 `V-Ray:: 灯光缓存`，将灯光缓存的"细分"值设为1000，在"重建参数"选项区域中勾选"对光泽光线使用灯光缓存"选项，这会加快渲染速度，对渲染质量没有任何影响，设置参数如图2-1-48所示。

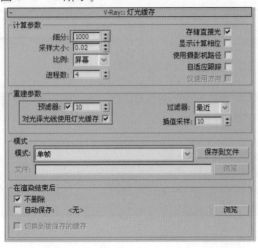

图2-1-48　设置灯光缓存参数

06 进入 `V-Ray:: 确定性蒙特卡洛采样器`，设置"噪波阈值"为0.001。参数低噪点少，值越高，噪点越明显。渲染时间与参数成反比关系，其他参数如图2-1-49所示。

图2-1-49　设置参数

知识点：

"噪波阈值"参数是VRay决定什么时候使用采样。实际意思是整体噪点的增加或减少。参数低噪点少，值越高，噪点越明显。渲染时间与参数成反比关系，对于高质量的渲染图，值尽量不要低于0.002，因为渲染时间会太长。

07 进入 `V-Ray:: 颜色贴图`，设置类型为"线性倍增"，这种模式将基于图像的亮度来进行每个像素的亮度倍增。那些太亮的颜色成份（在255之上或0之下的）将会被抑制，如图2-1-50所示。

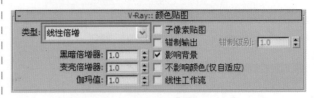

图2-1-50　设置颜色贴图参数

08 进入渲染器公用面板，设置渲染图像分辨率，一般渲染输出文件是以TGA格式为主，参数设置如图2-1-51所示。

图2-1-51　设置渲染图像大小

09 设置完成后单击"渲染"按钮即可渲染最终图像了，渲染最终效果如图2-1-52所示。

图2-1-52　最终渲染效果

提示：
本实例的讲解视频，请参看光盘\视频教学\第2章\"香水"中的内容。

2.2　实例：酒瓶的灯光与渲染

⊙本案例主要表现了酒瓶的反射效果，讲述灯光的创建，使空间中的背景有一个渐变的效果，最终效果如图2-2-1所示。

图2-2-1　最终效果

2.2.1 摄影机光圈参数的重要性

01 首先来讲述空间中摄影机的创建方法，在 ⬚面板下单击 VR物理摄影机 按钮，如图 2-2-2 所示。

02 切换到顶视图中，创建空间中的摄影机。按住鼠标在顶视图中创建一个摄影机，具体位置如图 2-2-3 所示。

图2-2-2　选择摄影机

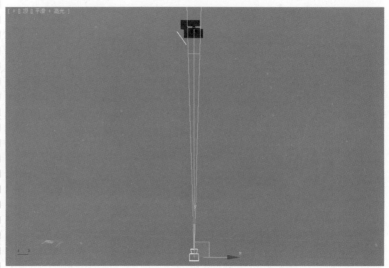

图2-2-3　摄影机顶视图角度位置

03 切换到前视图中，调整摄影机位置，如图 2-2-4 所示。

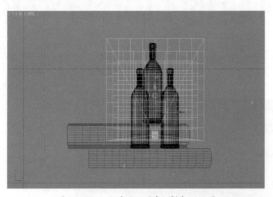

图2-2-4　左视图摄影机位置

04 再切换到左视图中，调整摄影机位置，如图 2-2-5 所示。

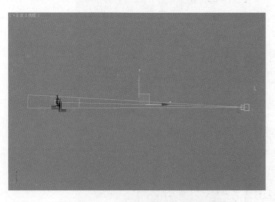

图2-2-5　左视图摄影机位置

05 在修改器列表中设置摄影机的参数，具体参数设置如图 2-2-6 所示。

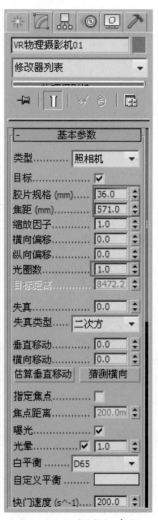

图2-2-6　摄影机参数

空间的材质分为木材、背面与酒瓶等材质，下面来详细的介绍这些材质的具体设置方法。

2.2.2 酒瓶中 VR 混合材质的效果

01 首先打开配套光盘中的"酒瓶 .max"文件，如图 2-2-7 所示。

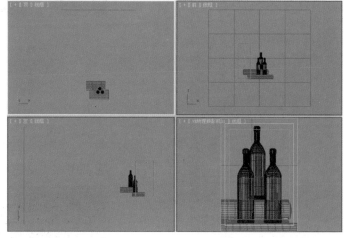

图2-2-7 打开模型

02 打开材质编辑器，在材质编辑器中新建一个 ●VR材质，设置玻璃瓶材质的漫反射与反射，设置漫反射的颜色为黑色，颜色数值分别设置为 0/0/0，反射的颜色数值分别设置为 34/34/34，参数设置如图 2-2-8 所示。

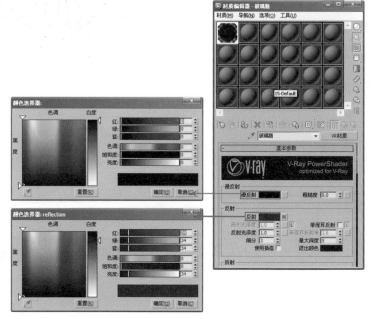

图2-2-8 设置玻璃瓶漫反射与反射材质

03 设置完漫反射与反射后，在反射通道中添加一个"衰减程序纹理"贴图，两个通道中的颜色数值保持为默认的参数，设置"衰减类型"为 Fresnel 类型，然后设置反射的数值为 90，参数设置如图 2-2-9 所示。

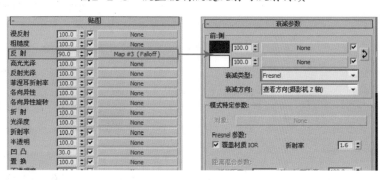

图2-2-9 设置材质反射

提示：

　　在反射通道中添加程序贴图后，如果设置反射的参数是默认的100，那么在反射中设置的颜色就不会起任何作用，如果修改了反射的参数，那么设置的颜色对反射效果是有影响的。

04 玻璃瓶有一点的透明度，所以要设置折射参数，在这里将玻璃瓶的折射颜色数值分别设置为8/8/8，勾选"影响阴影"选项，并选中"颜色+alpha"选项，将"折射率"设置为1.517。在这里使用了烟雾颜色，将颜色设置为了黑色，并设置"烟雾倍增"值为0.1，参数设置如图2-2-10所示。

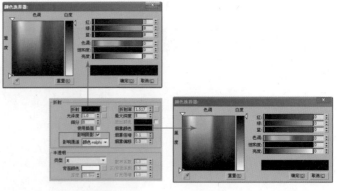

图2-2-10　设置材质折射

05 参数设置完成，材质球最终的显示效果如图2-2-11所示。

图2-2-11　玻璃瓶材质球

06 接下来设置瓶盖的材质，在材质编辑器中新建一个 ● VR混合材质，首先设置基础材质，在基础材质通道中添加 ● VR材质，设置如图2-2-12所示。

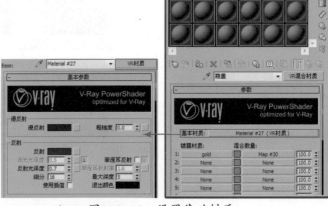

图2-2-12　设置基础材质

07 添加材质后，再来设置材质的漫反射与反射参数，设置漫反射的颜色为深红色，颜色参数分别设置为78/0/9，反射的颜色参数分别设置为45/45/45，将"反射光泽度"设置为0.7，同时提高"细分"值为16，参数设置如图2-2-13所示。

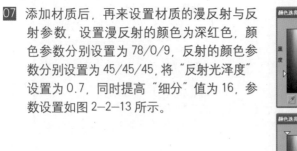

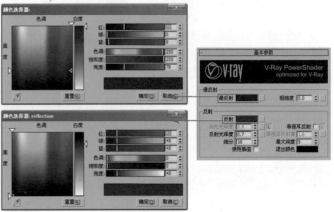

图2-2-13　设置漫反射与反射

08 设置完基础材质后，再来设置镀膜材质，同样在通道中添加一个 ●VR材质，设置如图2-2-14所示。

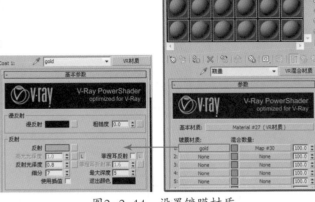

图2-2-14 设置镀膜材质

09 添加材质后，再来设置材质的漫反射与反射参数，设置漫反射的颜色为黑色，颜色参数分别设置为0/0/0，反射的颜色参数分别设置为196/168/106，将反射光泽度设置为0.8，参数设置如图2-2-15所示。

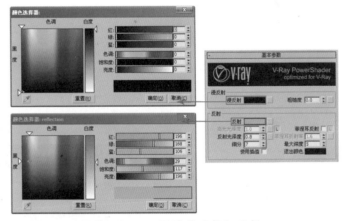

图2-2-15 设置漫反射与反射

10 设置完镀膜材质后，再来设置混合数量材质，在通道中添加一个 ◢渐变坡度贴图，设置"渐变坡度参数"中的颜色为黑白两种颜色，其他参数保持不变，具体设置如图2-2-16所示。

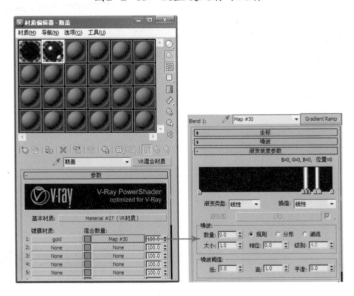

图2-2-16 设置混合数量

⑪ 参数设置完成，材质球最终的显示效果如图2-2-17所示。

技术热点：

　　🔘VR混合材质 主要用于表现两种材质叠加后的效果，如上面讲述的瓶盖材质，本身材质是一个红色的塑料材质，镀膜材质为黄色的金属条。"混合数量"可以设置金属条的样式以及位置，黑色的部分代表的是基本材质，白色的部分代表的是镀膜材质。

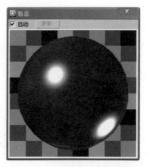

图2-2-17　瓶盖材质球

⑫ 接下来设置标签的材质，在材质编辑器中新建一个🔘VR混合材质，首先设置基础材质，在基础材质通道中添加🔘VR材质，设置如图2-2-18所示。

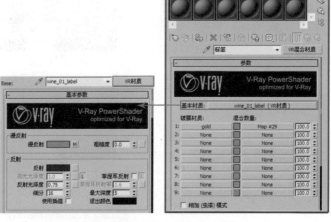

图2-2-18　设置基本材质

⑬ 添加材质后，再来设置材质的漫反射，在"漫反射"通道中添加一张位图贴图，具体设置如图2-2-19所示。

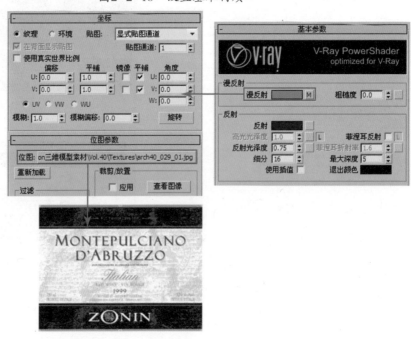

图2-2-19　设置漫反射

14 设置材质的反射，反射
的颜色参数分别设置为
35/35/35，将"反射光泽
度"设置为0.75，提高"细
分"值为16，参数设置如图
2-2-20所示。

图2-2-20 设置反射

15 接下来设置材质的凹凸，在
"凹凸"中添加一张黑白的
位图贴图，凹凸数值设置
为30，设置如图2-2-21
所示。

图2-2-21 设置凹凸

16 设置完基础材质后，再来设
置镀膜材质，同样在通道中
添加一个 VR材质，参数设置
如图2-2-22所示。

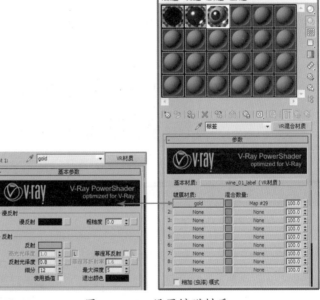

图2-2-22 设置镀膜材质

17 添加材质后，再来设置材质
的漫反射与反射参数，设置
漫反射的颜色为黑色，颜色
参数分别设置为0/0/0，反
射的颜色参数分别设置为
196/168/106，将"反射光泽度"
设置为0.8，"细分"值设置
为12，参数设置如图2-2-23
所示。

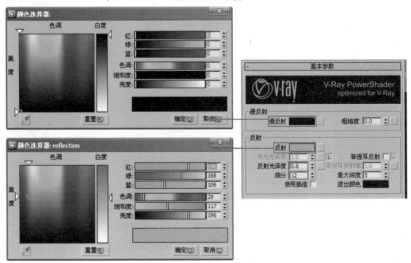

图2-2-23 设置材质漫反射与反射

29

18 设置完镀膜材质后，再来设
置混合数量材质，在通道中
添加一个位图贴图为黑白两
种颜色，黑色部分的材质是
基本材质，白色部分的材
质是镀膜材质，在贴图的四周
做了一个红框，这是因为白
色材质与背景相冲，看不出
来白色材质的部分，所以做
一个红框以方便分辨，具体
设置如图 2-2-24 所示。

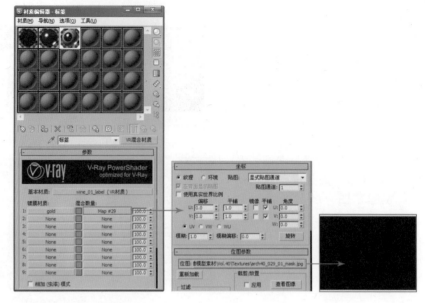

图2-2-24　设置混合数量

19 参数设置完成，材质球最终的
显示效果如图 2-2-25 所示。

图2-2-25　标签材质球

2.2.3　UVW 贴图参数的调整

01 接下来设置木材的材质，在材质编辑器中新建一个 ●VR材质 ，设置木材材质的漫反射，在"漫反射"通道
中添加一张木材的纹理贴图，设置如图 2-2-26 所示。

图2-2-26　设置材质漫反射

02 设置 UVW 贴图，选择桌子模型，在修改器列表中添加"UVW 贴图"修改器，设置贴图类型为"长方体"，将长度、宽度与高度参数均设置为 500mm，具体设置如图 2-2-27 所示。

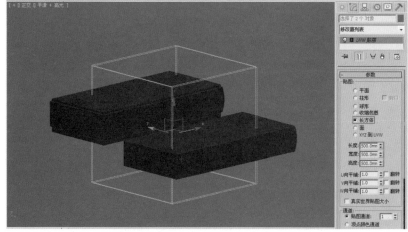

图2-2-27 设置UVW贴图

03 参数设置完成，材质球最终的显示效果如图 2-2-28 所示。

图2-2-28 木材材质球

2.2.4 蓝色背景的设置

01 现在设置蓝色背景的材质，在材质编辑器中新建一个 ● VR材质，设置背景材质的漫反射，设置"漫反射"的颜色数值分别为 13/51/109，具体设置如图 2-2-29 所示

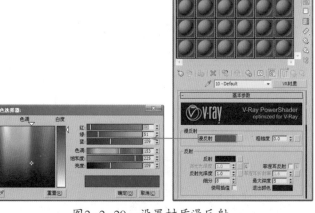

图2-2-29 设置材质漫反射

02 参数设置完成，材质球最终的显示效果如图 2-2-30 所示。

图2-2-30 背景材质球

2.2.5 发光反光板的设置

01 最后设置发光板的材质，在材质编辑器中新建一个 ●VR灯光材质，设置颜色数值分别为255/255/255，具体设置如图2-2-31所示。

图2-2-31 发光板材质

提示：

发光材质如果参数设置得太高，会对空间的渲染效果有一定的影响，在这里只需要使用发光板达到一个反射效果，所以不需要将参数设置得太高。

02 参数设置完成，材质球最终的显示效果如图2-2-32所示。

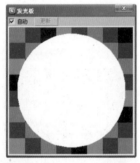

图2-2-32 发光板材质球

空间中的所有材质已经设置完毕，查看赋予材质后的效果，如图2-2-33所示。

图2-2-33 赋予材质后的空间

2.2.6 为背景添加衰减贴图

01 按8键，打开"环境和效果"面板。在"环境贴图"通道中添加一个"衰减程序纹理"贴图，如图2-2-34所示。

图2-2-34 设置背景贴图

02 添加贴图后，将贴图以"实例"的方式拖入到材质编辑器中，以方便修改其中的参数，在这里保持默认的参数，如图2-2-35所示。

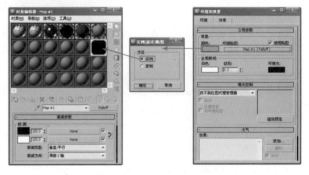

图2-2-35 拖入到材质编辑器中

2.2.7 主光与辅光的创建设置

01 首先来创建背景墙面处的光源，单击 创建命令面板中的 图标，在相应的面板中，单击VRay类型中的"VRay灯光"按钮，将灯光的类型设置为"面光源"，这一光源是用来专门照亮背景墙面的，使背景墙面出现一个渐变的效果，灯光的位置如图2-2-36所示。

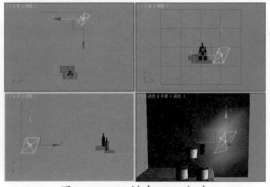

图2-2-36 创建VRay灯光

02 设置灯光大小为300mm×300mm，设置灯光的颜色分别为255/255/255，颜色"倍增器"为20，参数设置如图2-2-37所示。

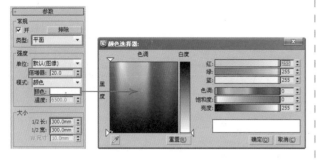

图2-2-37　设置灯光参数

03 在"选项"选项区域中勾选"不可见"选项，为了让灯光参加反射，在这里勾选"影响反射"选项，参数设置如图2-2-38所示。

图2-2-38　设置灯光选项参数

提示：

勾选VR灯光的"不可见"选项，可以让相机看不见VR灯光，但VR灯光对室内还是照明的。

04 然后创建主光源，同样单击 图标创建命令面板中的 图标，在相应的面板中，单击 VRay 类型中的"VRay 灯光"按钮，将灯光的类型设置为"面光源"，灯光的位置如图 2-2-39 所示。

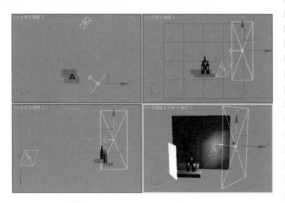

图2-2-39　创建VRay灯光

05 设置灯光大小为600mm×1000mm，设置灯光的颜色分别为255/255/255，颜色"倍增器"为12，参数设置如图2-2-40所示。

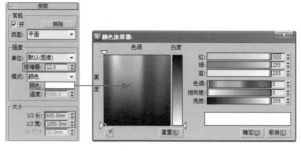

图2-2-40　设置灯光参数

06 在"选项"选项区域中勾选"不可见"选项，为了让灯光参加反射，在这里勾选"影响反射"选项，参数设置如图2-2-41所示。

图2-2-41　设置灯光选项参数

2.2.8　场景渲染面板设置

01 按快捷键F10打开VRay渲染器面板，设置VRay的全局开关，进入 V-Ray:: 图像采样(反锯齿)，将默认灯光设置为"关"的状态，设置参数如图2-2-42所示。

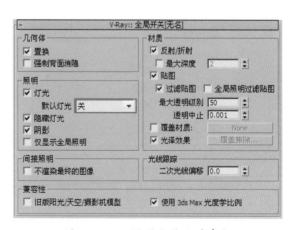

图2-2-42　设置全局开关参数

33

02 设置成图图像抗锯齿，进入 V-Ray:: 图像采样(反锯齿) 设置图像采样器的类型为"自适应确定性蒙特卡洛"，打开"抗锯齿过滤器"，设置类型为"VRay蓝佐斯过滤器"，如图 2-2-43 所示。

图2-2-43　设置图像采样参数

03 进入 V-Ray:: 间接照明(GI) ，打开全局光焦散，设置全局光引擎类型，首次反弹类型为"发光图"，二次反弹类型为"灯光缓存"，之后使用的类型都是这两种，发光图与灯光缓存相结合渲染速度比较快，质量也比较好，如图 2-2-44 所示。

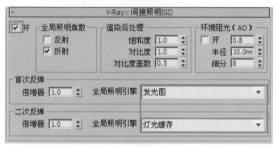

图2-2-44　设置间接照明参数

04 进入 V-Ray:: 发光图[无名] ，设置发光贴图参数，设置当前预置为"中"，打开"细节增强"选项，由于单体模型本来占用空间就很小，所以不需要设置保存路径，灯光缓存与发光贴图同理，如图 2-2-45 所示。

图2-2-45　设置发光贴图参数

05 进入 V-Ray:: 灯光缓存 ，将灯光缓存的"细分"值设为 800，在"重建参数"中勾选"对光泽光线使用灯光缓存"选项，这会加快渲染速度，对渲染质量没有任何影响，设置如图 2-2-46 所示。

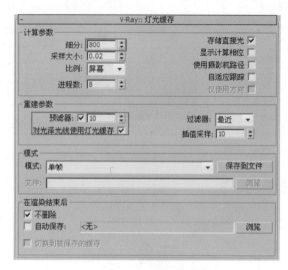

图2-2-46　设置灯光缓存参数

06 进入 V-Ray:: 确定性蒙特卡洛采样器 ，设置"噪波阈值"参数为 0.001，具体参数如图 2-2-47 所示。

图2-2-47　设置参数

提示：

"噪波阈值"决定什么时候使用采样。实际意思是整体噪点的增加或减少。参数低噪点少，值越高，噪点越明显。渲染时间与参数成反比关系，对于高质量的渲染图，值尽量不要低于0.002，因为渲染时间会太长。

07 进入 V-Ray:: 颜色映射 ，设置类型为"指数"，该模式将基于亮度来使每个像素颜色更饱和。这对预防靠近光源区域的曝光是很有用的，将"黑暗倍增器"设置为 0.8，使黑暗的地方更暗一点，如图 2-2-48 所示。

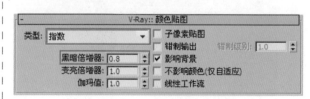

图2-2-48　设置颜色映射参数

提示：

调整颜色映射中的倍增器可以有效的修改场景过暗与过亮的问题。一般情况下使用指数类型比较容易控制场景的整体亮度。

08 进入渲染器公用面板，设置渲染图像分辨率，一般渲染输出文件是以 TGA 格式为主，具体参数如图 2-2-49 所示。

图2-2-49　设置渲染图像大小

09 设置完成后，单击"渲染"按钮即可渲染最终图像。渲染最终效果如图 2-2-50 所示。

图2-2-50　最终渲染效果

提示：

本实例的讲解视频，请参看光盘\视频教学\第2章\"酒瓶"中的内容。

2.3　实例：水晶苹果的灯光与渲染

⊙本案例主要表现了水晶的质感，最终效果如图 2-3-1 苹果所示。

图2-3-1　最终效果

2.3.1 长焦摄影机的设置

01 首先来讲述空间中摄影机的创建方法，在 ▧ 面板下单击 **VR物理摄影机** 按钮，如图2-3-2所示。

02 切换到顶视图中，创建空间中的摄影机。按住鼠标在顶视图中创建一个摄影机，具体位置如图2-3-3所示。

图2-3-2 选择摄影机

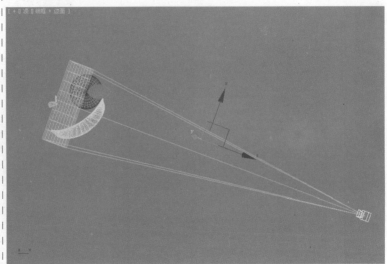

图2-3-3 摄影机顶视图角度位置

03 切换到前视图中，调整摄影机位置，如图2-3-4所示。

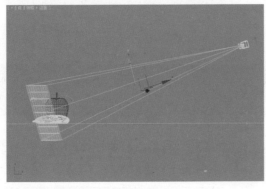

图2-3-4 前视图摄影机位置

04 再切换到左视图中，调整摄影机位置，如图2-3-5所示。

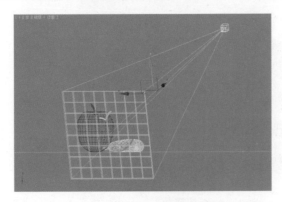

图2-3-5 左视图摄影机位置

05 在修改器列表中设置摄影机的参数，具体参数设置如图2-3-6所示。

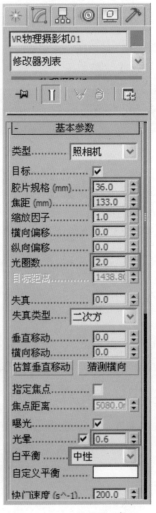

图2-3-6 摄影机参数

提示：

光晕类似于真实相机的镜头渐晕（图像的四周较暗中间较亮）。默认值为1，在这里将光晕值调低是为了不会使图像四周太暗，参数越低光晕效果越不明显。

空间的材质有水晶和地面的材质，下面来详细的介绍水晶材质的具体设置方法。

2.3.2　水晶苹果环境贴图参数的设置

01 打开配套光盘中的"水晶.max"文件，如图2-3-7所示。

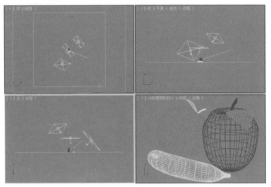

图2-3-7　空间模型

02 打开材质编辑器，在材质编辑器中新建一个 **VR材质**，设置水晶苹果材质的漫反射颜色。颜色数值分别设置为0/0/0，如图2-3-8所示。

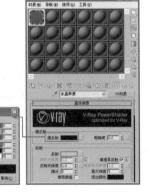

图2-3-8　设置水晶苹果的漫反射

03 设置完漫反射颜色后，调整一下反射，颜色数值分别设置为206/206/206，同时勾选"菲涅尔反射"选项，参数设置如图2-3-9所示。

图2-3-9　设置水晶苹果的反射

提示：

勾选"菲涅耳反射"选项后，一般会将反射参数设置得大一点，这样才能表现出菲涅耳反射的效果。

04 水晶为透明的物体，所以要设置折射参数，在这里将水晶的折射颜色数值分别设置为255/255/255，为了更好的表现水晶的效果，将"折射率"设置为2，烟雾颜色数值分别设置为244/141/134，同时将"烟雾倍增"设置为0.01，"烟雾偏移"设置为0.1，如图2-3-10所示。

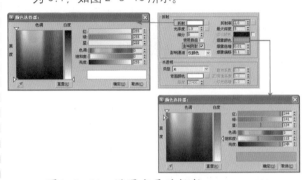

图2-3-10　设置水晶的折射

提示：

VRay材质中折射颜色一般用黑白灰来设置，越黑折射程度越小，越白折射程度越大越透明。烟雾颜色设置为红色，物体本身会随着烟雾颜色的变化而变化，一般如果要设置烟雾颜色的话最好将漫反射中的颜色设置为黑色，这样能更好的表现烟雾颜色。

05 在"选项"卷展栏中勾选"背面反射"选项。勾选此选项后，几何体的背面也会进行反射，参数设置如图2-3-11所示。

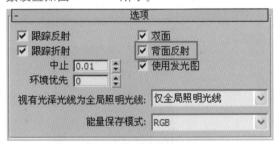

图2-3-11　设置水晶选项

06 在"贴图"卷展栏中，设置环境贴图，在"环境"通道中添加一张 渐变 贴图。设置渐变颜色 #1 的数值为236/55/96、设置颜色 #2 的数值为252/194/193、设置颜色 #3 的数值为217/200/193、"颜色2位置"为0.79，如图2-3-12所示。

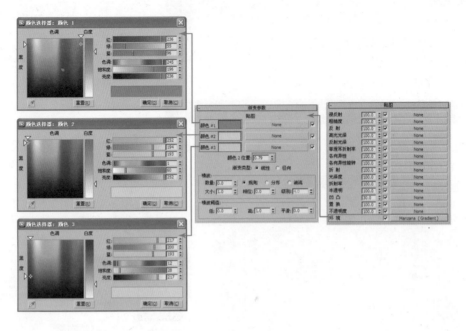

图2-3-12　设置水晶的环境

07 在"贴图"卷展栏中，设置环境贴图。设置坐标参数为"环境"显示贴图方式，如图2-3-13所示。

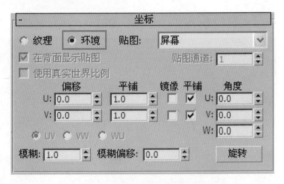

图2-3-13　设置水晶的坐标

08 参数设置完成，材质球最终的显示效果如图2-3-14所示。

图2-3-14　水晶苹果材质球

09 水晶苹果材质设置完成后，设置水晶叶子材质。打开材质编辑器，在材质编辑器中新建一个 ●VR材质，颜色数值分别设置为0/0/0，参数如图2-3-15所示。

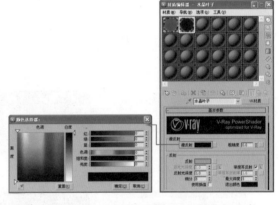

图2-3-15　设置水晶叶子漫反射颜色

10 设置完漫反射颜色后，再来调整一下反射，颜色数值分别设置为161/161/161，同时勾选"菲涅尔反射"选项，参数设置如图2-3-16所示。

图2-3-16　设置水晶叶子的反射

11 水晶为透明的物体，所以要设置折射参数，在这里将水晶的折射颜色数值分别设置为225/225/225，为了更好的表现水晶的效果，将"折射率"设置为2，烟雾颜色数值分别设置为32/114/0，"烟雾倍增"设置为0.02，如图2-3-17所示。

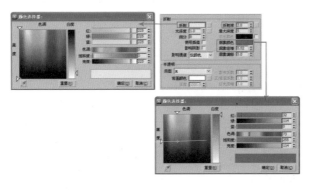

图2-3-17 设置水晶的折射

12 在"选项"卷展栏中勾选"背面反射"选项。勾选此选项后,几何体的背面也会进行反射。参数设置如图2-3-18所示。

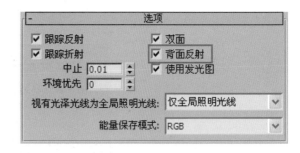

图2-3-18 设置水晶选项

13 在"贴图"卷展栏中,设置环境贴图,在环境通道中添加一张 ▓渐变 贴图。设置渐变颜色 #1 的数值为 0/84/10、设置颜色 #2 的数值为 142/210/128、设置颜色 #3 的数值为 215/235/216,"颜色 2 位置"为 0.79,如图 2-3-19 所示。

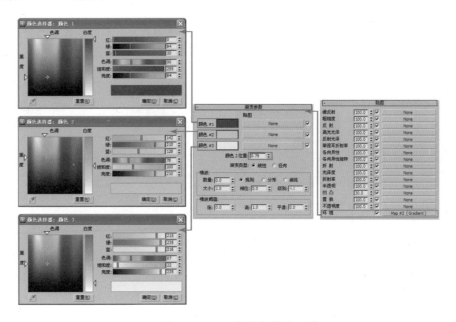

图2-3-19 设置水晶的环境

14 在"贴图"卷展栏中,设置环境贴图。设置坐标参数为"纹理"显示贴图方式,如图2-3-20所示。

15 参数设置完成,材质球最终的显示效果如图 2-3-21 所示。

图2-3-20 设置水晶的坐标

图2-3-21 水晶叶子材质球

16 水晶叶子材质设置完成后，设置"水晶把"材质。打开材质编辑器，在材质编辑器中新建一个 ●VR材质，颜色数值分别设置为0/0/0，参数如图2-3-22所示。

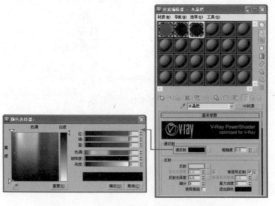

图2-3-22 设置水晶把漫反射颜色

17 设置完漫反射颜色后，调整一下反射，颜色数值分别设置为213/213/213，同时勾选"菲涅尔反射"选项，参数设置如图2-3-23所示。

图2-3-23 设置水晶把的反射

18 水晶为透明的物体，所以要设置折射参数，在这里将水晶的折射颜色数值分别设置为180/180/180，为了更好的表现水晶的效果，将"折射率"设置为2，烟雾颜色数值分别设置为146/86/38，"烟雾倍增"设置为0.02，如图2-3-24所示。

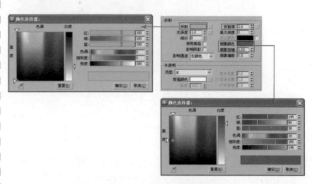

图2-3-24 设置水晶的折射

19 在"选项"卷展栏中勾选"背面反射"选项。勾选此选项后，几何体的背面也会进行反射，参数设置如图2-3-25所示。

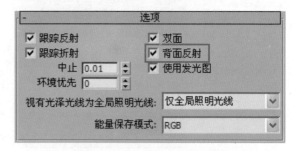

图2-3-25 设置水晶选项

20 在"贴图"卷展栏中，设置环境贴图，在环境通道中添加一张 □渐变 贴图。设置渐变颜色 #1 的数值为183/60/0、设置颜色 #2 的数值为186/119/87、设置颜色 #3 的数值为204/184/176，"颜色2位置"为0.79，如图2-3-26所示。

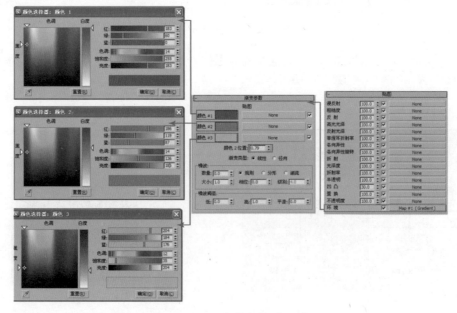

图2-3-26 设置水晶的环境

21 在"贴图"卷展栏中，设置环境贴图。设置坐标参数为"纹理"显示贴图方式，如图2-3-27所示。

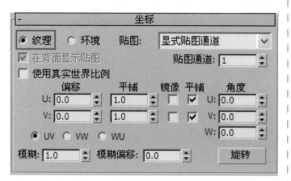

图2-3-27 设置水晶的坐标

22 参数设置完成，材质球最终的显示效果如图2-3-28所示。

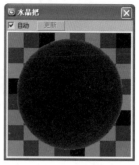

图2-3-28 水晶把材质球

2.3.3 环境贴图中渐变参数的设置

01 水晶苹果设置完毕，设置水晶橙子的材质。在材质编辑器中新建一个 ●VR材质，设置水晶橙子漫反射的颜色为0/0/0，如图2-3-29所示。

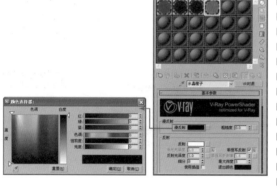

图2-3-29 设置水晶橙子的漫反射

02 设置完漫反射颜色后，调整一下反射，颜色数值分别设置为238/238/238，同时勾选"菲涅尔反射"选项，参数设置如图2-3-30所示。

图2-3-30 设置水晶橙子的反射

03 水晶为透明的物体，所以要设置折射参数，在这里将水晶的折射颜色数值分别设置为255/255/255。为了更好的表现水晶的效果，将"折射率"设置为2，烟雾颜色数值分别设置为225/146/49，同时"烟雾倍增"设置为0.008，如图2-3-31所示。

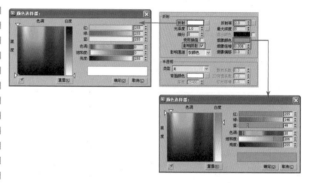

图2-3-31 设置水晶的折射

04 在"选项"卷展栏中勾选"背面反射"选项。勾选此选项后，几何体的背面也会进行反射，参数设置如图2-3-32所示。

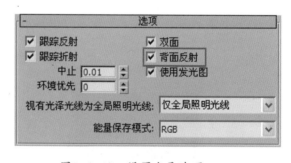

图2-3-32 设置水晶选项

05 在"贴图"卷展栏中，设置环境贴图，在环境通道中添加一张 渐变 贴图。设置渐变颜色#1的数值为255/156/0、设置颜色#2的数值为255/199/111、设置颜色#3的数值为255/226/181、"颜色2位置"为0.7，如图2-3-33所示。

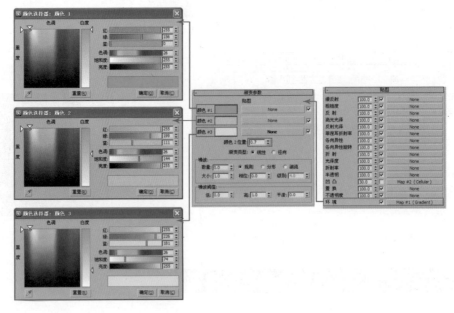

图2-3-33　设置水晶的环境

06 在"贴图"卷展栏中，设置环境贴图。设置坐标参数为"环境"显示贴图方式，如图2-3-34所示。

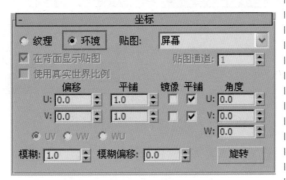

图2-3-34　设置水晶的坐标

07 参数设置完成，材质球最终的显示效果如图2-3-35所示。

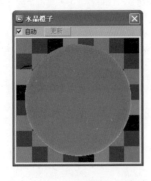

图2-3-35　水晶橙子材质球

08 水晶橙子材质设置完成后，设置水晶叶子材质。打开材质编辑器，在材质编辑器中新建一个 ●VR材质，颜色数值分别设置为0/0/0，具体参数如图2-3-36所示。

图2-3-36　设置水晶叶子漫反射颜色

09 设置完漫反射颜色后，调整一下反射，颜色数值分别设置为255/255/255，同时勾选"菲涅尔反射"选项，参数设置如图2-3-37所示。

图2-3-37　设置水晶叶子的反射

10 水晶为透明的物体，所以要设置折射参数，在这里将水晶的折射颜色数值分别设置为225/225/225，为了更好的表现水晶的效果，将"折射率"设置为2，烟雾颜色数值分别设置为22/131/0，"烟雾倍增"设置为0.05，如图2-3-38所示。

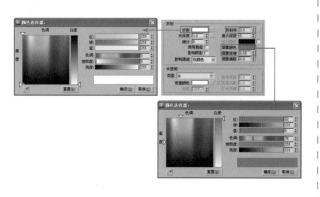

图2-3-38　设置水晶的折射

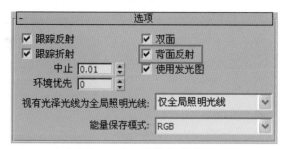

11 在"选项"卷展栏中勾选"背面反射"选项。激活此选项后，几何体的背面也会进行反射，参数设置如图2-3-39所示。

图2-3-39　设置水晶选项

12 在"贴图"卷展栏中，设置环境贴图，在环境通道中添加一张 渐变 贴图。设置渐变颜色 #1 的数值为 22/131/0、设置颜色 #2 的数值为 74/159/57、设置颜色 #3 的数值为 191/221/185，"颜色2位置"为 0.7，如图2-3-40所示。

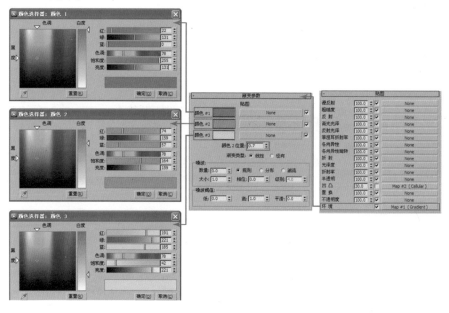

图2-3-40　设置水晶的环境

13 在"贴图"卷展栏中，设置环境贴图。设置坐标参数为"环境"显示贴图方式，如图2-3-41所示。

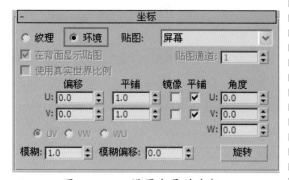

图2-3-41　设置水晶的坐标

14 参数设置完成，材质球最终的显示效果如图2-3-42所示。

图2-3-42　水晶叶子材质球

15 水晶叶子材质设置完成后，设置水晶把材质。打开材质编辑器，在材质编辑器中新建一个 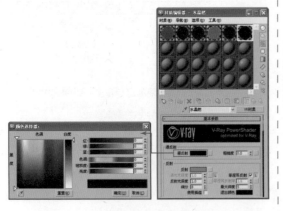VR材质，颜色数值分别设置为0/0/0，参数如图2-3-43所示。

图2-3-43　设置水晶把漫反射颜色

16 设置完漫反射颜色后，调整一下反射，颜色数值分别设置为131/131/131，同时勾选"菲涅尔反射"选项，参数设置如图2-3-44所示。

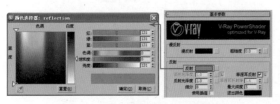

图2-3-44　设置水晶把的反射

17 水晶为透明的物体，所以要设置折射参数，在这里将水晶的折射颜色数值分别设置为176/176/176。为了更好的表现水晶的效果，将"折射率"设置为2，烟雾颜色数值分别设置为171/76/0，"烟雾倍增"设置为0.06，如图2-3-45所示。

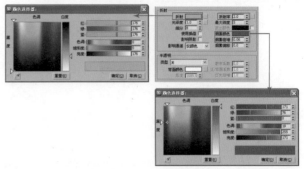

图2-3-45　设置水晶的折射

18 在"选项"卷展栏中勾选"背面反射"选项。勾选此选项后，几何体的背面也会进行反射，参数设置如图2-3-46所示。

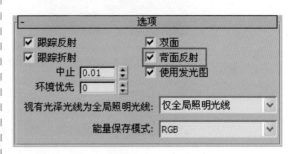

图2-3-46　设置水晶选项

19 在"贴图"卷展栏中，设置环境贴图，在环境通道中添加一张 渐变 贴图。设置渐变颜色 #1 的数值为171/76/0、设置颜色 #2 的数值为 189/114/54、设置颜色 #3 的数值为213/166/129，"颜色2位置"为0.7，如图2-3-47所示。

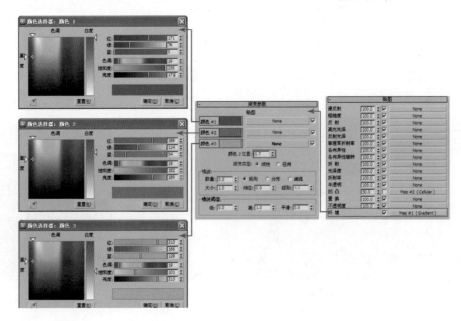

图2-3-47　设置水晶的环境

20 在"贴图"卷展栏中，设置环境贴图。设置坐标参数为"环境"显示贴图方式，如图2-3-48所示。

21 参数设置完成，材质球最终的显示效果如图2-3-49所示。

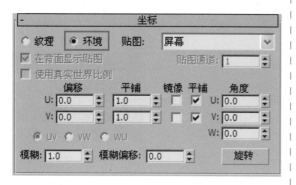

图2-3-48 设置水晶的坐标

图2-3-49 水晶把材质球

2.3.4 多维／子对象材质的设置

01 设置水晶香蕉材质,水晶香蕉材质为"多维／子对象"材质。设置模型的ID号。在编辑多边形的"多边形"级别中，选择如图2-3-50所示的面，在多边形属性卷展栏中设置ID为1。

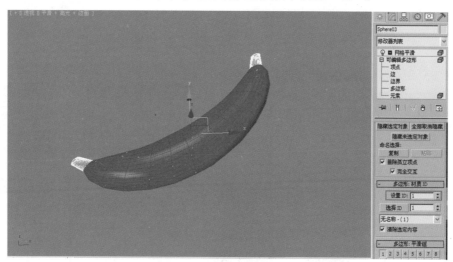

图2-3-50 选择面设置ID1

02 选择如图2-3-51所示的面,设置ID为2。

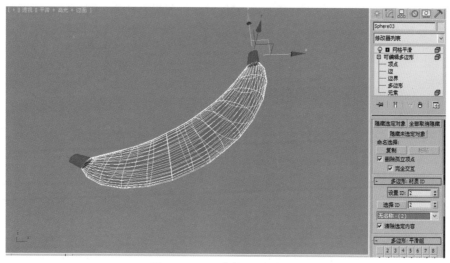

图2-3-51 选择面设置ID2

03 在设置材质之前首先要将默认的材质球转换为"多维／子对象"材质。按快捷键M打开材质编辑器，选择一个未使用的材质球，单击材质面板中的 Standard 按钮，在弹出的"材质／贴图浏览器"对话框中选择类型为"多维／子对象"材质，如图2-3-52所示。

04 设置多维／子材质的材质数量，单击"设置数量"按钮，设置"材质数量"为2，如图2-3-53所示。

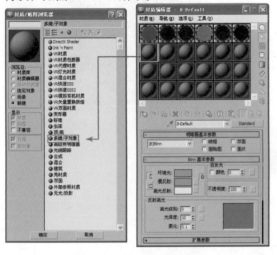

图2-3-52 设置多维子材质

图2-3-53 设置多维子材质数量

05 在材质编辑器中创建一个 多维/子对象。在ID1水晶香蕉通道中新建一个 VR材质，设置ID1水晶香蕉皮的漫反射。漫反射颜色数值分别设置为0/0/0，参数如图2-3-54所示。

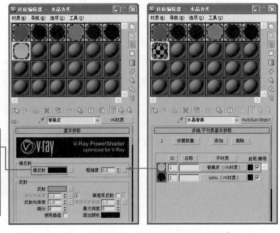

图2-3-54 设置ID1水晶的漫反射颜色

06 设置完漫反射颜色后，调整一下反射，颜色数值分别设置为148/148/148，参数设置如图2-3-55所示。

图2-3-55 设置ID水晶的反射

07 水晶为透明的物体，所以要设置折射参数，在这里将水晶的折射颜色数值分别设置为255/255/255，为了更好的表现水晶的效果，将"折射率"设置为2，烟雾颜色数值分别设置为253/230/101，"烟雾倍增"设置为0.01，如图2-3-56所示。

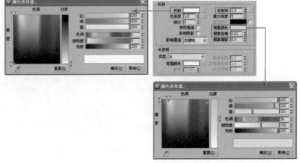

图2-3-56 设置水晶的折射

08 在"贴图"卷展栏中，设置环境贴图，在环境通道中添加一张 ☐渐变 贴图。设置渐变颜色 #1 的数值为 255/216/0、设置颜色 #2 的数值为 255/236/131、设置颜色 #3 的数值为 255/248/210，"颜色 2 位置"为 0.5，如图 2-3-57 所示。

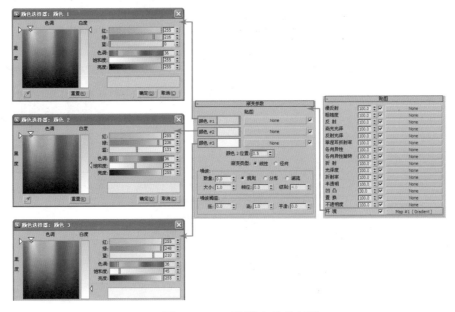

图2-3-57　设置水晶的环境

09 在"贴图"卷展栏中，设置环境贴图。设置坐标参数为"环境"显示贴图方式，如图 2-3-58 所示。

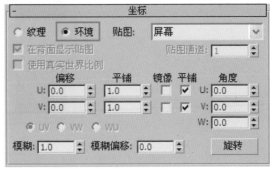

图2-3-58　设置水晶的坐标

10 在材质编辑器中创建一个 ●多维/子对象 。在 ID2 水晶香蕉通道中新建一个 ●VR材质 ，设置 ID2 水晶香蕉把的漫反射。漫反射颜色数值设置为 0/0/0，其他参数如图 2-3-59 所示。

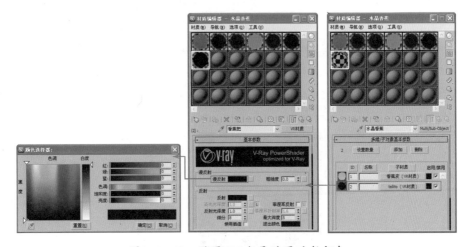

图2-3-59　设置ID2水晶的漫反射颜色

47

11 水晶为透明的物体，所以要设置折射参数，在这里将水晶的折射颜色数值分别设置为255/255/255，为了更好的表现水晶的效果，将"折射率"设置为2，烟雾颜色数值分别设置为211/211/211，"烟雾倍增"设置为0.001，如图2-3-60所示。

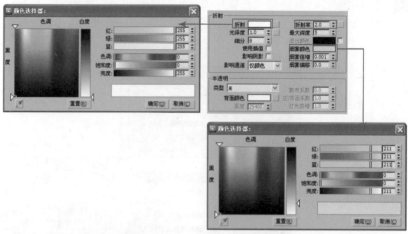

图2-3-60　设置水晶的折射

12 在"贴图"卷展栏中，设置环境贴图，在环境通道中添加一张 渐变 贴图。设置渐变颜色 #1 的数值为57/57/57、设置颜色 #2 的数值为122/122/122、设置颜色 #3 的数值为196/196/196，"颜色2位置"为0.5，如图2-3-61所示。

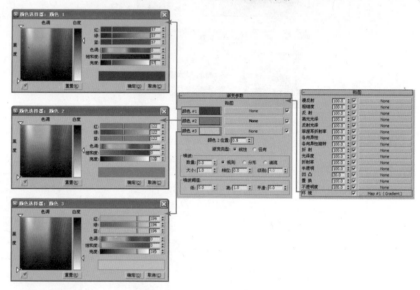

图2-3-61　设置水晶的环境

13 在"贴图"卷展栏中，设置环境贴图。设置坐标参数为"纹理"显示贴图方式，如图2-3-62所示。

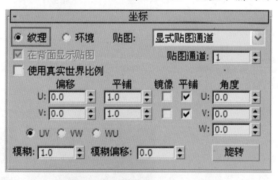

图2-3-62　设置水晶的坐标

14 参数设置完成，材质球最终的显示效果如图2-3-63所示。

图2-3-63　水晶香蕉材质球

2.3.5 无任何属性的地面材质

01 接下来设置地面的材质，在材质编辑器中新建一个 ● VR材质，设置地面材质的漫反射颜色数值分别为255/255/255，参数设置如图2-3-64所示。

02 参数设置完成，材质球最终的显示效果如图2-3-65所示。

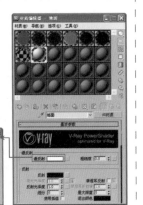

图2-3-64 设置地面材质

图2-3-65 地面材质球

空间中的材质已经设置完毕，查看赋予材质后的效果，如图2-3-66所示。

图2-3-66 赋予材质后的空间

2.3.6 背景颜色的调整

按8键，打开"环境和效果"面板。设置背景颜色数值分别为255/255/255，如图2-3-67所示。

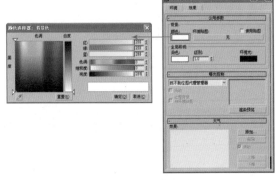

图2-3-67 创建背景光

2.3.7　影响反射的 VRay 灯光的创建

01 在这个空间中创建一面 VRay 光源，单击 创建命令面板中的 图标，在相应的面板中，单击 VRay 类型中的 "VRay 灯光" 按钮，将灯光的类型设置为 "面光源"，如图 2-3-68 所示。

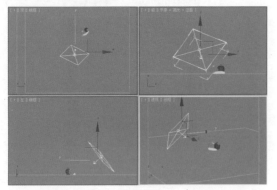

图2-3-68　创建VRay灯光

02 设置灯光大小为 400mm×400mm，设置灯光的颜色分别为 255/255/255，灯光强度 "倍增器" 为 10，参数设置如图 2-3-69 所示。

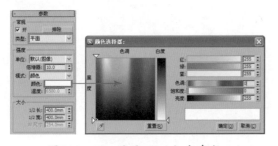

图2-3-69　设置VRay灯光参数

03 在采样设置面板中设置 "细分" 值为 16，参数设置如图 2-3-70 所示。

图2-3-70　设置VRay灯光参数

提示：

在VRay灯光的采样细分中，将 "细分" 值设置为16，是为了减少VRay灯光投影产生的颗粒感，提高渲染质量。

04 在这个空间中创建另一面 VRay 光源，单击 创建命令面板中的 图标，在相应的面板中，单击 VRay 类型中的 "VRay 灯光" 按钮，将灯光的类型设置为 "面光源"，如图 2-3-71 所示。

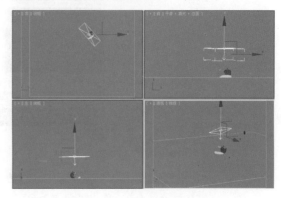

图2-3-71　创建VRay灯光

05 设置灯光大小为 150mm×438mm，设置灯光的颜色分别为 255/255/255，灯光强度 "倍增器" 为 5，参数设置如图 2-3-72 所示。

图2-3-72　设置VRay灯光参数

06 在 "选项" 选项区域中勾选 "不可见" 选项，为了不让灯光参加反射取消勾选 "影响反射" 选项，并设置 "细分" 值为 16，参数设置如图 2-3-73 所示。

图2-3-73　设置VRay灯光参数

07 最后再创建一面 VRay 光源，单击 创建命令面板中的 图标，在相应的面板中，单击 VRay 类型中的"VRay 灯光"按钮，将灯光的类型设置为"面光源"，如图 2-3-74 所示。

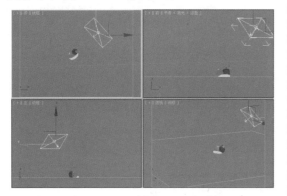

图2-3-74 创建VRay灯光

08 设置灯光大小为 260mm×360mm，设置灯光的颜色分别为 255/255/255，灯光强度"倍增器"为 3，参数设置如图 2-3-75 所示。

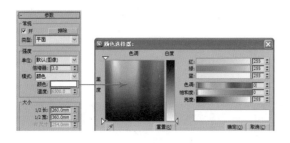

图2-3-75 设置VRay灯光参数

09 在"选项"选项区域中勾选"不可见"选项，为了不让灯光参加反射取消勾选"影响反射"选项，并设置"细分"值为 16，参数设置如图 2-3-76 所示。

图2-3-76 设置VRay灯光参数

2.3.8 场景渲染面板设置

01 按快捷键 F10 打开 VRay 渲染器面板，设置 VRay 的全局开关，进入 `V-Ray:: 全局开关[无名]`，将默认灯光设置为"关"的状态，其实默认灯光选项在空间中有光源的情况下就会自动无效了，设置参数如图 2-3-77 所示。

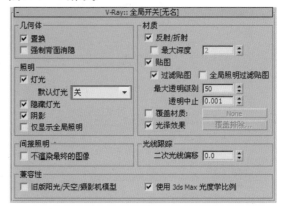

图2-3-77 设置全局开关参数

02 设置成图图像抗锯齿，进入 `V-Ray:: 图像采样器(反锯齿)`，设置图像采样器的类型为"自适应确定性蒙特卡洛"，打开"抗锯齿过滤器"，设置类型为"VRay 蓝佐斯过滤器"，如图 2-3-78 所示。

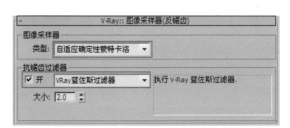

图2-3-78 设置图像采样器参数

03 进入 `V-Ray:: 间接照明(GI)`，打开全局光焦散，设置全局光引擎类型，首次反弹类型为"发光图"，二次反弹类型为"灯光缓存"，同时开启"环境阻光"，如图 2-3-79 所示。

图2-3-79 设置间接照明参数

提示：
    发光图与灯光缓存相结合渲染速度比较快，质量也比较好，勾选"环境阻光"选项可以更好的表现出空间中的阴影细节，这一选项是VRay1.5 Sp4版新增的功能。

04 进入 `V-Ray:: 发光图[无名]`，设置发光图参数，设置当前预置为"中"，打开"细节增强"选项，由于单体模型本来占用空间就很小，所以不需要设置保存路径，灯光缓存与发光贴图同理，如图2-3-80所示。

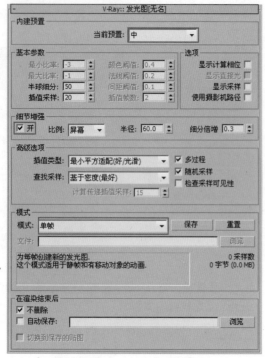

图2-3-80　设置发光图参数

05 进入 `V-Ray:: 灯光缓存`，将灯光缓存的"细分"值设为1000，在重建参数中勾选"对光泽光线使用灯光缓存"选项，设置如图2-3-81所示。

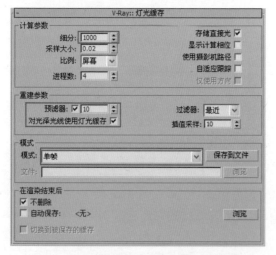

图2-3-81　设置灯光缓存参数

06 进入 `V-Ray:: 确定性蒙特卡洛采样器`，设置"适应数量"值为0.8，参数如图2-3-82所示。

图2-3-82　设置参数

07 进入 `V-Ray:: 颜色贴图`，设置类型为"线性倍增"，如图2-3-83所示。

图2-3-83　设置颜色贴图参数

08 进入 `V-Ray:: 焦散`，打开"焦散"，设置"倍增器"参数设置为2，"搜索距离"参数设置为600mm，"最大密度"参数设置为3mm，如图2-3-84所示。

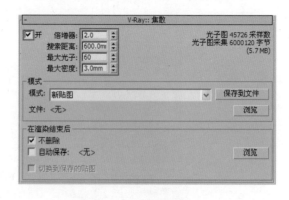

图2-3-84　设置焦散参数

09 进入渲染器公用面板，设置渲染图像分辨率，一般渲染输出文件是以TGA格式为主，参数如图2-3-85所示。

10 设置完成后，单击"渲染"按钮即可渲染最终图像，渲染最终效果如图2-3-86所示。

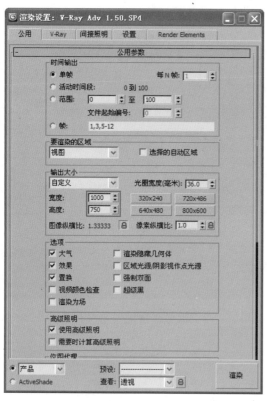

图2-3-85 设置渲染图像大小

图2-3-86 最终渲染效果

提示：

　　本实例的讲解视频，请参看光盘\视频教学\第2章\"水晶"中的内容。

2.4 实例：化妆瓶的灯光与渲染

⊙本案例主要表现了化妆瓶的质感，在这个案例中主要要掌握的是如何使用灯光来体现化妆瓶的高光质感，最终效果如图2-4-1所示。

图2-4-1 最终效果

2.4.1 白平衡为中性的摄影机

01 首先来讲述空间中摄影机的创建方法，在 面板中单击 **VR物理摄影机** 按钮，如图 2-4-2 所示。

图2-4-2 选择摄影机

02 切换到顶视图中，创建空间中的摄影机。按住鼠标在顶视图中创建一个摄影机，具体位置如图 2-4-3 所示。

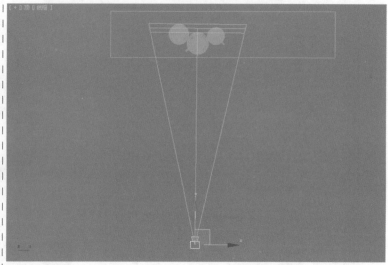

图2-4-3 摄影机顶视图角度位置

03 切换到前视图中，调整摄影机位置，如图 2-4-4 所示。

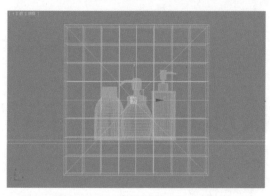

图2-4-4 前视图摄影机位置

04 再切换到左视图中，调整摄影机位置，如图 2-4-5 所示。

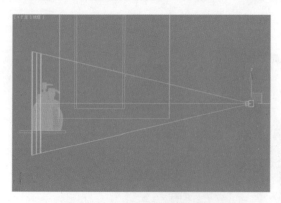

图2-4-5 左视图摄影机位置

05 在修改器列表中设置摄影机的参数，将"光圈数"设置为1.5，具体设置如图 2-4-6 所示。

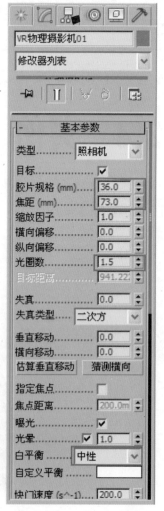

图2-4-6 摄影机参数

空间的材质有化妆瓶和地面的材质，下面来详细的介绍化妆瓶材质的具体设置方法。

2.4.2 玻璃折射材质的设置

01 打开配套光盘中的"化妆瓶.max"文件，如图2-4-7所示。

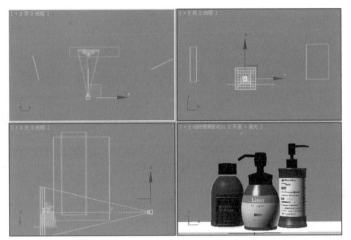

图2-4-7 空间模型

02 打开材质编辑器，在材质编辑器中新建一个 ●VR材质，设置左侧化装瓶玻璃材质，设置玻璃的漫反射的颜色数值分别为240/241/238，如图2-4-8所示。

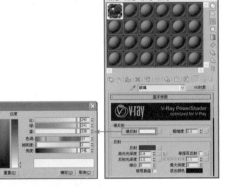

图2-4-8 设置玻璃的漫反射

03 设置完漫反射颜色后，调整一下反射，颜色数值分别设置为47/47/47，参数设置如图2-4-9所示。

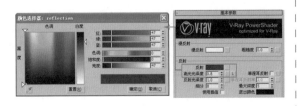

图2-4-9 设置玻璃的反射

04 玻璃为透明的物体，所以要设置折射参数，在这里将玻璃的折射颜色数值分别设置为255/255/255，勾选"影响阴影"选项，并选中"颜色+alpha"选项，为了更好的表现玻璃的效果，将"折射率"设置为1.5，烟雾颜色数值分别设置为225/226/238，"烟雾偏移"设置为5，如图2-4-10所示。

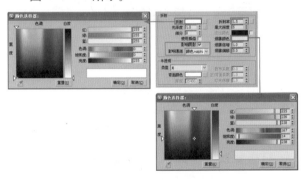

图2-4-10 设置玻璃的折射

05 参数设置完成，材质球最终的显示效果如图2-4-11所示。

图2-4-11 玻璃材质球

01 玻璃材质设置完成后，设置液体材质。打开材质编辑器，在材质编辑器中新建一个 VR材质，设置液体的漫反射颜色为褐色。颜色数值分别设置为 34/14/8，参数如图 2-4-12 所示。

图2-4-12　设置液体漫反射颜色

02 设置完漫反射颜色后，调整一下反射，反射颜色数值分别设置为 37/37/37，"高光光泽度"设置为 0.75，"反射光泽度"设置为 0.9，参数设置如图 2-4-13 所示。

图2-4-13　设置液体的反射

03 液体为半透明的物体，所以要设置折射参数，在这里将液体的折射颜色数值分别设置为 32/32/32，勾选"影响阴影"选项，并选中"颜色 +alpha"选项，为了更好的表现液体的效果，将"折射率"设置为 1.55，如图 2-4-14 所示。

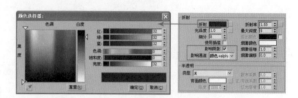

图2-4-14　设置液体的折射

04 参数设置完成，材质球最终的显示效果如图 2-4-15 所示。

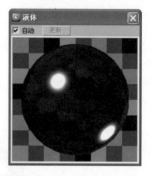

图2-4-15　液体材质球

01 液体材质设置完成后，设置标志材质。打开材质编辑器，在材质编辑器中新建一个 VR材质，设置标志的漫反射。在漫反射通道中添加一张 位图 贴图。具体参数如图 2-4-16 所示。

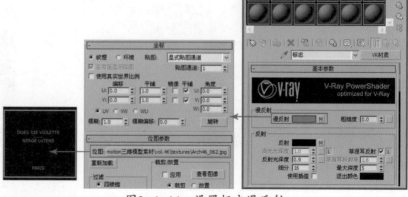

图2-4-16　设置标志漫反射

02 设置完漫反射后，调整一下反射，在反射通道中添加一张 位图 贴图。"反射光泽度"设置为0.9，"细分"值设置为16，同时勾选"菲涅尔反射"选项，参数设置如图2－4－17所示。

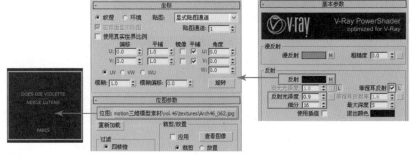

图2－4－17　设置标志的反射

03 参数设置完成，材质球最终的显示效果如图2－4－18所示。

图2－4－18　标志材质球

2.4.5　模糊反射瓶盖的表现

01 接下来设置瓶盖材质。打开材质编辑器，在材质编辑器中新建一个 VR材质，设置瓶盖的漫反射颜色为黑色。颜色数值设置为7/7/7，参数如图2－4－19所示。

图2－4－20　设置瓶盖的反射

03 参数设置完成，材质球最终的显示效果如图2－4－21所示。

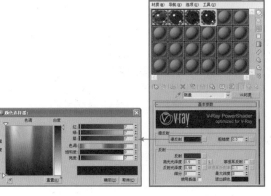

图2－4－19　设置瓶盖漫反射颜色

图2－4－21　瓶盖材质球

02 设置完漫反射后，调整一下反射，反射颜色数值分别设置为35/35/35，"高光光泽度"设置为0.9，"反射光泽度"设置为0.98，参数设置如图2－4－20所示。

提示：

　　打开高光光泽度后，材质的高光就由"高光光泽度"参数来决定，反射光泽度表现的就是材质的模糊程度。

2.4.6　多维／子对象材质的设置

01 设置中间化妆瓶材质，化妆瓶材质为"多维／子对象"材质，设置模型的ID号。在编辑多边形的"多边形"级别中，选择如图2-4-22所示的面，在多边形属性卷展栏中设置ID为1。

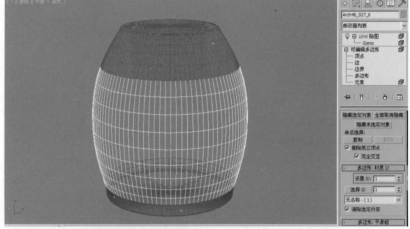

图2-4-22　选择面设置ID1

02 选择如图2-4-23所示的面，设置ID为2。

图2-4-23　选择面设置ID2

03 在设置材质之前，首先要将默认的材质球转换为"多维／子对象"材质。按快捷键M打开材质编辑器，选择一个未使用的材质球，单击材质面板中的 Standard 按钮，在弹出的"材质／贴图浏览器"对话框中选择类型为"多维／子对象"材质，如图2-4-24所示。

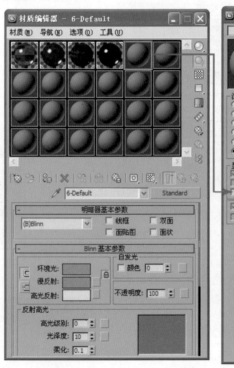

图2-4-24　设置多维子材质数量

04 设置多维／子材质的材质数
量，单击"设置数量"按钮，
设置"材质数量"为2，如
图2-4-25所示。

图2-4-25 设置多维子材质数量

05 在材质编辑器中创建一个
● 多维/子对象 。在 ID1 玻璃通道
中新建一个 ● VR材质 ，设置
ID1 玻璃的漫反射颜色数值为
77/34/22，参数如图 2-4-26
所示。

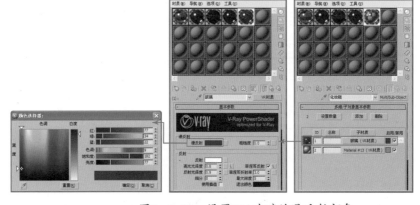

图2-4-26 设置ID1玻璃的漫反射颜色

06 设置完漫反射颜色后，调整一下反射，颜色数值分别
设置为 255/255/255，"高光光泽度"设置为 0.8，"反
射光泽度"设置为 0.9，同时开启"菲涅尔反射"选项，
"菲涅尔折射率"设置为 3，参数设置如图 2-4-27 所示。

图2-4-27 设置ID1玻璃的反射

07 玻璃为半透明的物体，所以要设置折射参数，在这里
将玻璃的折射颜色数值分别设置为 29/29/29，勾选"影
响阴影"，为了更好的表现玻璃的效果，将"折射率"
设置为 1.55，如图 2-4-28 所示。

图2-4-28 设置玻璃的折射

08　ID1 材质设置完成后，设置 ID2。在通道中新建一个 ⊙ VR材质 。在漫反射通道中添加一张 ☐位图 贴图，具体参数如图 2—4—29 所示。

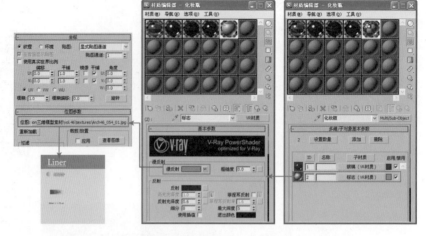

图2-4-29　设置ID2的漫反射

09　设置完漫反射颜色后，调整一下反射，颜色数值分别设置为 18/18/18，"反射光泽度"设置为 0.6，参数设置如图 2—4—30 所示。

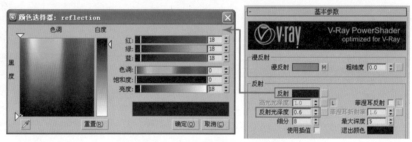

图2-4-30　设置ID2的反射

10　设置 UVW 贴图，选择化妆瓶模型，在修改器列表中添加"UVW 贴图"修改器，设置贴图类型为"长方体"，将长度、宽度与高度参数分别设置为 100mm/57mm/80mm，具体设置如图 2—4—31 所示。

图2-4-31　设置UVW贴图

11　参数设置完成，材质球最终的显示效果如图 2—4—32 所示。

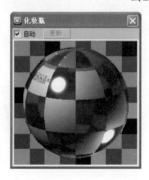

图2-4-32　化妆瓶材质球

2.4.7 设置模型ID号的方法

01 设置化妆瓶2材质，化妆瓶2材质同样为"多维／子对象"材质，设置模型的ID号。在编辑多边形的"多边形"级别中，选择如图2-4-33所示的面，在多边形属性卷展栏中设置ID为1。

图2-4-33 选择面设置ID1

02 选择如图2-4-34所示的面，设置ID为2。

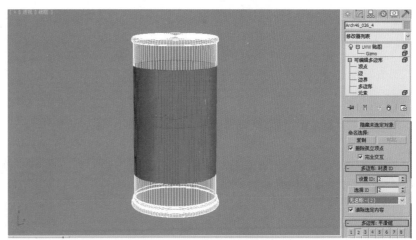

图2-4-34 选择面设置ID2

03 在设置材质之前首先要将默认的材质球转换为"多维／子对象"材质。按快捷键M打开材质编辑器，选择一个未使用的材质球，单击材质面板中的 Standard 按钮，在弹出的"材质／贴图浏览器"对话框中选择类型为"多维／子对象"材质，如图2-4-35所示。

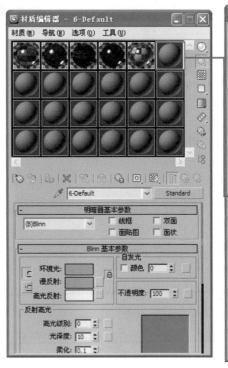

图2-4-35 设置多维子材质

04 设置多维／子材质的材质数量，
单击"设置数量"按钮，设置
"材质数量"为2，如图2-4-36
所示。

图2-4-36　设置多维子材质数量

05 在材质编辑器中创建一个
● 多维/子对象。在 ID1 玻璃通道
中新建一个 ● VR材质，设置 ID1
玻璃的漫反射。漫反射颜色数
值设置为 77/23/23，具体参
数如图 2-4-37 所示。

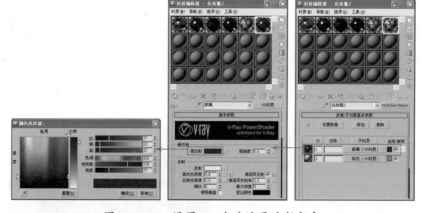

图2-4-37　设置ID1玻璃的漫反射颜色

06 设置完漫反射颜色后，调整一下反射，颜色数值分别
设置为 237/237/237，"高光光泽度"设置为 0.8，"反
射光泽度"设置为 0.9，同时开启"菲涅尔反射"选项，
"菲涅尔折射率"设置为 3，参数设置如图 2-4-38 所示。

图2-4-38　设置ID1玻璃的反射

07 玻璃为半透明的物体，所以要设置折射参数，在这里
将玻璃的折射颜色数值分别设置为 32/32/32，勾选"影
响阴影"选项，为了更好的表现玻璃的效果，将"折
射率"设置为 1.55，如图 2-4-39 所示。

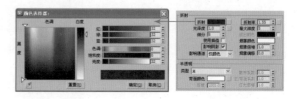

图2-4-39　设置玻璃的折射

08 ID1 材质设置完成后，设置 ID2
在通道中新建一个 ●VR材质 。在
漫反射通道中添加一张 ✐位图
贴图，参数如图 2-4-40 所示。

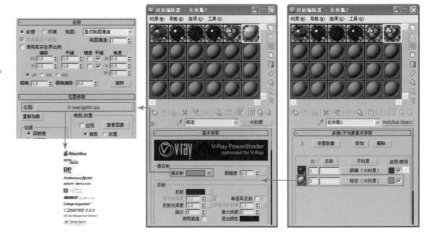

图2-4-40 设置ID2的漫反射

09 设置完漫反射颜色后，调整一
下反射，颜色数值分别设置
为 18/18/18，参数设置如图
2-4-41 所示。

图2-4-41 设置ID2的反射

10 设置 UVW 贴图，选择化妆瓶
2 模型，在修改器列表中添加
"UVW 贴图"修改器，设置贴
图类型为"长方体"，将长度、
宽度与高度参数分别设置为
19mm/57mm/88mm，具体设
置如图 2-4-42 所示。

图2-4-42 设置UVW贴图

11 参数设置完成，材质球最
终的显示效果如图 2-4-43
所示。

图2-4-43 化妆瓶2材质球

2.4.8 灰色模糊反射地面的设置

01 接下来设置地面的材质，在材质编辑器中新建一个 ●VR材质，设置地面材质的漫反射，设置漫反射颜色数值分别为255/255/255，参数设置如图2-4-44所示。

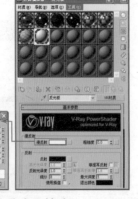

图2-4-44 设置地面材质

02 下面来调整一下反射，反射并不是特别大，将颜色数值分别设置为79/79/79，"反射光泽度"设置为0.9，参数设置如图2-4-45所示。

图2-4-45 设置地面反射

03 参数设置完成，材质球最终的显示效果如图2-4-46所示。

图2-4-46 地面材质球

2.4.9 发光反光板对空间的影响

01 接下来设置反光板的材质，在材质编辑器中新建一个 ●VR材质，设置反光板材质的漫反射颜色数值分别为255/255/255，参数设置如图2-4-47所示。

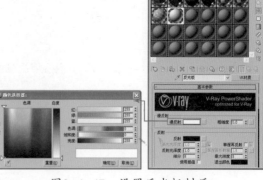

图2-4-47 设置反光板材质

02 参数设置完成，材质球最终的显示效果如图2-4-48所示。

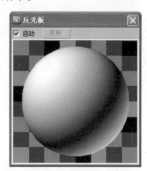

图2-4-48 反光板材质球

空间中的材质已经设置完毕，查看赋予材质后的效果，如图2-4-49所示。

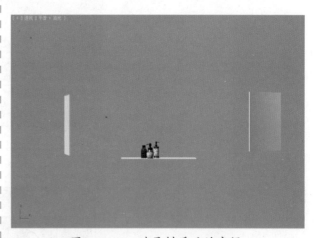

图2-4-49 赋予材质后的空间

2.4.10 创建场景中的灯光

01 按8键，打开"环境和效果"面板。设置背景颜色数值为255/255/255，如图2-3-50所示。

图2-4-50 创建背景光

02 在这个空间模型的上方处创建一面 VRay 光源，单击创建命令面板中的图标，在相应的面板中，单击 VRay 类型中的 "VRay 灯光" 按钮，将灯光的类型设置为 "面光源"，如图 2-4-51 所示

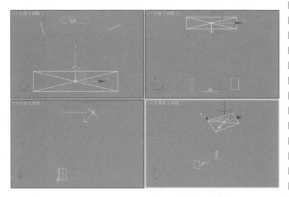

图2-4-51 创建VRay灯光

03 设置灯光大小为 1500mm×500mm，设置灯光的颜色分别为 238/255/244，灯光强度 "倍增器" 为 2.8，参数设置如图 2-4-52 所示。

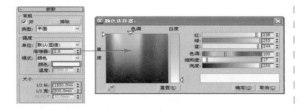

图2-4-52 设置VRay灯光参数

04 在采样设置面板中设置 "细分" 值为 16，参数设置如图 2-4-53 所示。

图2-4-53 设置VRay灯光参数

05 在模型两侧创建两面相同的 VRay 光源，单击创建命令面板中的图标，在相应的面板中，单击 VRay 类型中的 "VRay 灯光" 按钮，将灯光的类型设置为 "面光源"，如图 2-4-54 所示。

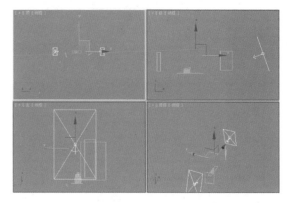

图2-4-54 创建VRay灯光

06 设置灯光大小为 400mm×676mm，设置灯光的颜色分别为 141/200/255，颜色 "倍增器" 为 3，参数设置如图 2-4-55 所示。

图2-4-55 设置VRay灯光参数

07 在选项设置面板中勾选 "不可见" 选项，为了不让灯光参加反射，取消勾选 "影响反射" 选项，并设置 "细分" 值为 16，参数设置如图 2-4-56 所示。

图2-4-56 设置VRay灯光参数

65

2.4.11 场景渲染面板设置

01 按快捷键 F10 打开 VRay 渲染器面板,设置 VRay 的全局开关,进入 `V-Ray:: 全局开关[无名]`,将默认灯光设置为"关"的状态,其实默认灯光选项在空间中有光源的情况下就会自动失效,设置参数如图 2-4-57 所示。

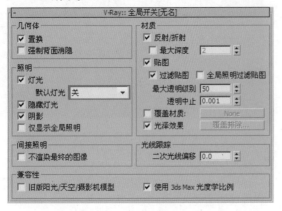

图2-4-57 设置全局开关参数

02 设置成图图像抗锯齿,进入 `V-Ray:: 图像采样器(反锯齿)`,设置图像采样器的类型为"自适应确定性蒙特卡洛",打开"抗锯齿过滤器",设置类型为"VRay 蓝佐斯过滤器",如图 2-4-58 所示。

图2-4-58 设置图像采样器参数

03 进入 `V-Ray:: 间接照明(GI)`,打开全局光焦散,设置全局光引擎类型,首次反弹类型为"发光图",二次反弹类型为"灯光缓存",之后使用的类型都是这两种,发光图与灯光缓存相结合渲染速度比较快,质量也比较好,如图 2-4-59 所示。

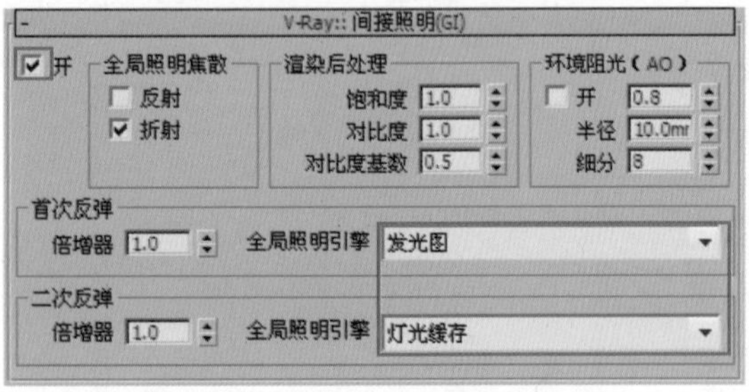

图2-4-59 设置间接照明参数

04 进入 `V-Ray:: 发光图[无名]`,设置发光图参数,设置当前预置为"中",打开"细节增强"选项,由于单体模型本来占用空间就很小,所以不需要设置保存路径,灯光缓存与发光贴图同理,如图 2-4-60 所示。

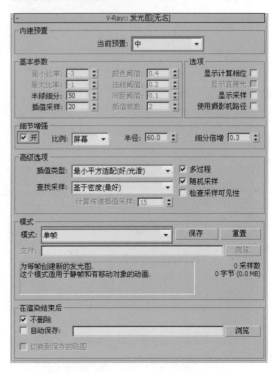

图2-4-60 设置发光图参数

05 进入 `V-Ray:: 灯光缓存`,将灯光缓存的"细分"值设为 1000,在"重建参数"中勾选"对光泽光线使用灯光缓存"选项,这会加快渲染速度,对渲染质量没有任何影响,设置如图 2-4-61 所示。

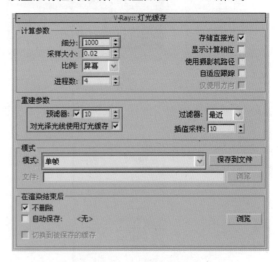

图2-4-61 设置灯光缓存参数

06 进入 V-Ray:: **确定性蒙特卡洛采样器**，设置适应数量值为 0.8，参数如图 2-4-62 所示。

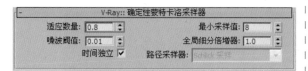

图2-4-62　设置参数

07 进入 V-Ray:: **颜色贴图**，设置类型为"线性倍增"，这种模式将基于图像的亮度来进行每个像素的亮度倍增。那些太亮的颜色成分(在 255 之上或 0 之下的)将会被抑制，如图 2-4-63 所示。

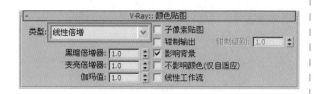

图2-4-63　设置颜色贴图参数

08 进入渲染器公用面板，设置渲染图像分辨率，一般渲染输出文件是以 TGA 格式为主，参数如图 2-4-64 所示。

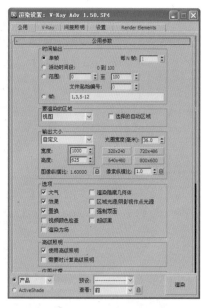

图2-4-64　设置渲染图像大小

09 设置完成后，单击"渲染"按钮即可渲染最终图像，渲染最终效果如图 2-4-65 所示。

图2-4-65　最终渲染效果

提示：
本实例的讲解视频，请参看光盘\视频教学\第2章\"化妆瓶"中的内容。

2.5 实例:宝石戒指的灯光与渲染

⊙本案例主要表现了宝石的质感,最终效果如图2-5-1所示。

图2-5-1 最终效果

2.5.1 俯视摄影机的创建

01 首先来讲述空间中摄影机的创建方法,在 面板中单击 VR物理摄影机 按钮,如图2-5-2所示。

02 切换到顶视图中,创建空间中的摄影机。按住鼠标在顶视图中创建一个摄影机,具体位置如图2-5-3所示。

图2-5-2 选择摄影机

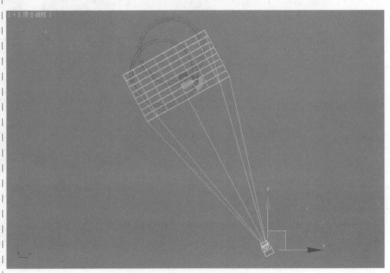

图2-5-3 摄影机顶视图角度位置

03 切换到前视图中，调整摄影机位置，如图 2-5-4 所示。

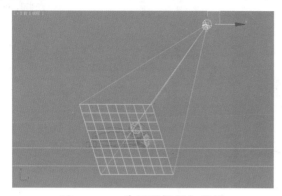

图2-5-4　前视图摄影机位置

04 再切换到左视图中，调整摄影机位置，如图 2-5-5 所示。

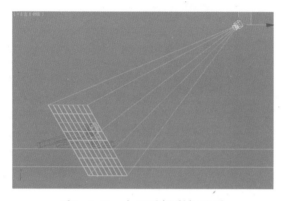

图2-5-5　左视图摄影机位置

05 在修改器列表中设置摄影机的参数，具体设置如图 2-5-6 所示。

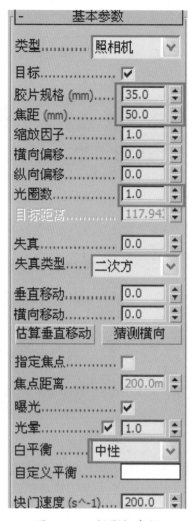

图2-5-6　摄影机参数

空间的材质分为宝石与地面等材质，下面来详细的介绍这些材质的具体设置方法。

2.5.2　宝石戒指质感的表现

01 打开配套光盘中的"宝石戒指 .max"文件，如图 2-5-7 所示。

02 打开材质编辑器，在材质编辑器中新建一个 ●VR材质，设置铂金材质的漫反射颜色分别为 255/255/255，如图 2-5-8 所示。

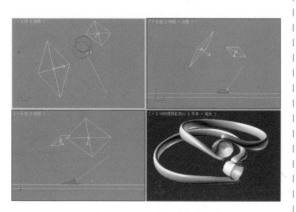

图2-5-7　空间模型

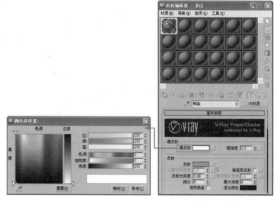

图2-5-8　设置铂金的漫反射

03 设置完漫反射颜色后，调整反射，颜色数值分别
设置为146/146/146，"反射光泽度"设置为0.88，
同时"最大深度"增加到8，参数设置如图2-5-9
所示。

图2-5-12　设置宝石的反射

图2-5-9　设置铂金的反射

04 参数设置完成，材质球最终的显示效果如图2-5-10
所示。

07 宝石为透明的物体，所以要设置折射参
数，在这里将宝石的折射颜色数值分别设置为
232/232/232，勾选"影响阴影"选项，并选中
"颜色+alpha"选项，为了更好的表现宝石的效果，
将"折射率"设置为2.6，烟雾颜色数值分别设
置为255/0/0，同时"烟雾倍增"设置为0.3，"烟
雾偏移"为5，如图2-5-13所示。

图2-5-10　铂金材质球

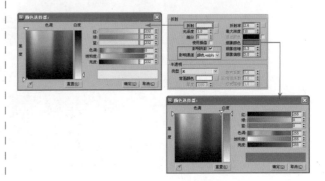

图2-5-13　设置宝石的折射

05 铂金材质设置完成后，设置宝石材质。打开材质
编辑器，在材质编辑器中新建一个 ⊙VR材质，设
置宝石的颜色为白色。颜色数值分别设置为
255/255/255，参数如图2-5-11所示。

提示：

　　勾选折射中的"影响阴影"选项，可以使光线
穿过半透明物体，并影响阴影的颜色。选中"颜色
+alpha"选项后，在最终渲染的图像中会影响透明
物体的Alpha通道。

08 参数设置完成，材质球最终的显示效果如图
2-5-14所示。

图2-5-11　设置宝石漫反射颜色

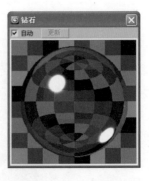

图2-5-14　宝石材质球

06 设置完漫反射颜色后，调整反射，颜色数值分别设
置为255/255/255，同时勾选"菲涅尔反射"选项，
"菲涅尔反射折射率"为10，参数设置如图2-5-12
所示。

2.5.3 模糊反射地面的材质

01 接下来设置地面的材质，在材质编辑器中新建一个 ⬤VR材质，设置地面材质为蓝色，漫反射颜色数值分别设置为13/24/81，参数设置如图2-5-15所示。

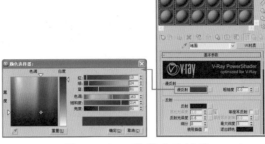

图2-5-15 设置地面材质

02 设置完漫反射颜色后，调整反射，颜色数值分别设置为7/7/7，参数设置如图2-5-16所示。

图2-5-16 设置地面的反射

03 设置完反射颜色后，在这里设置了凹凸，打开"贴图"卷展栏，在"凹凸"贴图通道中添加一张 ⬚位图 贴图。"模糊"数值设置为0.1，凹凸贴图的数值设置为50，参数设置如图2-5-17所示。

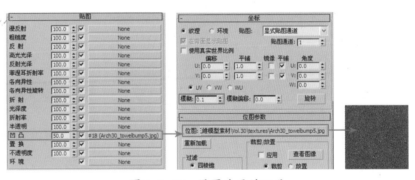

图2-5-17 设置地面的凹凸

04 设置UVW贴图，选择地面模型，在修改器列表中添加"UVW贴图"修改器，设置贴图类型为"长方体"，将长度、宽度与高度参数分别设置为160mm/160mm/160mm，具体设置如图2-5-18所示。

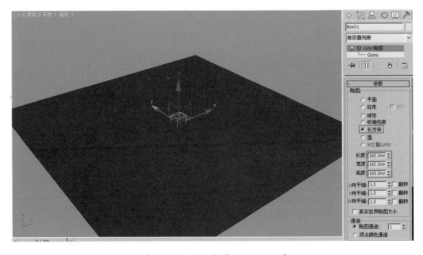

图2-5-18 设置UVW贴图

05 参数设置完成，材质球最终的显示效果如图2-5-19所示。

空间中的材质已经设置完毕，查看赋予材质后的效果，如图2-5-20所示。

图2-5-19　地面材质球

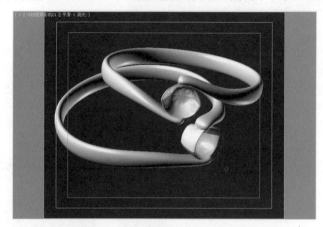

图2-5-20　赋予材质后的空间

2.5.4　影响高光反射 VRay 灯光的创建

01 首先来创建戒指侧面的 VRay 光源，单击创建命令面板中的图标，在相应的面板中，单击 VRay 类型中的"VRay 灯光"按钮，将灯光的类型设置为"面光源"，如图 2-5-21 所示。

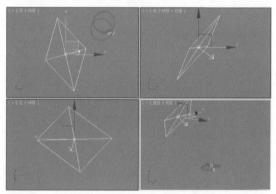

图2-5-21　创建VRay灯光

02 设置灯光大小为 40mm×40mm，设置灯光的颜色分别为 255/255/255，灯光强度"倍增器"为 20，参数设置如图 2-5-22 所示。

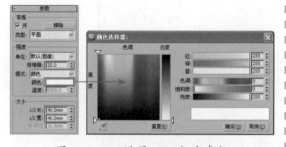

图2-5-22　设置VRay灯光参数

03 在"选项"选项区域中勾选"不可见"选项，为了让灯光参加反射，在这里勾选"影响反射"选项，在采样设置面板中设置"细分"值为 16，参数设置如图 2-5-23 所示。

图2-5-23　设置VRay灯光参数

提示：

设置VRay灯光中的细分值，可以提高灯光的光影效果，降低阴影噪点。但过高的细分值会降低渲染速度。

04 然后创建另一面 VRay 光源，同样单击创建命令面板中的图标，在相应的面板中，单击 VRay 类型中的"VRay 灯光"按钮，将灯光的类型设置为"面光源"，如图 2-5-24 所示。

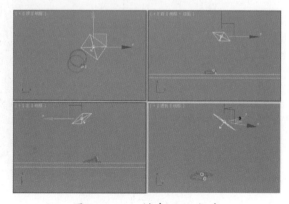

图2-5-24　创建VRay灯光

05 设置灯光大小为 20mm×20mm，设置灯光的颜色分别为 223/234/255，灯光强度"倍增器"为 15，参数设置如图 2-5-25 所示。

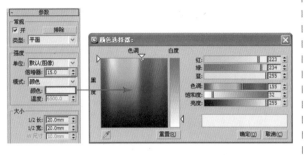

图2-5-25 设置VRay灯光参数

06 在"选项"选项区域中勾选"不可见"选项，影响高光反射选项只在有反射的情况下才有作用。为了不让灯光参加反射取消勾选"影响反射"选项，进而影响到高光反射。并设置"细分"值为 16，参数设置如图 2-5-26 所示。

图2-5-26 设置VRay灯光参数

2.5.5 场景渲染面板设置

01 快捷键 F10 打开 VRay 渲染器面板，设置 VRay 的全局开关，进入 V-Ray:: 全局开关[无名]，将默认灯光设置为"关"的状态，设置参数如图 2-5-27 所示。

图2-5-27 设置全局开关参数

02 设置成图图像抗锯齿，进入 V-Ray:: 图像采样器(反锯齿)，设置图像采样器的类型为"自适应确定性蒙特卡洛"，打开"抗锯齿过滤器"，设置类型为"VRay蓝佐斯过滤器"，如图 2-5-28 所示。

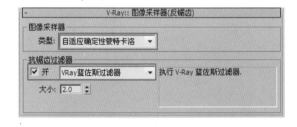

图2-5-28 设置图像采样器参数

03 进入 V-Ray:: 间接照明(GI)，打开全局光焦散，设置全局光引擎类型，首次反弹类型为"发光图"，二次反弹类型为"灯光缓存"，之后使用的类型都是这两种，发光图与灯光缓存相结合渲染速度比较快，质量也比较好，如图 2-5-29 所示。

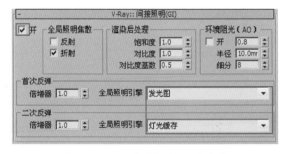

图2-5-29 设置间接照明参数

04 进入 V-Ray::发光图[无名]，设置发光图参数，设置当前预置为"中"，打开"细节增强"选项，由于单体模型本来占用空间就很小，所以不需要设置保存路径，灯光缓存与发光贴图同理，如图2-5-30所示。

图2-5-30　设置发光图参数

05 进入 V-Ray::灯光缓存，将灯光缓存的"细分"值设为1000，在"重建参数"中勾选"对光泽光线使用灯光缓存"选项，这会加快渲染速度，对渲染质量没有任何影响，设置如图2-5-31所示。

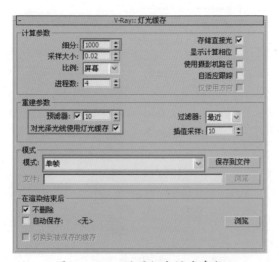

图2-5-31　设置灯光缓存参数

06 进入 V-Ray::确定性蒙特卡洛采样器，设置"适应数量"值为0.8，参数如图2-5-32所示。

图2-5-32　设置参数

07 进入 V-Ray::颜色贴图，设置类型为"线性倍增"，这种模式将基于图像的亮度来进行每个像素的亮度倍增。那些太亮的颜色成份(在255之上或0之下的)将会被抑制，如图2-5-33所示。

图2-5-33　设置颜色贴图参数

08 进入渲染器公用面板，设置渲染图像分辨率，一般渲染输出文件是以TGA格式为主，参数如图2-5-34所示。

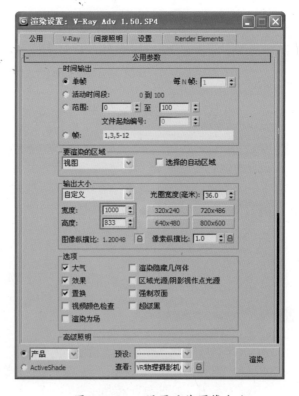

图2-5-34　设置渲染图像大小

09 设置完成后，单击"渲染"按钮即可渲染最终图像，渲染最终效果如图2-5-35所示。

图2-5-35 最终渲染效果

2.6 实例：手表的灯光与渲染

⊙本案例主要表现了金属材质的质感，在这个案例中学习金属材质的设置方法，灯光的创建方法，最终效果如图2-6-1所示。

图2-6-1 最终效果

2.6.1　摄影机光圈参数的设置

01 首先来讲述空间中摄影机的创建方
　法，在█面板中单击 VR物理摄影机
　按钮，如图2-6-2所示。

02 切换到顶视图中，创建空间中的摄影机。按住鼠标在顶视图中
　创建一个摄影机，具体位置如图2-6-3所示。

图2-6-2　选择摄影机

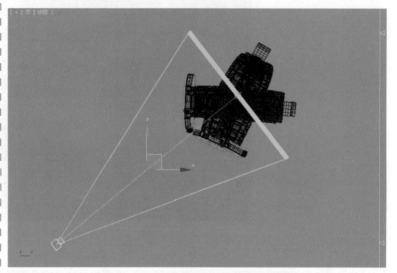

图2-6-3　摄影机顶视图角度位置

03 切换到前视图中，调整摄影机位置，如图2-6-4所示。

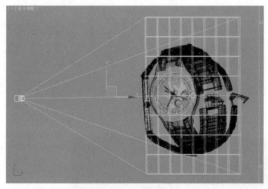

图2-6-4　前视图摄影机位置

04 再切换到左视图中，调整摄影机位置，如图2-6-5所示。

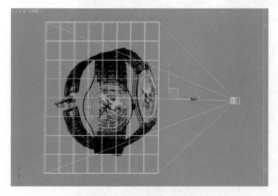

图2-6-5　左视图摄影机位置

05 在修改器列表中设置摄影机的参数，白平衡为"中性"，将"光圈数"
　设置为2，其他设置如图2-6-6所示。

图2-6-6　摄影机参数

空间的材质分为磨砂金属与玻璃等材质，下面详细的介绍这些材质的具体设置方法。

2.6.2 反射衰减贴图表现磨砂金属材质

01 首先打开配套光盘中的"手表.max"文件，如图2-6-7所示。

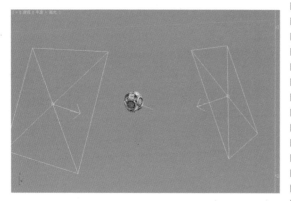

图2-6-7 打开模型

02 打开材质编辑器，在材质编辑器中新建一个 ● VR材质，设置磨砂金属材质的漫反射，将漫反射中的颜色数值分别设置为235/244/255，参数设置如图2-6-8所示。

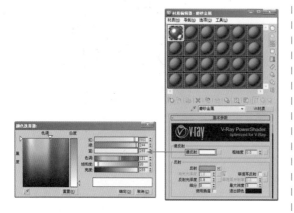

图2-6-8 设置材质漫反射

03 设置磨砂金属材质的漫反射后，调整反射参数，在反射通道中添加"衰减纹理"贴图，调整"反射光泽度"为0.8，参数设置如图2-6-9所示。

图2-6-9 设置磨砂金属反射

04 调整衰减参数通道1中的颜色数值分别为22/30/43，通道2中的颜色数值分别设置为255/255/255，参数设置如图2-6-10所示。

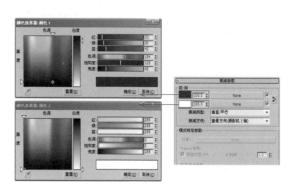

图2-6-10 设置衰减参数

05 在"双向反射分布函数"卷展栏中，将反射的类型设置为"沃德"，参数设置如图2-6-11所示。

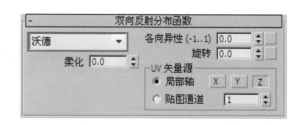

图2-6-11 设置反射类型

提示：

将反射的类型设置为"沃德"，这样反射出来的效果不会有明显的分界线。

06 参数设置完成，材质球最终的显示效果如图2-6-12所示。

图2-6-12 磨砂金属材质球

2.6.3　菲涅尔反射表现玻璃的材质

01 打开材质编辑器，在材质编辑器中新建一个 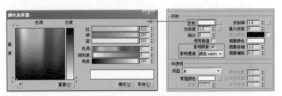VR材质，设置玻璃材质的漫反射，将漫反射中的颜色数值分别设置为255/255/255，参数设置如图2-6-13所示。

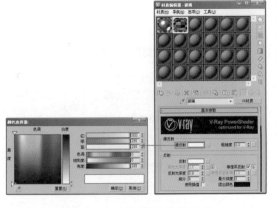

图2-6-13　设置材质漫反射

02 设置玻璃材质的漫反射后，调整反射参数，在这里勾选"菲涅耳反射"选项，将颜色参数分别设置为255/255/255，"反射光泽度"为0.9，参数设置如图2-6-14所示。

图2-6-14　设置玻璃反射

03 设置玻璃材质的反射后，调整折射参数，玻璃是透明的物体，分别设置颜色参数为255/255/255，将"折射率"设置为1.6，勾选"影响阴影"选项，然后选择影响通道为"颜色+alpha通道"选项，参数设置如图2-6-15所示。

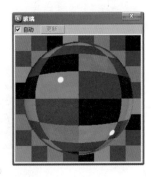

图2-6-15　设置玻璃折射

04 参数设置完成，材质球最终的显示效果如图2-6-16所示。

图2-6-16　玻璃材质球

2.6.4　拉丝金属材质的设置

01 打开材质编辑器，在材质编辑器中新建一个 VR材质，设置拉丝金属材质的漫反射，在漫反射通道中添加一张位图贴图，参数设置如图2-6-17所示。

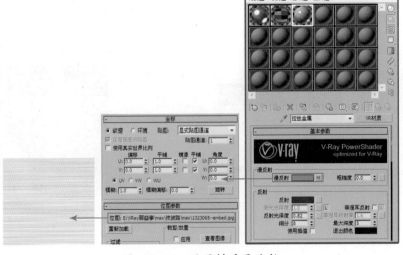

图2-6-17　设置材质漫反射

02 设置金属材质的漫反射后，调整反射参数，将反射中的颜色参数分别设置为40/40/40,调整"反射光泽度"为0.82,参数设置如图2-6-18所示。

图2-6-18 设置金属反射

03 参数设置完成，材质球最终的显示效果如图2-6-19所示。

图2-6-19 拉丝金属材质球

2.6.5 磨砂底盘1材质的设置

01 接下来设置磨砂底盘1的材质，在材质编辑器中新建一个 VR材质，设置漫反射中的颜色数值分别为36/4/2,参数设置如图2-6-20所示。

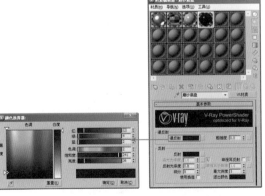

图2-6-20 设置材质漫反射

02 设置材质的反射参数，在这里将反射参数分别设置为7/7/7,反射非常的小，并设置"反射光泽度"为0.8,具体设置如图2-6-21所示。

图2-6-21 设置材质反射

03 参数设置完成，材质球最终的显示效果如图2-6-22所示。

图2-6-22 磨砂底盘1材质球

2.6.6 磨砂底盘2材质的设置

01 接下来设置磨砂底盘2的材质，在材质编辑器中新建一个 VR材质，设置材质漫反射，将漫反射中的颜色数值分别设置为43/14/10,参数设置如图2-6-23所示。

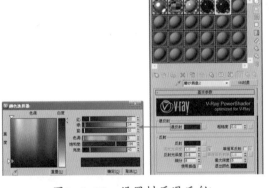

图2-6-23 设置材质漫反射

02 设置材质的反射参数，在这里将反射参数分别设置为10/10/10,反射非常的小，并设置"反射光泽度"为0.8,具体设置如图2-6-24所示。

图2-6-24 设置反射

03 参数设置完成，材质球最终的显示效果如图 2-6-25 所示。

图2-6-25　磨砂底盘2材质球

空间中的所有材质已经设置完毕，查看赋予材质后的效果，如图2-6-26所示。

图2-6-26　赋予材质后的空间

2.6.7　两盏VRay灯光的合理运用

01 下面创建面光源，单击 创建命令面板中的 图标，在相应的面板中，单击 VRay 类型中的"VRay 灯光"按钮，将灯光的类型设置为"面光源"，灯光的位置如图 2-6-27 所示。

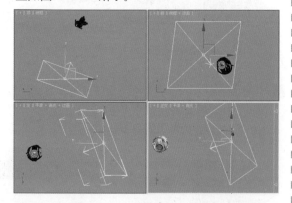

图2-6-27　创建VRay灯光

02 设置灯光大小为 160mm×160mm，设置灯光的颜色分别为 255/255/255，灯光强度"倍增器"为 10，参数设置如图 2-6-28 所示。

图2-6-28　设置灯光参数

03 为了让灯光参加反射，在选项设置面板中勾选"影响反射"选项，参数设置如图 2-6-29 所示。

图2-6-29　设置灯光选项参数

04 创建另一面光源，单击 创建命令面板中的 图标，在相应的面板中，单击 VRay 类型中的"VRay 灯光"按钮，将灯光的类型设置为"面光源"，灯光的位置如图 2-6-30 所示。

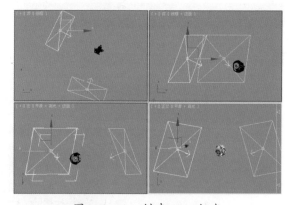

图2-6-30　创建VRay灯光

05 设置灯光大小为 160mm×160mm，设置灯光的颜色分别为 223/240/255，灯光强度"倍增器"为 12，参数设置如图 2-6-31 所示。

图2-6-31　设置灯光参数

06 为了让灯光参加反射，在选项设置面板中勾选"影响反射"选项，参数设置如图2-6-32所示。

图2-6-32 设置灯光选项参数

2.6.8 场景渲染面板设置

01 按快捷键F10打开VRay渲染器面板，设置VRay的全局开关，进入 **V-Ray:: 全局开关[无名]**，将默认灯光设置为"关"的状态，设置参数如图2-6-33所示。

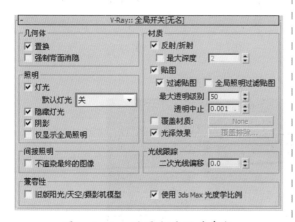

图2-6-33 设置全局开关参数

02 设置成图图像抗锯齿，进入 **V-Ray:: 图像采样器(反锯齿)**，设置图像采样器的类型为"自适应确定性蒙特卡洛"，打开"抗锯齿过滤器"，设置类型为"VRay蓝佐斯过滤器"，如图2-6-34所示。

图2-6-34 设置图像采样参数

03 进入 **V-Ray:: 间接照明(GI)**，打开全局光焦散，设置全局光引擎类型，首次反弹类型为"发光图"，二次反弹类型为"灯光缓存"，发光图与灯光缓存相结合渲染速度比较快，质量也比较好，如图2-6-35所示。

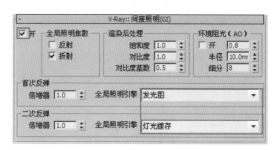

图2-6-35 设置间接照明参数

04 进入 **V-Ray::发光图[无名]**，设置发光贴图参数，设置当前预置为"中"，打开"细节增强"选项，由于单体模型本来占用空间就很小，所以不需要设置保存路径，灯光缓存与发光贴图同理，如图2-6-36所示。

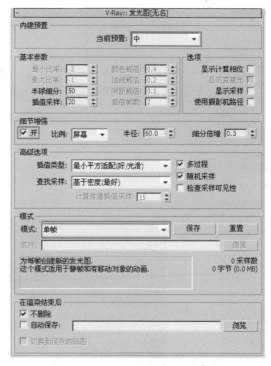

图2-6-36 设置发光贴图参数

05 进入 **V-Ray:: 灯光缓存**，将灯光缓存的"细分"值设为800，设置如图2-6-37所示。

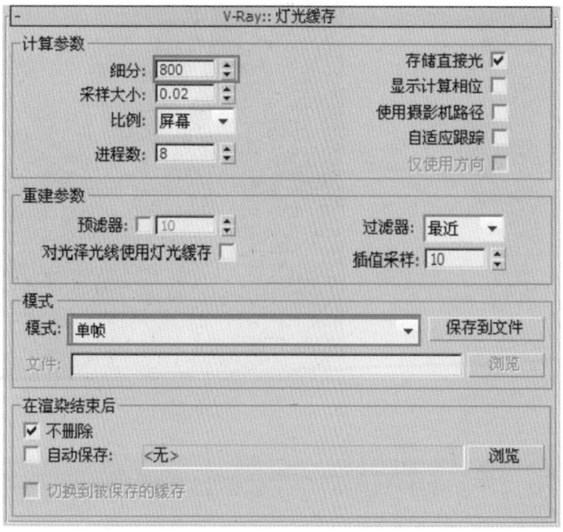

图2-6-37 设置灯光缓存参数

06 进入 V-Ray::颜色贴图，设置类型为"线性倍增"，这种模式将基于图像的亮度来进行每个像素的亮度倍增，那些太亮的颜色成分（在255之上或0之下的）将会被抑制。但是这种模式可能会导致靠近光源的点过分明亮，如图2-6-38所示。

图2-6-38　设置颜色映射参数

07 进入 V-Ray::确定性蒙特卡洛采样器，设置"适应数量"参数为0.85，"噪波阈值"为0.001，参数如图2-6-39所示。

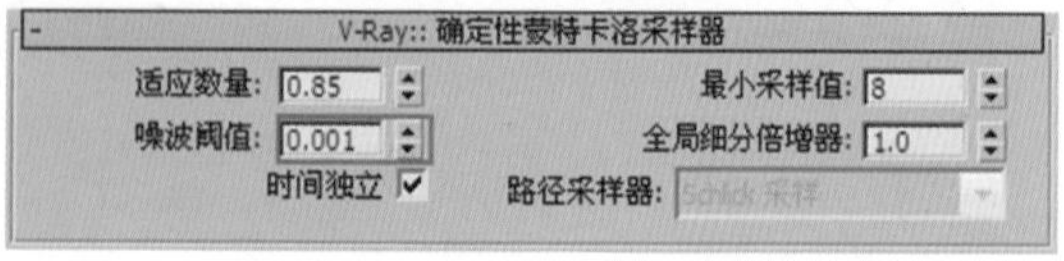

图2-6-39　设置参数

08 进入渲染器公用面板，设置渲染图像分辨率，一般渲染输出文件是以TGA格式为主，参数如图2-6-40所示。

图2-6-40　设置渲染图像大小

09 设置完成后，单击"渲染"按钮即可渲染最终图像。渲染最终效果如图2-6-41所示。

图2-6-41　最终效果

提示：

　本实例的讲解视频，请参看光盘\视频教学\第2章\"手表"中的内容。

2.7 实例：电动门的灯光与渲染

⊙本案例主要表现了电动门金属的质感，最终效果如图2-7-1所示。

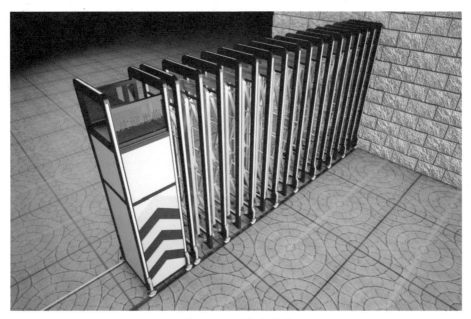

图2-7-1 最终效果

2.7.1 广角摄影机的设置

01 首先来讲述空间中摄影机的创建方法，在 面板中单击 VR物理摄影机 按钮，如图2-7-2所示。

02 切换到顶视图中，创建空间中的摄影机。按住鼠标在顶视图中创建一个摄影机，具体位置如图2-7-3所示。

图2-7-2 选择摄影机

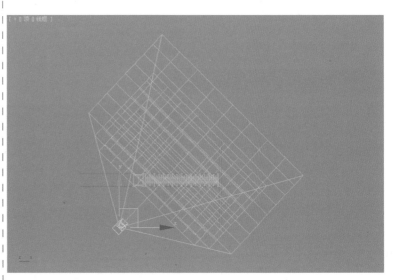

图2-7-3 摄影机顶视图角度位置

03 切换到前视图中，调整摄影机位置，如图2-7-4所示。

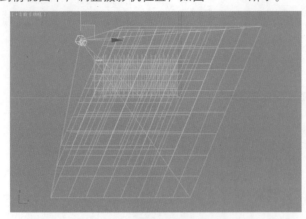

图2-7-4　前视图摄影机位置

04 再切换到左视图中，调整摄影机位置，如图2-7-5所示。

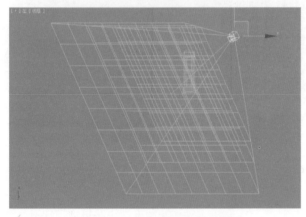

图2-7-5　左视图摄影机位置

05 在修改器列表中设置摄影机的参数，具体设置如图2-7-6所示。

基本参数	
类型.............	照相机
目标.............	✔
胶片规格 (mm).....	36.0
焦距 (mm)..........	24.0
缩放因子.........	1.0
横向偏移.........	0.0
纵向偏移.........	0.0
光圈数...........	1.0
目标距离.........	4606.05
失真.............	0.0
失真类型.....	二次方
垂直移动.........	0.0
横向移动.........	0.0
估算垂直移动	猜测横向
指定焦点.........	☐
焦点距离.........	200.0m
曝光.............	✔
光晕...........	✔ 1.0
白平衡.........	中性
自定义平衡........	
门速度 (s^-1)....	200.0

图2-7-6　摄影机参数

空间的材质有地面和电动门的材质，下面详细的介绍电动门材质的具体设置方法。

2.7.2　贴图凹凸纹理的转换

01 打开配套光盘中的"电动门.max"文件，如图2-7-7所示。

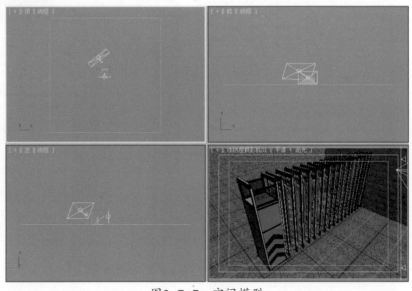

图2-7-7　空间模型

02 设置地面的材质，按快捷键M，在材质编辑器中新建一个 ●VR材质，设置地面的材质。在漫反射通道中添加一张 ▣渐变 贴图。贴图"模糊"值设置为0.1，参数如图2-7-8所示。

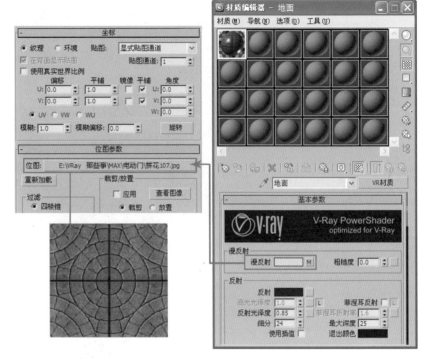

图2-7-8 设置地面材质

03 设置完漫反射颜色后，调整反射，颜色数值分别设置为18/18/18，"反射光泽度"设置为0.85，"细分"值设置为24，参数设置如图2-7-9所示。

图2-7-9 设置地面材质的反射

04 设置完反射颜色后，设置凹凸，打开"贴图"卷展栏，将漫反射通道中的贴图以"实例"的方法复制到凹凸通道中，凹凸的数值设置为50，参数设置如图2-7-10所示。

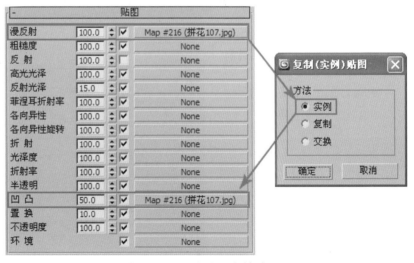

图2-7-10 设置铺地材质凹凸

05 在"双向反射分布函数"卷展栏中选择"沃德"类型。参数设置如图2-7-11所示。

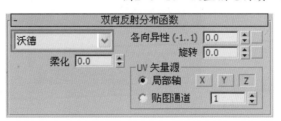

图2-7-11 设置铺地材质

06 设置 UVW 贴图，选择地面模型，在修改器列表中添加"UVW 贴图"修改器，设置贴图类型为"长方体"，将长度、宽度与高度参数均设置为 1000mm，设置如图 2-7-12 所示。

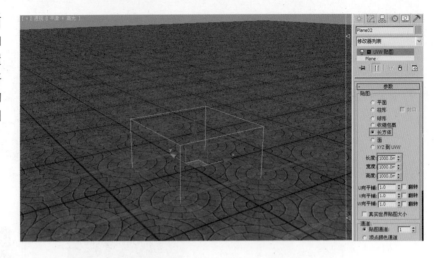

图2-7-12　设置UVW贴图

07 参数设置完成，材质球最终的显示效果如图 2-7-13 所示。

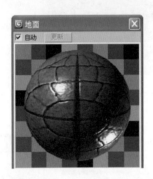

图2-7-13　地面材质材质球

2.7.3　贴图模糊参数的调整

01 设置完地面的材质，设置墙砖的材质。在材质编辑器中新建一个 VR材质，设置墙砖材质。在漫反射通道中添加一张 位图 贴图。贴图"模糊"值设置为0.01，参数如图 2-7-14 所示。

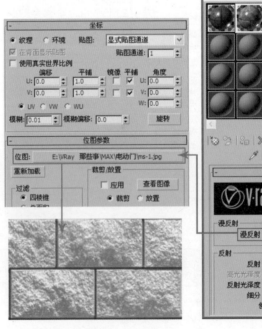

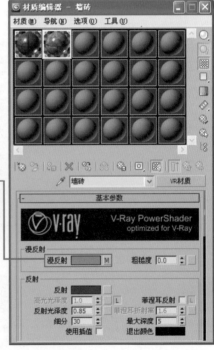

图2-7-14　设置墙砖材质

提示：

在漫反射中添加位图时，可以适合修改位图的模糊值。模糊值越小，最终渲染出来的贴图就越清晰，模糊值的最小值为0.01。

02 设置完漫反射颜色后，调整反射，颜色数值分别设置为55/55/55，"反射光泽度"设置为0.85，"细分"值设置为30，参数设置如图2-7-15所示。

图2-7-15 设置墙砖材质的反射

03 设置完反射颜色后，设置置换，打开"贴图"卷展栏，将漫反射通道中的贴图以"实例"的方法复制到置换通道中。"置换"的数值设置为10，参数设置如图2-7-16所示。

图2-7-16 设置墙砖材质置换

04 设置UVW贴图，选择墙砖模型，在修改器列表中添加"UVW贴图"修改器，设置贴图类型为"长方体"，将长度、宽度与高度参数分别设置为390mm/700mm/500mm，具体设置如图2-7-17所示。

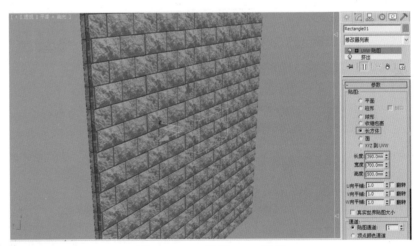

图2-7-17 设置UVW贴图

05 参数设置完成，材质球最终的显示效果如图2-7-18所示。

图2-7-18 墙砖材质球

2.7.4 各种金属材质的电动门

01 墙砖材质设置完成后，设置电动门中的玻璃材质。打开材质编辑器，在材质编辑器中新建一个 ●VR材质，设置玻璃的颜色为黑色，将颜色数值分别设置为13/13/13，具体参数如图2-7-19所示。

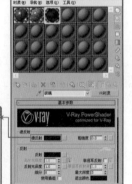

图2-7-19 设置玻璃漫反射颜色

> **提示：**
> 细分值默认为8，细分值越高模糊反射的颗粒感越小、越细腻。细分值越高同样可以减少图像的噪点，以达到提高渲染质量。

02 设置完漫反射颜色后，调整反射，颜色数值分别设置为10/10/10，具体参数设置如图2-7-20所示。

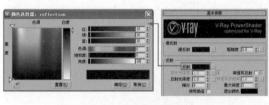

图2-7-20 设置玻璃的反射

03 接着设置折射参数，将玻璃的折射颜色数值分别设置为106/106/106，勾选"影响阴影"选项，选择"颜色+alpha"选项，如图2-7-21所示。

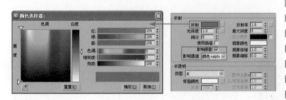

图2-7-21 设置玻璃的折射

04 参数设置完成，材质球最终的显示效果如图2-7-22所示。

图2-7-22 玻璃材质球

05 玻璃材质设置完成后，设置白色不锈钢材质。打开材质编辑器，在材质编辑器中新建一个 ●VR材质，设置轨道金属的颜色为白色。颜色数值分别设置为245/245/245，具体参数如图2-7-23所示。

图2-7-23 设置白色不锈钢漫反射

06 设置完漫反射后，调整反射，反射颜色数值分别设置为67/67/67，"反射光泽度"设置为0.82，"细分"值设置为16，具体参数设置如图2-7-24所示。

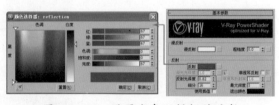

图2-7-24 设置白色不锈钢的反射

07 参数设置完成，材质球最终的显示效果如图2-7-25所示。

图2-7-25 白色不锈钢材质球

08 白色不锈钢材质设置完成后，设置黑色不锈钢材质。打开材质编辑器，在材质编辑器中新建一个 ●VR材质，设置轨道金属的颜色为黑色，颜色数值分别设置为 8/8/8，具体参数如图 2-7-26 所示。

图2-7-26 设置黑色不锈钢漫反射

09 设置完漫反射后，调整反射，反射颜色数值分别设置为 17/17/17，"反射光泽度"设置为 0.78，"细分"值设置为 16。具体参数设置如图 2-7-27 所示。

图2-7-27 设置黑色不锈钢的反射

10 参数设置完成，材质球最终的显示效果如图 2-7-28 所示。

图2-7-28 黑色不锈钢材质球

11 接下来设置字体的材质，在材质编辑器中新建一个 ●VR代理材质 贴图，在 VR 代理材质中的基本材质中新建一个 ●VR灯光材质 贴图。设置灯光材质的颜色为红色，颜色数值分别设置为 255/0/0，倍增器的强度设置为 8，具体参数设置如图 2-7-29 所示。

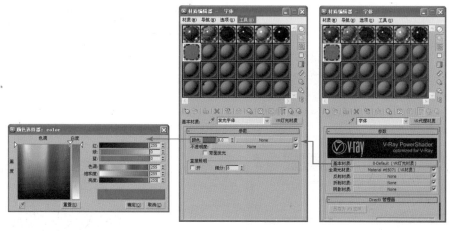

图2-7-29 设置发光字体材质

12 设置完基本材质之后，调整全局光材质，在 VR 代理材质中的全局光材质中新建一个 ●VR材质 贴图。设置漫反射的颜色数值分别为 240/240/240，具体参数设置如图 2-7-30 所示。

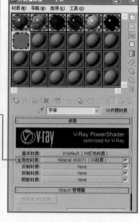

图2-7-30　设置全局光材质

提示：

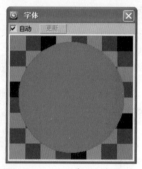

　VR代理材质　主要用于解决场景中某个材质的溢色问题。基本材质只用于渲染，不参与全局光的计算。全局光材质渲染不出来，但它的材质属性参与全局光计算。

13　参数设置完成，材质球最终的显示效果如图2-7-31所示。

图2-7-31　字体材质球

2.7.5　轨道光滑金属材质的设置

01　字体材质设置完成后，设置轨道金属材质。打开材质编辑器，在材质编辑器中新建一个 ● VR材质，设置轨道金属的颜色，颜色数值分别设置为10/0/0，参数如图2-7-32所示。

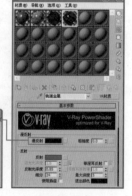

图2-7-32　设置轨道金属漫反射

02　设置完漫反射后，调整反射，反射颜色数值分别设置为87/87/87，"反射光泽度"设置为0.85，"细分"值设置为24，具体参数设置如图2-7-33所示。

图2-7-33　设置轨道金属的反射

03　参数设置完成，材质球最终的显示效果如图2-7-34所示。

图2-7-34　轨道金属材质球

空间中的材质已经设置完毕，查看赋予材质后的效果，如图 2-7-35 所示。

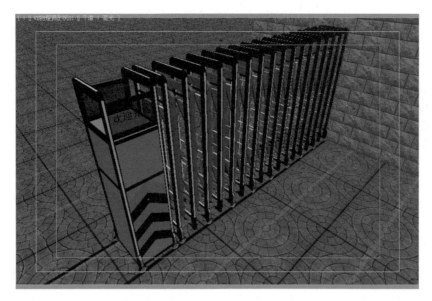

图2-7-35 赋予材质后的空间

2.7.6 主光与辅光的设置

01 首先在这个空间模型的正前方创建一面 VRay 灯光来模拟室外主光源。单击 创建命令面板中的 图标，在相应的面板中，单击 VRay 类型中的"VRay 灯光"按钮，将灯光的类型设置为"平面"，具体参数如图 2-7-36 所示。

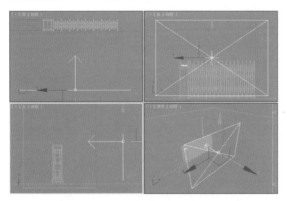

图2-7-36 创建VRay灯光

02 设置灯光大小大约为 2793mm×1826mm，设置灯光的颜色分别为 255/230/203，灯光强度"倍增器"为 9，具体参数设置如图 2-7-37 所示。

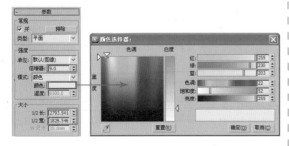

图2-7-37 设置VRay灯光参数

03 在选项设置面板中勾选"不可见"选项，并设置"细分"值为 24，具体参数设置如图 2-7-38 所示。

图2-7-38 设置VRay灯光参数

04 接着再创建一面 VRay 灯光来模拟室外补光。单击 创建命令面板中的 图标，在相应的面板中，单击 VRay 类型中的"VRay 灯光"按钮，将灯光的类型设置为"平面"，具体参数如图 2-7-39 所示。

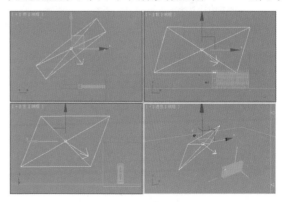

图2-7-39 创建VRay灯光

05 设置灯光大小为5275mm×2500mm，设置灯光的颜色分别为218/235/255，灯光强度"倍增器"为5，具体参数设置如图2-7-40所示。

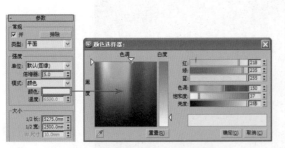

图2-7-40　设置VRay灯光参数

06 在选项设置面板中勾选"不可见"选项，并在采样面板中设置"细分"值为16，具体参数设置如图2-7-41所示。

图2-7-41　设置VRay灯光参数

2.7.7　场景渲染面板设置

01 按快捷键F10打开VRay渲染器面板，设置VRay的全局开关，进入 V-Ray:: 全局开关[无名] ，将默认灯光设置为"关"的状态，其实默认灯光选项在空间中有光源的情况下就会自动失效，具体参数设置如图2-7-42所示。

图2-7-42　设置全局开关参数

02 设置成图图像抗锯齿，进入 V-Ray:: 图像采样器(反锯齿) ，设置图像采样器的类型为"自适应确定性蒙特卡洛"，打开"抗锯齿过滤器"，设置类型为"VRay 蓝佐斯过滤器"，如图2-7-43所示。

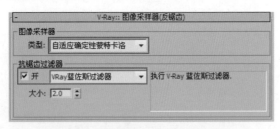

图2-7-43　设置图像采样器参数

03 进入 V-Ray:: 间接照明(GI) ，打开全局光焦散，设置全局光引擎类型，首次反弹类型为"发光图"，二次反弹类型为"灯光缓存"，之后使用的类型都是这两种，发光图与灯光缓存相结合渲染速度比较快，质量也比较好，如图2-7-44所示。

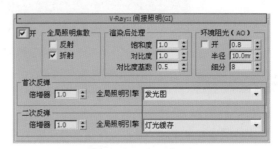

图2-7-44　设置间接照明参数

04 进入 V-Ray:: 发光图[无名] ，设置发光图参数，设置当前预置为"中"，打开"细节增强"选项，由于单体模型本来占用空间就很小，所以不需要设置保存路径，灯光缓存与发光贴图同理，如图2-7-45所示。

图2-7-45　设置发光图参数

05 进入 **V-Ray:: 灯光缓存**，将灯光缓存的"细分"值设为800，在"重建参数"中勾选"对光泽光线使用灯光缓存"选项，这会加快渲染速度，对渲染质量没有任何影响，勾选"预滤器"选项，并设置参数为30，设置如图2-7-46所示。

图2-7-46 设置灯光缓存参数

06 进入 **V-Ray:: 确定性蒙特卡洛采样器**，设置"适应数量"参数为0.8，参数如图2-7-47所示。

图2-7-47 设置参数

07 进入 **V-Ray:: 颜色贴图** 卷展栏，设置类型为"指数"，该模式将基于亮度来使每个像素颜色更饱和。这对预防靠近光源区域的曝光是很有用的，如图2-7-48所示。

图2-7-48 设置颜色贴图参数

08 进入渲染器公用面板，设置渲染图像分辨率，一般渲染输出文件是以TGA格式为主，参数如图2-7-49所示。

图2-7-49 设置渲染图像大小

09 设置完成后，单击"渲染"按钮即可渲染最终图像。渲染最终效果如图2-7-50所示。

图2-7-50 最终渲染效果

提示：
本实例的讲解视频，请参看光盘\视频教学\第2章\"电动门"中的内容。

2.8 实例：沐浴的灯光与渲染

⊙在本案例中主要讲述空间中的各种材质设置方法，最终效果如图2-8-1所示。

图2-8-1 最终效果

2.8.1 估算垂直移动参数对空间的影响

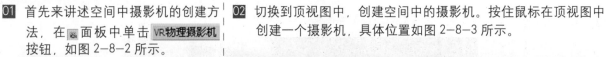

01 首先来讲述空间中摄影机的创建方法，在 🖼️ 面板中单击 `VR物理摄影机` 按钮，如图2-8-2所示。

02 切换到顶视图中，创建空间中的摄影机。按住鼠标在顶视图中创建一个摄影机，具体位置如图2-8-3所示。

图2-8-2 选择摄影机

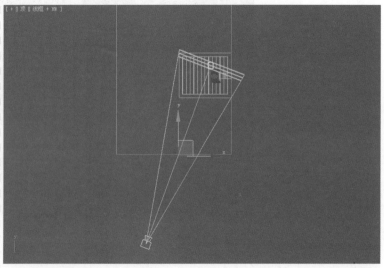

图2-8-3 摄影机顶视图角度位置

03 切换到前视图中，调整摄影机位置，如图2-8-4所示。

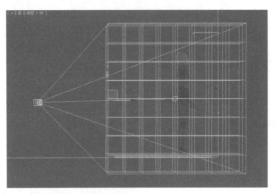

图2-8-4 前视图摄影机位置

04 再切换到左视图中，调整摄影机。位置，如图2-8-5所示。

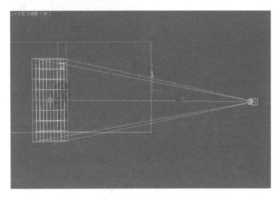

图2-8-5 左视图摄影机位置

05 在修改器列表中设置摄影机的参数，将"光圈数"设置为1，由于目标点向上移动过，所以单击"估算垂直移动"按钮来校正相机，取消勾选"光晕"选项，具体设置如图2-8-6所示。

下面来详细的介绍沐浴空间中，部分材质的具体设置方法。

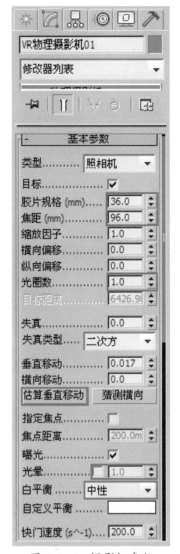

图2-8-6 摄影机参数

2.8.2 灰色模糊反射墙面的材质

01 打开配套光盘中的"沐浴.max"文件，如图2-8-7所示。

02 打置墙面材质，在材质编辑器中新建一个 ◉ VR材质，设置材质的漫反射，在漫反射中设置颜色参数分别为111/111/111，具体设置如图2-8-8所示。

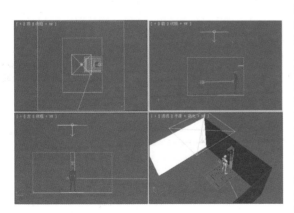

图2-8-7 空间模型

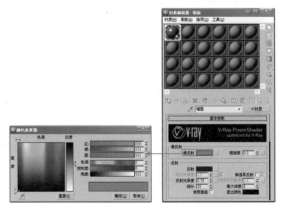

图2-8-8 设置材质的漫反射

03 置材质反射，设置反射颜色参数分别为32/32/32，"反射光泽度"设置为0.75，"细分"值设置为32，参数设置如图2-8-9所示。

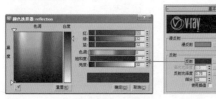

图2-8-9　设置材质反射

04 参数设置完成，材质球最终的显示效果如图2-8-10所示。

图2-8-10　墙面材质球

2.8.3　高光金属材质的设置

01 设置金属开关材质，在材质编辑器中新建一个
● VR材质，设置材质的漫反射，在漫反射中设置颜色参数分别为122/122/122，参数设置如图2-8-11所示。

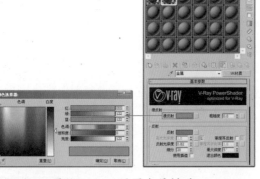

图2-8-11　设置金属材质

02 设置材质反射，在反射中设置颜色参数分别为102/102/102，设置"反射光泽度"为0.82，"细分"值设置为20，参数设置如图2-8-12所示。

图2-8-12　设置材质反射

提示：

　　光泽度是控制物体模糊反射的关键参数。光泽度最大为1，为镜面反射。参数小于1时，就会产生模糊反射，值越小，模糊反射感越强。

03 参数设置完成，材质球最终的显示效果如图2-8-13所示。

图2-8-13　金属材质球

2.8.4　哑光绿色漆材质

01 下面设置绿色漆的材质，在材质编辑器中新建一个
● VR材质，设置材质漫反射，在漫反射中设置颜色参数分别为130/209/92，参数设置如图2-8-14所示。

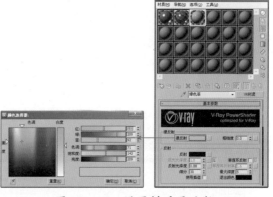

图2-8-14　设置材质漫反射

02 设置绿色漆的反射，在反射中设置颜色参数分别为12/12/12，将"反射光泽度"设置为0.88，提高"细分"值为30，参数设置如图2-8-15所示。

图2-8-15　设置反射参数

03 参数设置完成，材质球最终的显示效果如图2-8-16所示。

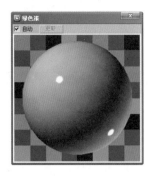

图2-8-16 绿色漆材质球

2.8.5 人体材质的表现

01 设置人体的材质，在材质编辑器中新建一个 ●VR材质，设置材质漫反射，在漫反射中设置颜色参数分别为230/230/230，参数设置如图2-8-17所示。

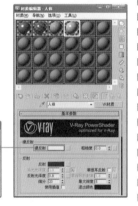

图2-8-17 设置材质漫反射与反射

02 设置材质的反射，将反射颜色参数分别设置为32/32/32，将"反射光泽度"设置为0.8，"细分"值设置为20，参数设置如图2-8-18所示。

图2-8-18 设置反射参数

03 参数设置完成，材质球最终的显示效果如图2-8-19所示。

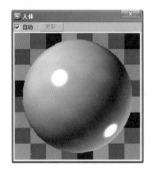

图2-8-19 人体材质球

2.8.6 发光反光板材质

01 下面设置发光板的材质，在材质编辑器中新建一个 ●VR灯光材质，设置灯光颜色为白色，参数设置如图2-8-20所示。

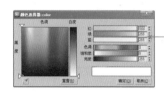
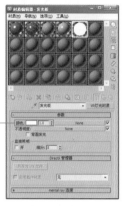

图2-8-20 设置材质漫反射与反射

02 参数设置完成，材质球最终的显示效果如图2-8-21所示。

图2-8-21 发光板材质球

空间中的所有材质已经设置完毕，查看赋予材质后的效果，如图2-8-22所示。

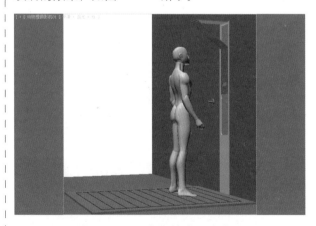

图2-8-22 赋予材质后的空间

2.8.7 VRay灯光的创建

01 创建光源，单击 创建命令面板中的 图标，在相应的面板中，单击VRay类型中的"VRay灯光"按钮，将灯光的类型设置为"面光源"，灯光的位置如图2-8-23所示。

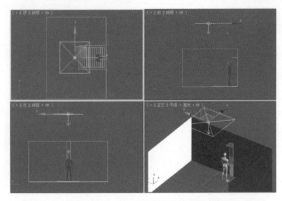

图2-8-23　创建VRay灯光

02 设置灯光大小为1000mm×1000mm，设置灯光的颜色分别为255/255/255，灯光强度"倍增器"为5，参数设置如图2-8-24所示。

图2-8-24　设置VRay灯光参数

03 为了不让灯光参加反射，在选项设置面板中取消勾选"影响反射"选项，设置灯光"细分"值为20，参数设置如图2-8-25所示。

图2-8-25　设置VRay灯光参数

提示：

　　勾选VR灯光的"不可见"选项，可以让相机看不见VR灯光，但VR灯光对室内还是照明的。取消勾选VR灯光的"影响反射"选项，可以让室内有反射的物体反射室外的天光。增加细分值，可以提高VR灯光产生的阴影质量，让阴影更丰富细腻，但渲染时间会大大增加。

2.8.8　场景渲染面板设置

01 按快捷键F10打开VRay渲染器面板，设置VRay的全局开关，进入 V-Ray:: 全局开关[无名] ，将默认灯光设置为"关"的状态，设置参数如图2-8-26所示。

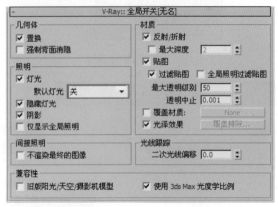

图2-8-26　设置全局开关参数

02 设置成图图像抗锯齿，进入 V-Ray:: 图像采样器(反锯齿) ，设置图像采样器的类型为"自适应细分"，打开"抗锯齿过滤器"，设置类型为"VRay蓝佐斯过滤器"，如图2-8-27所示。

图2-8-27　设置图像采样参数

03 进入 V-Ray:: 间接照明(GI) ，打开全局光焦散，设置全局光引擎类型，首次反弹类型为"发光图"，二次反弹类型为"灯光缓存"，发光图与灯光缓存相结合渲染速度比较快，质量也比较好，如图2-8-28所示。

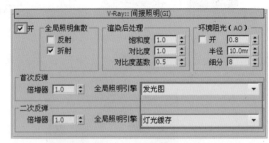

图2-8-28　设置间接照明参数

04 进入 V-Ray:: 发光图[无名] ，设置发光贴图参数，设置当前预置为"中"，由于单体模型本来占用空间就很小，所以不需要设置保存路径，灯光缓存与发光贴图同理，如图2-8-29所示。

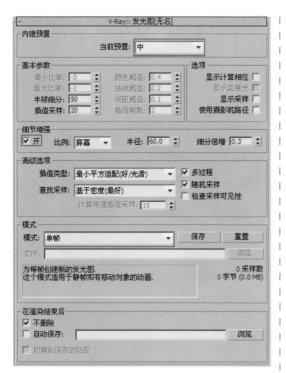

图2-8-29 设置发光贴图参数

05 进入 V-Ray:: 灯光缓存 ，将灯光缓存的"细分"值设为800，设置"预滤器"参数为50，参数设置如图2-8-30所示。

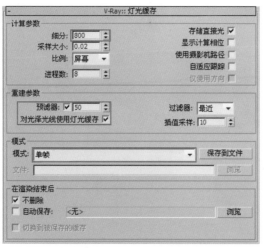

图2-8-30 设置灯光缓存参数

06 进入 V-Ray:: 颜色贴图 ，设置类型为"线性倍增"类型，如图2-8-31所示。

图2-8-31 设置颜色映射参数

07 进入 V-Ray:: 确定性蒙特卡洛采样器 ，设置"噪波阈值"为0.001，参数设置如图2-8-32所示。

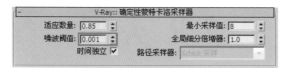

图2-8-32 设置参数

08 进入渲染器公用面板，设置渲染图像分辨率，一般渲染输出文件是以TGA格式为主，参数如图2-8-33所示。

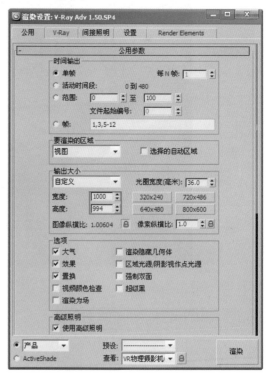

图2-8-33 设置渲染图像大小

09 设置完成后单击"渲染"按钮即可渲染最终图像，渲染最终效果如图2-8-34所示。

图2-8-34 最终渲染效果

提示：

　　本实例的讲解视频，请参看光盘\视频教学\第2章\"沐浴"中的内容。

2.9 实例：香烟的灯光与渲染

⊙本案例主要表现了各种与香烟相关的材质，在这个案例中学习"多维／子对象"材质的设置方法，以及灯光的创建方法，还有一个重点就是应用了 VRay 平面，最终效果如图 2-9-1 所示。

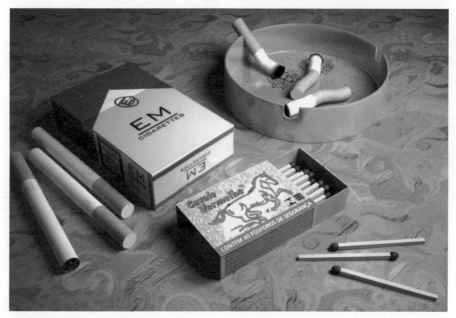

图2-9-1　最终效果

2.9.1　VRay 平面的创建

01 在顶视图中创建一个 VRay 平面，在顶视图中将 VRay 平面放置在任何一个位置都行，VRay 平面是个特殊的物体，它可以创建一个无限大尺寸的程序平面。只要在"物体"菜单中选择"VR 平面"选项，在视图里单击定位即可生成，如图 2-9-2 所示。

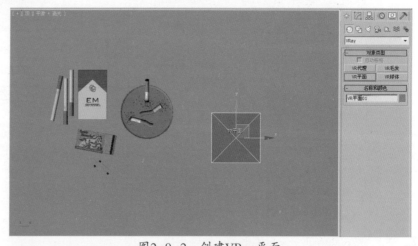

图2-9-2　创建VRay平面

02 切换到前视图中，选择 VRay 平面，单击工具栏中的 工具，拾取模型，设置对齐位置为 Y 轴，在"当前对象"与"目标对象"中分别选择"最小"，将 VRay 平面放置在模型的最底部，设置如图 2-9-3 所示。

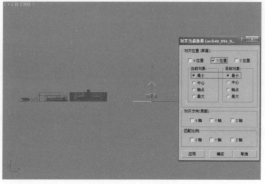

图2-9-3　创建VR平面

2.9.2 VR 物理摄影机的设置

01 下面讲述空间中摄影机的创建方法，在 面板中单击 VR物理摄影机 按钮，如图 2-9-4 所示。

图2-9-4 选择摄影机

02 切换到顶视图中，创建空间中的摄影机。按住鼠标在顶视图中创建一个摄影机，具体位置如图 2-9-5 所示。

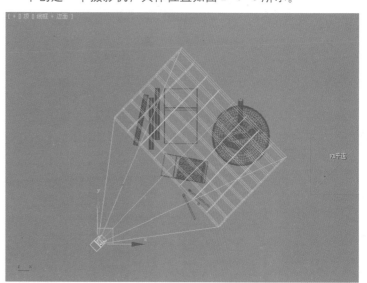

图2-9-5 摄影机顶视图角度位置

03 切换到前视图中，调整摄影机位置，如图 2-9-6 所示。

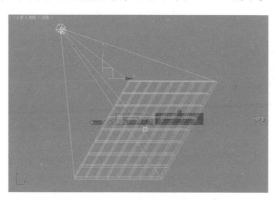

图2-9-6 前视图摄影机位置

04 再切换到左视图中，调整摄影机位置，如图 2-9-7 所示。

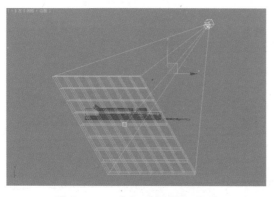

图2-9-7 左视图摄影机位置

05 在修改器列表中设置摄影机的参数，"白平衡"为 D65，将"光圈数"设置为 2，"光晕"数值设置为 1.5，这样四周会更暗一点，设置如图 2-9-8 所示。

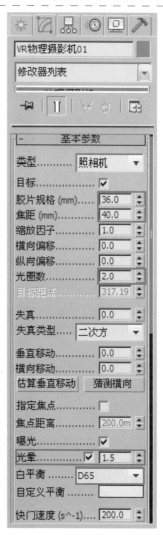

图2-9-8 摄影机参数

空间的材质分为布料、不锈钢、香烟与火柴盒等材质，下面详细的介绍这些材质的具体设置方法。

2.9.3 多维／子对象材质的设置

01 首先打开配套光盘中的"香烟 .max"文件，如图 2-9-9 所示。

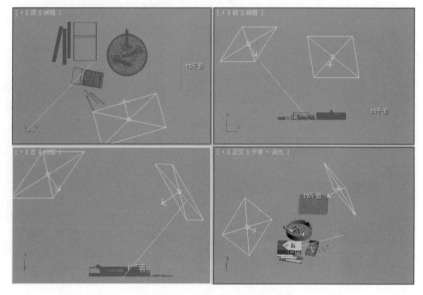

图2-9-9 空间模型

02 设置半截香烟材质，材质为"多维／子对象"材质，设置模型的 ID 号。在编辑多边形的"多边形"级别中，选择如图 2-9-10 所示的面，在多边形属性卷展栏中设置 ID 为 1。

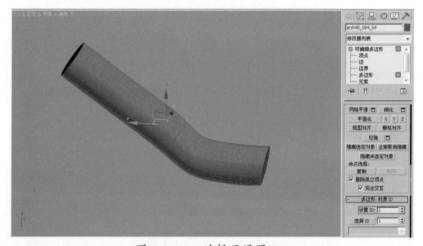

图2-9-10 选择面设置ID1

03 再选择如图 2-9-11 所示的面，在多边形属性卷展栏中设置 ID 为 2。

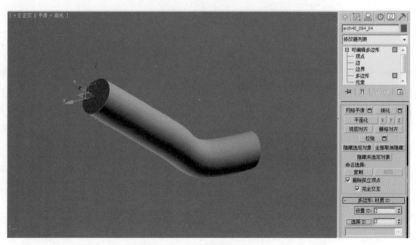

图2-9-11 选择面设置ID2

04 选择另一个面，设置 ID 为 3，如图 2-9-12 所示。

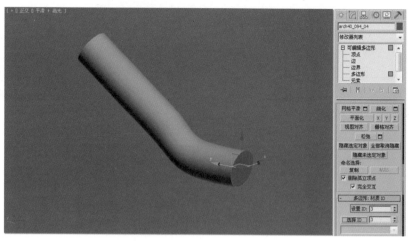

图2-9-12 选择面设置ID3

05 在设置材质之前首先要将默认的材质球转换为"多维／子对象"材质。按快捷键 M 打开"材质编辑器"对话框，选择一个未使用的材质球，单击材质面板中的 Standard 按钮，在弹出的"材质／贴图浏览器"对话框中选择类型为"多维／子对象"材质，如图 2-9-13 所示。

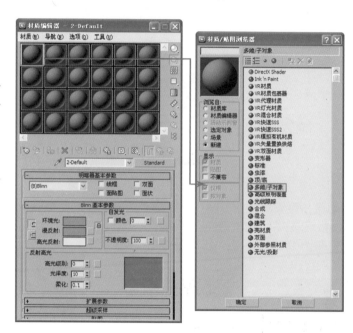

图2-9-13 设置多维子材质

06 设置多维／子材质的材质数量，单击"设置数量"按钮，设置"材质数量"为 3，如图 2-9-14 所示。

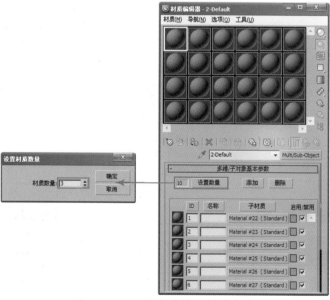

图2-9-14 设置多维子材质数量

07 在材质编辑器中建 ⊙多维/子对象
后。先设置ID1的材质，在
ID1通道中新建一个 ⊙VR材质，
如图2-9-15所示。

图2-9-15　设置ID1材质

08 设置 VRay 材质的漫反射，在
漫反射通道中添加一张位图
贴图，参数设置如图2-9-16
所示。

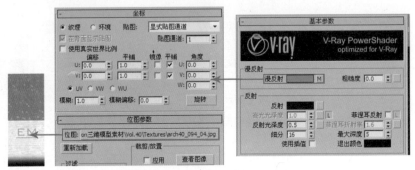

图2-9-16　设置材质的漫反射

09 调整反射参数，设置反射中的颜色数值分别为
8/8/8，反射很小，"反射光泽度"设置为0.5，
设置"细分"值为16，参数设置如图2-9-17所示。

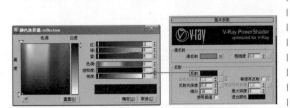

图2-9-17　设置材质的反射

10 D1 材质设置完成后，设置ID2，在通道中新建一
个 ⊙VR材质，如图2-9-18所示。

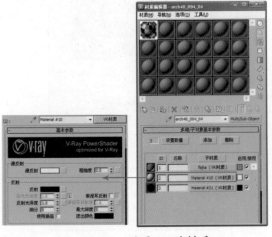

图2-9-18　设置ID2的材质

11 设置 VRay 材质的漫反射，将漫反射颜色分别设
置为 234/234/206，参数设置如图2-9-19所示。

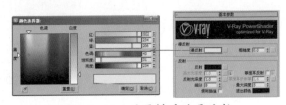

图2-9-19　设置材质的漫反射

12 ID2 材质设置完成后，设置 ID3，在通道中新建一
个 ⊙VR材质，如图2-9-20所示。

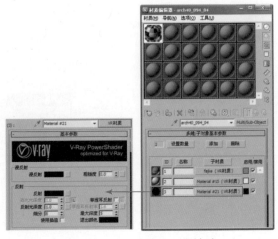

图2-9-20　设置ID3的材质

13 设置 VRay 材质的漫反射,将漫反射颜色分别设置为 0/0/0,参数设置如图 2-9-21 所示。

图2-9-21 设置材质的漫反射

14 参数设置完成,材质球最终的显示效果如图 2-9-22 所示。

图2-9-22 香烟材质球

2.9.4 火柴盒材质的贴图设置

01 设置火柴盒材质,材质为"多维／子对象"材质,设置模型的 ID 号。在编辑多边形的"多边形"级别中,选择如图 2-9-23 所示的面,在多边形属性卷展栏中设置 ID 为 1。

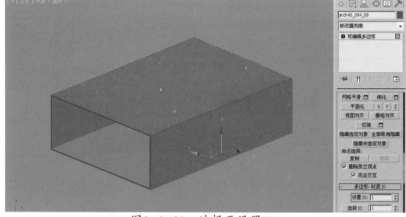

图2-9-23 选择面设置ID1

02 选择如图 2-9-24 所示的面,在多边形属性卷展栏中设置 ID 为 2。

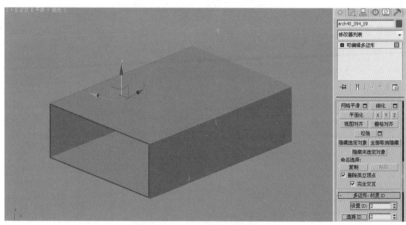

图2-9-24 选择面设置ID2

03 选择剩下的面,设置 ID 为 3,如图 2-9-25 所示。

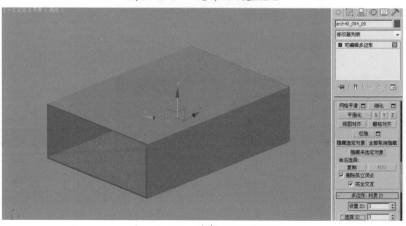

图2-9-25 选择面设置ID3

04 将标准材质转换为"多维／子
对象"材质，设置多维／子
材质的材质数量，单击"设
置数量"按钮，设置"材质
数量"为3，如图2-9-26所示。

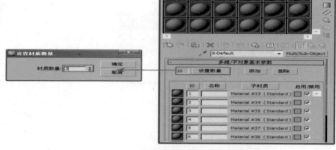

图2-9-26　设置多维子材质数量

05 在材质编辑器中建 ⊙多维/子对象
后。先设置ID1的材质，在
ID1通道中新建一个 ⊙VR材质，
如图2-9-27所示。

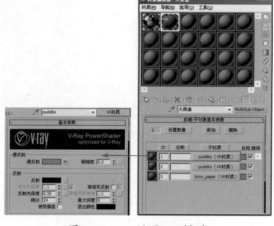

图2-9-27　设置ID1材质

06 设置VRay材质的漫反射，在
漫反射通道中添加一张位图
贴图，参数设置如图2-9-28
所示。

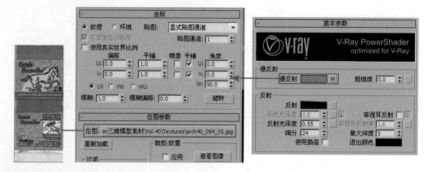

图2-9-28　设置材质的漫反射

07 调整反射参数，设置反射中的颜色数值分别为
10/10/10，反射很小，"反射光泽度"设置为0.55，
"细分"值设置为24，参数设置如图2-9-29所示。

图2-9-29　设置材质的反射

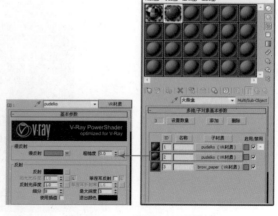

08 ID1材质设置完成后，设置ID2，在通道中新建一
个 ⊙VR材质，如图2-9-30所示。

图2-9-30　设置ID2的材质

09 设置VRay材质的漫反射,在漫反射通道中添加一张位图贴图,参数设置如图2-9-31所示。

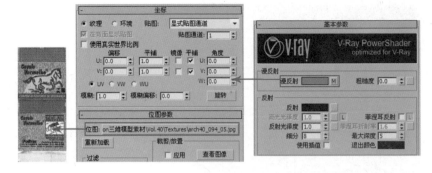

图2-9-31　设置材质的漫反射与反射

10 ID2材质设置完成后,设置ID3,在通道中新建一个 ●VR材质,如图2-9-32所示。

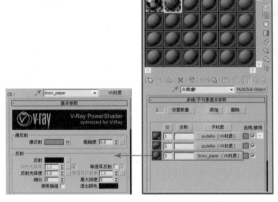

图2-9-32　设置ID3的材质

11 设置VRay材质的漫反射,在漫反射通道中添加一张位图贴图,参数设置如图2-9-33所示。

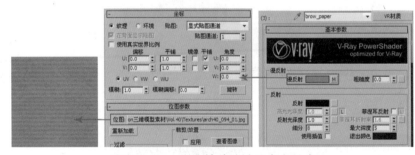

图2-9-33　设置材质的漫反射与反射

12 参数设置完成,材质球最终的显示效果如图2-9-34所示。

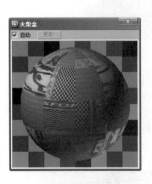

图2-9-34　火柴盒材质球

2.9.5　模糊反射的火柴材质

01 打开材质编辑器，在材质编辑器中新建一个 ●VR材质，设置火柴材质的漫反射，在漫反射通道中添加一张位图贴图，参数设置如图 2-9-35 所示。

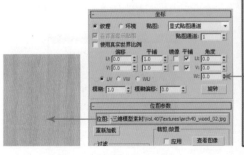

图2-9-35　设置材质漫反射

02 设置火柴材质的漫反射后，调整反射参数，在这里设置的反射很小，分别设置颜色参数为 27/27/27，调整"反射光泽度"为 0.7，提高"细分"值为 24，参数设置如图 2-9-36 所示。

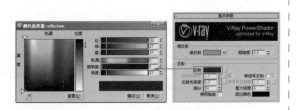

图2-9-36　设置火柴反射

03 参数设置完成，材质球最终的显示效果如图 2-9-37 所示。

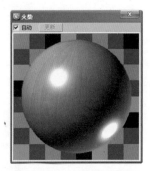

图2-9-37　火柴材质球

2.9.6　火柴头材质的设置

01 打开材质编辑器，在材质编辑器中新建一个 ●VR材质，设置火柴头材质的漫反射，将漫反射中的颜色数值分别设置为 47/27/0，参数设置如图 2-9-38 所示。

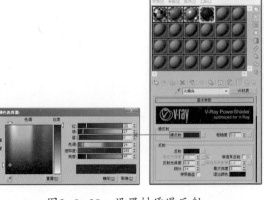

图2-9-38　设置材质漫反射

02 设置火柴头材质的漫反射后，调整反射参数，在这里设置的反射很小，分别设置颜色参数为 10/10/10，调整"反射光泽度"为 0.6，提高"细分"值为 14，参数设置如图 2-9-39 所示。

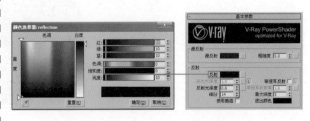

图2-9-39　设置火柴头反射

03 参数设置完成，材质球最终的显示效果如图 2-9-40 所示。

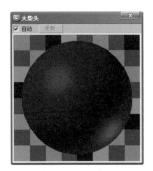

图2-9-40 火柴头材质球

2.9.7 金属烟灰缸材质

01 打开材质编辑器，在材质编辑器中新建一个 ●VR材质，设置金属材质的漫反射，将漫反射中的颜色数值分别设置为136/136/136，参数设置如图2-9-41所示。

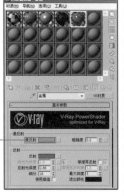

图2-9-41 设置材质漫反射

02 设置金属材质的漫反射后，调整反射参数，在这里设置的反射比较大，分别设置颜色参数为91/91/91，调整"反射光泽度"为0.86，提高"细分"值为16，参数设置如图2-9-42所示。

图2-9-42 设置反射参数

03 参数设置完成，材质球最终的显示效果如图2-9-43所示。

图2-9-43 金属材质球

空间中的所有材质已经设置完毕，查看赋予材质后的效果，如图2-9-44所示。

图2-9-44 赋予材质后的空间

2.9.8 不同角度VRay灯光的创建

01 下面创建光源，单击 创建命令面板中的 图标，在相应的面板中，单击 VRay 类型中的"VRay 灯光"按钮，将灯光的类型设置为"面光源"，灯光的位置如图 2-9-45 所示。

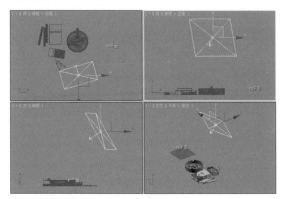

图2-9-45 创建VRay灯光

02 设置灯光大小为 80mm×80mm，设置灯光的颜色分别为 255/255/255，灯光强度"倍增器"为50，参数设置如图 2-9-46 所示。

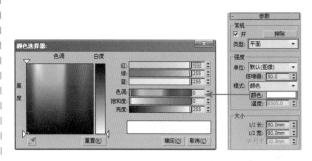

图2-9-46 设置灯光参数

03 为了不让灯光参加反射，在选项设置面板中取消勾选"影响反射"选项，参数设置如图 2-9-47 所示。

图2-9-47　设置灯光参数

04 下面创建另一面光源，单击 🔳 创建命令面板中的 🔳 图标，在相应的面板中，单击 VRay 类型中的"VRay 灯光"按钮，将灯光的类型设置为"面光源"，灯光的位置如图 2-9-48 所示。

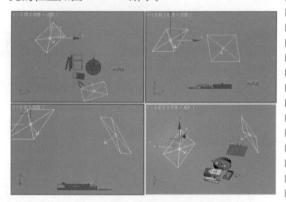

图2-9-48　创建VRay灯光

05 设置灯光大小为 80mm×80mm，设置灯光的颜色分别为 145/165/252，灯光强度"倍增器"为 15，参数设置如图 2-9-49 所示。

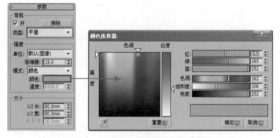

图2-9-49　设置灯光参数

06 为了不让灯光参加反射，在选项设置面板中取消勾选"影响反射"选项，参数设置如图 2-9-50 所示。

图2-9-50　设置灯光参数

2.9.9　场景渲染面板设置

01 按快捷键 F10 打开 VRay 渲染器面板，设置 VRay 的全局开关，进入 **V-Ray:: 全局开关[无名]**，将默认灯光设置为"关"的状态，设置参数如图 2-9-51 所示。

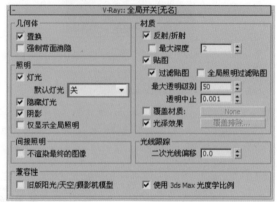

图2-9-51　设置全局开关参数

02 设置成图图像抗锯齿，进入 **V-Ray:: 图像采样器(反锯齿)**，设置图像采样器的类型为"自适应细分"，打开"抗锯齿过滤器"，设置类型为"VRay 蓝佐斯过滤器"，如图 2-9-52 所示。

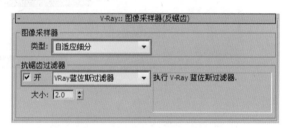

图2-9-52　设置图像采样参数

03 进入 **V-Ray:: 间接照明(GI)**，打开全局光焦散，设置全局光引擎类型，首次反弹类型为"发光图"，二次反弹类型为"灯光缓存"，发光图与灯光缓存相结合渲染速度比较快，质量也比较好，如图 2-9-53 所示。

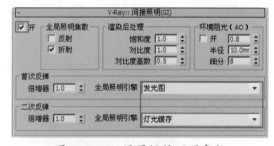

图2-9-53　设置间接照明参数

04 进入 **V-Ray:: 发光图[无名]**，设置发光贴图参数，设置当前预置为"中"，打开"细节增强"选项，由于单体模型本来占用空间就很小，所以不需要设置保存路径，灯光缓存与发光贴图同理，如图 2-9-54 所示。

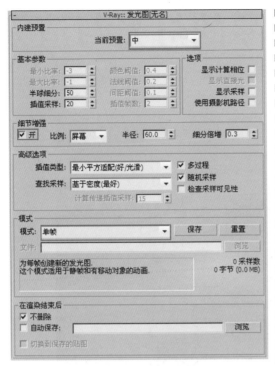

图2-9-54 设置发光贴图参数

05 进入 `V-Ray:: 灯光缓存`，将灯光缓存的"细分"值设为1000，设置"预滤器"参数为10，具体设置如图2-9-55所示。

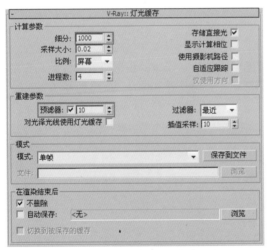

图2-9-55 设置灯光缓存参数

06 进入 `V-Ray:: 颜色贴图`，设置类型为"线性倍增"，这种模式将基于图像的亮度来进行每个像素的亮度倍增，那些太亮的颜色成份（在255之上或0之下的）将会被抑制。但是这种模式可能会导致靠近光源的点过分明亮，如图2-9-56所示。

图2-9-56 设置颜色映射参数

07 进入 `V-Ray:: 确定性蒙特卡洛采样器`，设置"适应数量"参数为0.8，"噪波阈值"为0.005，其他参数如图2-9-57所示。

图2-9-57 设置参数

08 进入渲染器公用面板，设置渲染图像分辨率，一般渲染输出文件是以TGA格式为主，参数如图2-9-58所示。

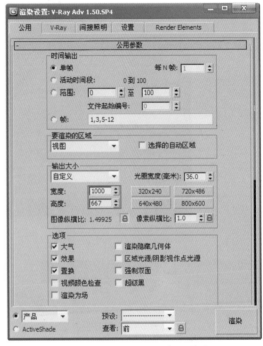

图2-9-58 设置渲染图像大小

09 设置完成后，单击"渲染"按钮即可渲染最终图像，渲染最终效果如图2-9-59所示。

图2-9-59 最终渲染效果

提示：

本实例的讲解视频，请参看光盘\视频教学\第2章\"香烟"中的内容。

2.10 实例：手提琴的灯光与渲染

⊙本案例主要表现了整个灯光的效果，在这个案例中主要来学习材质的设置方法，以及灯光的创建方法。最终效果如图2-10-1所示。

图2-10-1 最终效果

2.10.1 广角摄影机的设置

01 首先来讲述空间中摄影机的创建方法，在 █ 面板中单击 VR物理摄影机 按钮，如图2-10-2所示。

02 切换到顶视图中，创建空间中的摄影机。按住鼠标在顶视图中创建一个摄影机，具体位置如图2-10-3所示。

图2-10-2 选择摄影机

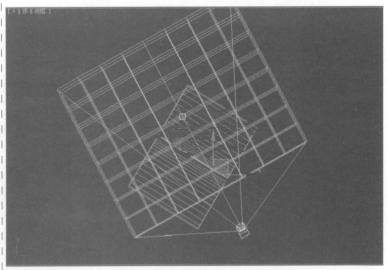

图2-10-3 摄影机顶视图角度位置

03 切换到前视图中，调整摄影机位置，如图 2-10-4 所示。

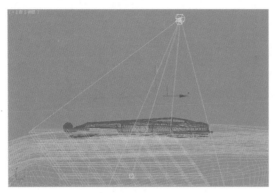

图2-10-4　前视图摄影机位置

04 再切换到左视图中，调整摄影机位置，如图 2-10-5 所示。

图2-10-5　左视图摄影机位置

05 在修改器列表中设置摄影机的参数，"白平衡"为 D65，将"光圈数"设置为 1，设置如图 2-10-6 所示。

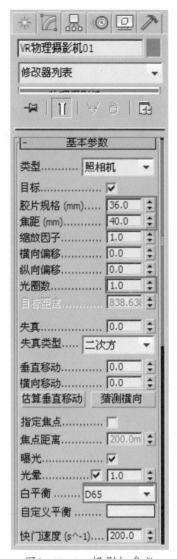

图2-10-6　摄影机参数

空间的材质分为布料与手提琴材质，下面详细的介绍这些材质的具体设置方法。

2.10.2　设置模型 ID 号与相应材质

01 首先打开配套光盘中的"手提琴 .max"文件，如图 2-10-7 所示。

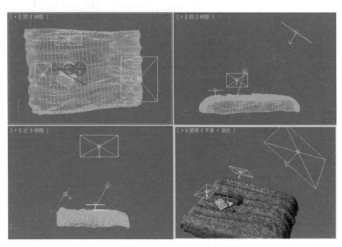

图2-10-7　打开模型

02 设置手提琴身材质，材质为"多维／子对象"材质，设置模型的ID号。在编辑多边形的"多边形"级别中，选择如图2-10-8所示的面，在多边形属性卷展栏中设置ID为1。

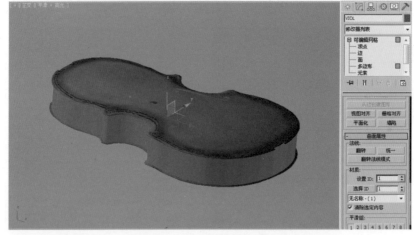

图2-10-8 选择面设置ID1

03 按快捷键Ctrl+I选择剩下的面，设置ID为2，如图2-10-9所示。

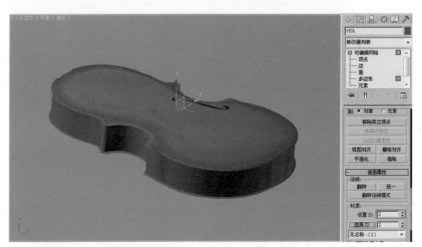

图2-10-9 选择面设置ID2

04 在设置材质之前首先要将默认的材质球转换为"多维／子对象"材质。按快捷键M打开材质编辑器，选择一个未使用的材质球，单击材质面板中的 Standard 按钮，在弹出的"材质／贴图浏览器"对话框中选择类型为"多维／子对象"材质，如图2-10-10所示。

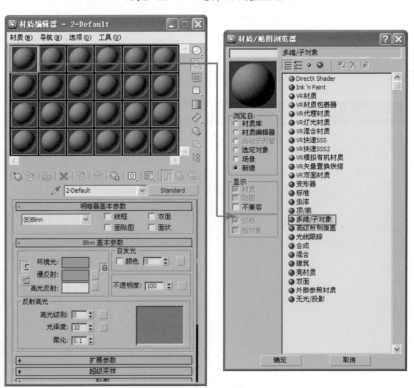

图2-10-10 设置多维子材质

05 设置多维／子材质的材质数量，单击"设置数量"按钮，设置"材质数量"为2，如图2-10-11所示。

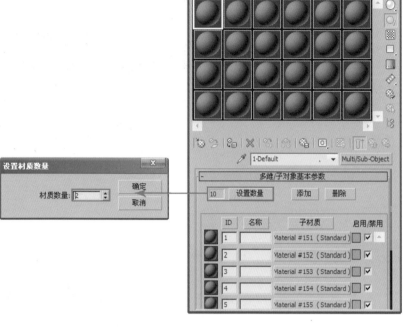

图2-10-11　设置多维子材质数量

06 在材质编辑器中建 多维/子对象 后。先设置ID1的材质，在ID1通道中新建一个 VR材质，如图2-10-12所示。

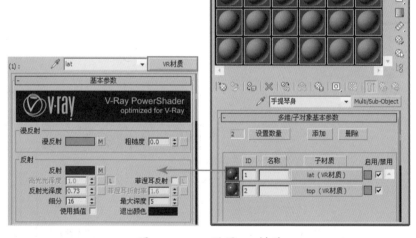

图2-10-12　设置ID1材质

07 设置VRay材质的漫反射，在漫反射通道中添加一张位图贴图，设置贴图的"模糊"值为0.01，参数设置如图2-10-13所示。

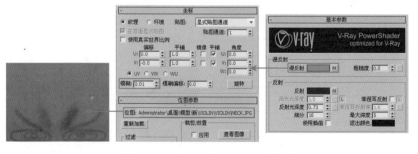

图2-10-13　设置材质的漫反射

08 调整反射参数，在反射通道
中添加"衰减程序纹理"
贴图，设置通道1中的颜
色数值分别为8/8/8，通
道2中的颜色数值分别为
40/40/40，反射很小，"反
射光泽度"设置为0.73，设
置"细分"值为16，参数设
置如图2-10-14所示。

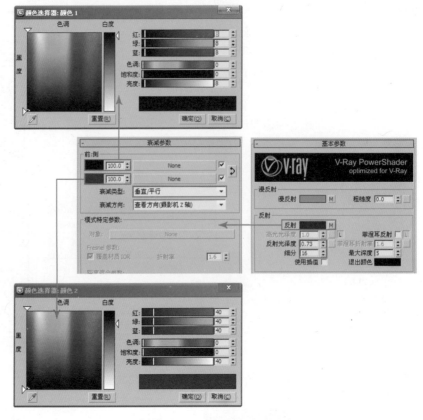

图2-10-14　设置材质的反射

09 ID1材质设置完成后，设
置ID2，在通道中新建一个
● VR材质，如图2-10-15所示。

图2-10-15　设置ID2的材质

10 设置VRay材质的漫反射，在
漫反射通道中添加一张位图
贴图，设置贴图的"模糊"
值为0.01，参数设置如图
2-10-16所示。

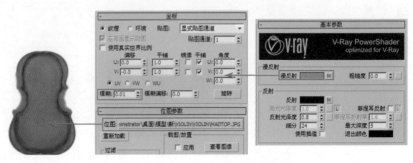

图2-10-16　设置材质的漫反射

11 调整反射参数，在反射通道
中添加"衰减程序纹理"
贴图，设置通道 1 中的颜
色数值分别为 8/8/8，通
道 2 中的颜色数值分别为
40/40/40，反射很小，"反
射光泽度"设置为 0.8，设
置"细分"值为 24，参数设
置如图 2-10-17 所示。

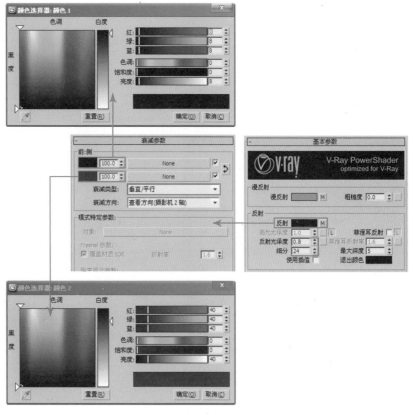

图2-10-17　设置材质的反射

12 参数设置完成，材质球最终的
显示效果如图 2-10-18 所示。

图2-10-18　手提琴身材质球

13 设置琴弦架材质，材质为"多
维／子对象"材质，设置模
型的 ID 号。在编辑多边形的
"多边形"级别中，选择如
图 2-10-19 所示的面，在
多边形属性卷展栏中设置 ID
为 1。

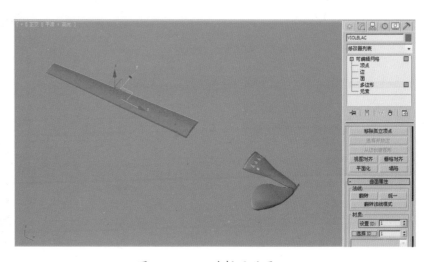

图2-10-19　选择面设置ID1

14 选择如图 2-10-20 所示的面，在多边形属性卷展栏中设置 ID 为 2。

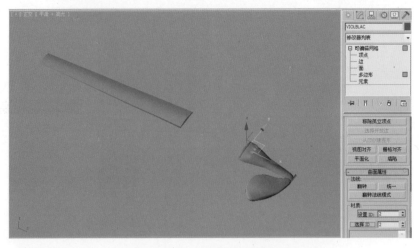

图2-10-20　选择面设置ID2

15 选择剩下的面，设置 ID 为 3。如图 2-10-21 所示。

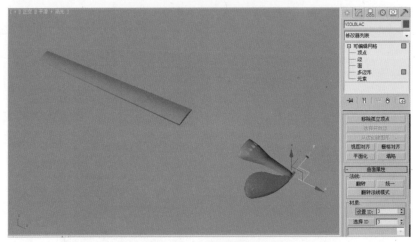

图2-10-21　选择面设置ID3

16 将标准材质转换为"多维／子对象"材质，设置多维／子材质的材质数量，单击"设置数量"按钮，设置"材质数量"为 3，如图 2-10-22 所示。

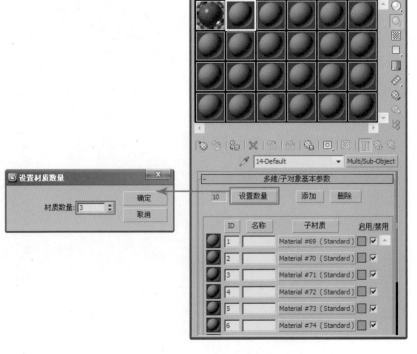

图2-10-22　设置多维子材质数量

17　在材质编辑器中创建 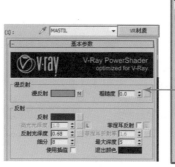 多维/子对象
　　后，先设置 ID1 的材质，在 ID1
　　通道中新建一个 ●VR材质，如图
　　2-10-23 所示。

图2-10-23　设置ID1材质

18　设置 VRay 材质的漫反射，在
　　漫反射通道中添加一张位图
　　贴图，参数设置如图 2-10-24
　　所示。

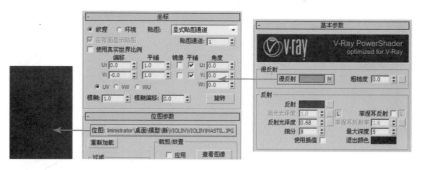

图2-10-24　设置材质的漫反射

19　调整反射参数，设置反射中
　　的颜色数值分别为 39/39/39，
　　反射很小，"反射光泽度"
　　设置为 0.68，参数设置如图
　　2-10-25 所示。

图2-10-25　设置材质的反射

20　ID1 材质设置完成后，设
　　置 ID2，在通道中新建一个
　　●VR材质，如图 2-10-26 所示。

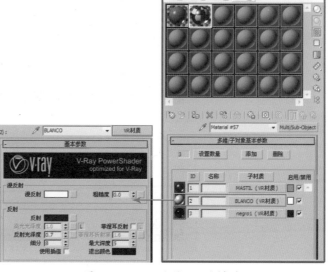

图2-10-26　设置ID2的材质

21 设置 VRay 材质的漫反射与
反射，在漫反射中设置颜色
数值分别为 255/251/237，
反射中的颜色数值分别为
18/18/18，反射很小，"反
射光泽度"设置为 0.7，参
数设置如图 2-10-27 所示。

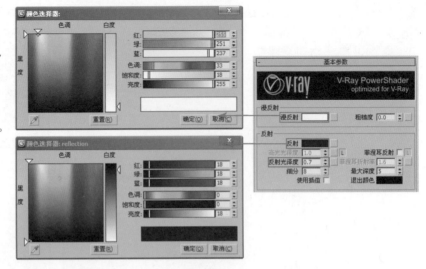

图2-10-27　设置材质的漫反射与反射

22 ID2 材质设置完成后，设
置 ID3，在通道中新建一个
● VR材质，如图 2-10-28 所示。

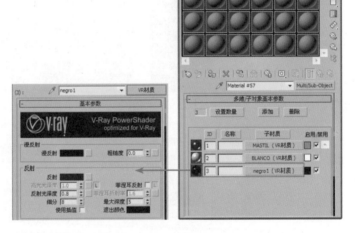

图2-10-28　设置ID3的材质

23 设置 VRay 材质的漫反射与反
射，在漫反射中设置颜色数
值分别为 0/0/0，反射中的
颜色数值分别为 15/15/15，
反射很小，"反射光泽度"
设置为 0.8，参数设置如图
2-10-29 所示。

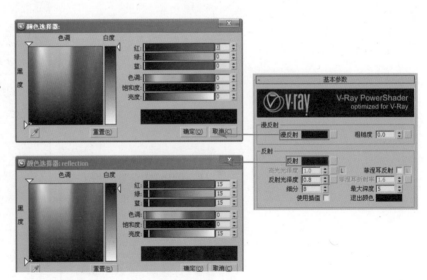

图2-10-29　设置材质的漫反射与反射

24 参数设置完成，材质球最终的
显示效果如图2-10-30所示。

图2-10-30 琴弦架材质球

2.10.3 多维／子对象的书本材质

01 设置书本材质，材质为"多
维／子对象"材质，设置模
型的ID号。在编辑多边形的
"多边形"级别中，选择如
图2-10-31所示的面，在多
边形属性卷展栏中设置ID为
1，如图2-10-31所示。

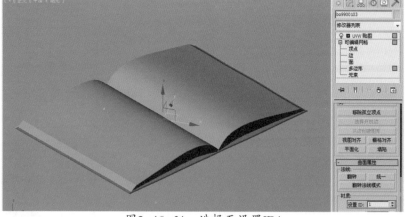

图2-10-31 选择面设置ID1

02 选择如图2-10-32所示的面，
在多边形属性卷展栏中设置
ID为2，如图2-10-32所示。

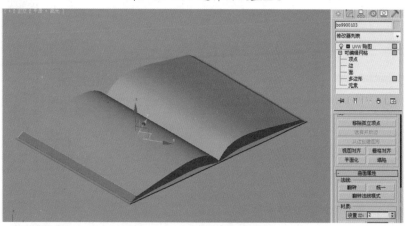

图2-10-32 选择面设置ID2

03 选择剩下的面，设置ID为3，
如图2-10-33所示。

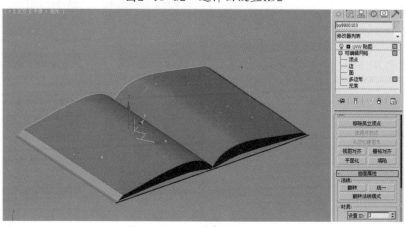

图2-10-33 选择面设置ID3

04 将标准材质转换为"多维／子对象"材质，设置多维／子材质的材质数量，单击"设置数量"按钮，设置"材质数量"为3，如图2-10-34所示。

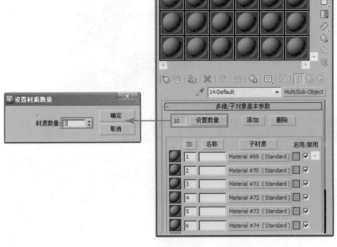

图2-10-34　设置多维子材质数量

05 在材质编辑器中新建 ● 多维/子对象 后。先设置ID1的材质，在ID1通道中新建一个 ● VR材质，如图2-10-35所示。

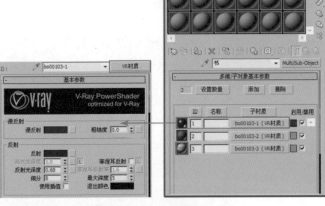

图2-10-35　设置ID1材质

06 设置 VRay 材质的漫反射与反射，在漫反射中设置颜色数值分别为56/36/29，反射中的颜色数值分别为30/30/30，反射很小，"反射光泽度"设置为0.68，参数设置如图2-10-36所示。

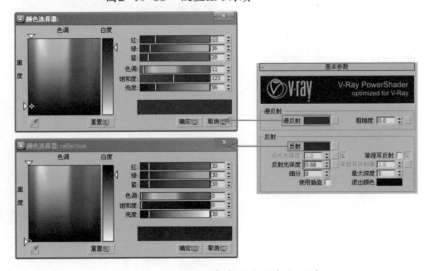

图2-10-36　设置材质的漫反射与反射

07 ID1 材质设置完成后，设置 ID2，在通道中新建一个 ●VR材质，如图 2-10-37 所示。

图2-10-37 设置ID2的材质

08 设置 VRay 材质的漫反射，在漫反射通道中添加一张"纸"的贴图，并将"平铺"数值设置均为 5，参数设置如图 2-10-38 所示。

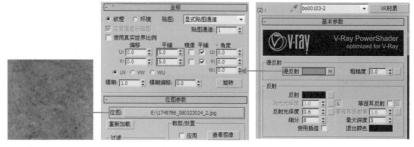

图2-10-38 设置材质的漫反射

09 设置 VRay 材质的反射，将反射颜色数值分别设置为 5/5/5，设置"反射光泽度"为 0.6，参数设置如图 2-10-39 所示。

图2-10-39 设置材质的反射

10 ID2 材质设置完成后，设置 ID3，在通道中新建一个 ●VR材质，如图 2-10-40 所示。

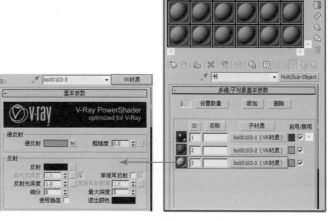

图2-10-40 设置ID3的材质

11 设置 VRay 材质的漫反射，在漫反射通道中添加一张"音谱"贴图，参数设置如图2-10-41所示。

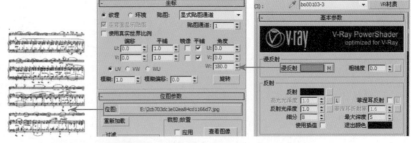

图2-10-41　设置材质的漫反射与反射

12 参数设置完成，材质球最终的显示效果如图 2-10-42 所示。

图2-10-42　书材质球

2.10.4　麻质布料材质的表现

01 打开材质编辑器，在材质编辑器中新建一个 ●VR材质，设置布料材质的漫反射，在漫反射通道中添加一张位图贴图，参数设置如图 2-10-43 所示。

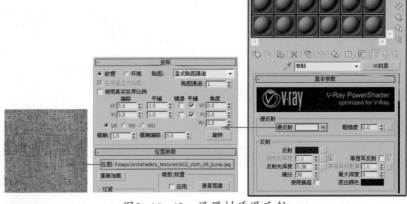

图2-10-43　设置材质漫反射

02 设置布料材质的漫反射后，调整反射参数，在这里设置的反射很小，分别设置颜色参数为27/22/13，调整"反射光泽度"为0.56，提高"细分"值为30，参数设置如图2-10-44所示。

图2-10-44　设置布料反射

03 在凹凸中添加一张贴图，将漫反射中的贴图复制到凹凸中，设置凹凸数值为30，参数设置如图2—10—45所示。

图2—10—45　设置凹凸材质

04 设置UVW贴图，选择布料模型，在修改器列表中添加"UVW贴图"修改器，设置贴图类型为"长方体"，将长度、宽度与高度参数均设置为30mm，设置如图2—10—46所示。

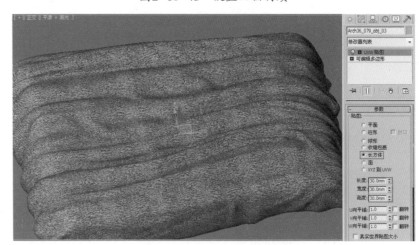

图2—10—46　设置UVW贴图

15 参数设置完成，材质球最终的显示效果如图2—10—47所示。

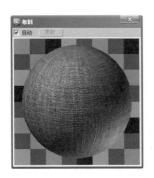

图2—10—47　布料材质球

空间中的所有材质已经设置完毕，查看赋予材质后的效果，如图2—10—48所示。

图2—10—48　赋予材质后的空间

2.10.5 灯光细分值的掌握

01 下面来创建光源，单击 创建命令面板中的 图标，在相应的面板中，单击 Vray 类型中的"VRay 灯光"按钮，将灯光的类型设置为"面光源"，灯光的位置如图 2-10-49 所示。

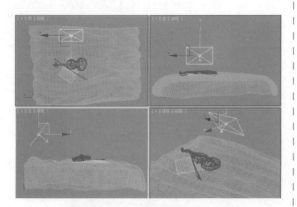

图2-10-49 创建VRay灯光

02 设置灯光大小为 230mm×180mm，设置灯光的颜色分别为 255/210/140，灯光强度"倍增器"为 6，参数设置如图 2-10-50 所示。

图2-10-50 设置灯光参数

03 为了让灯光参加反射，在选项设置面板中勾选"影响反射"选项，提高"细分"数值为 24，参数设置如图 2-10-51 所示。

图2-10-51 设置灯光选项参数

04 创建另一面光源，单击 创建命令面板中的 图标，在相应的面板中，单击 VRay 类型中的"VRay 灯光"按钮，将灯光的类型设置为"面光源"，灯光的位置如图 2-10-52 所示。

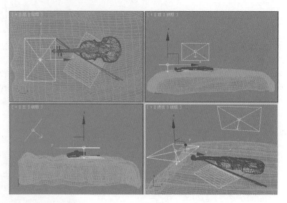

图2-10-52 创建VRay灯光

05 设置灯光大小为 150mm×200mm，设置灯光的颜色分别为 255/210/140，灯光强度"倍增器"为 3，参数设置如图 2-10-53 所示。

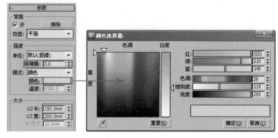

图2-10-53 设置灯光参数

06 为了让灯光参加反射，在选项设置面板中勾选"影响反射"选项，提高"细分"数值为 16，参数设置如图 2-10-54 所示。

图2-10-54 设置灯光选项参数

07 创建最后的面光源，单击 创建命令面板中的 图标，在相应的面板中，单击 VRay 类型中的"VRay 灯光"按钮，将灯光的类型设置为"面光源"，灯光的位置如图 2-10-55 所示。

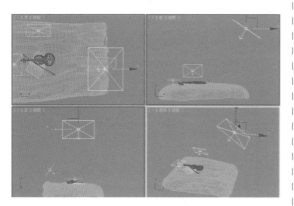

图2-10-55 创建VRay灯光

08 设置灯光大小为 400mm×400mm，设置灯光的颜色分别为 255/210/140，灯光强度"倍增器"为 7，参数设置如图 2-10-56 所示。

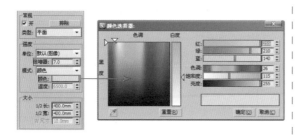

图2-10-56 设置灯光参数

09 为了让灯光参加反射，在选项设置面板中勾选"影响反射"选项，"细分"数值为默认的 8，因为不是主光源，所以不需要设置更高的参数，参数设置如图 2-10-57 所示。

图2-10-57 设置灯光选项参数

2.10.6 场景渲染面板设置

01 按快捷键 F10 打开 VRay 渲染器面板，设置 VRay 的全局开关，进入 V-Ray:: 全局开关[无名]，将默认灯光设置为"关"的状态，设置参数如图 2-10-58 所示。

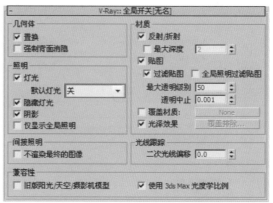

图2-10-58 设置全局开关参数

02 设置成图图像抗锯齿，进入 V-Ray:: 图像采样器(反锯齿)，设置图像采样器的类型为"自适应细分"，打开"抗锯齿过滤器"，设置类型为"VRay 蓝佐斯过滤器"，如图 2-10-59 所示。

图2-10-59 设置图像采样参数

03 进入 V-Ray:: 间接照明(GI)，打开全局光焦散，设置全局光引擎类型，首次反弹类型为"发光图"，二次反弹类型为"灯光缓存"，发光图与灯光缓存相结合渲染速度比较快，质量也比较好，如图 2-10-60 所示。

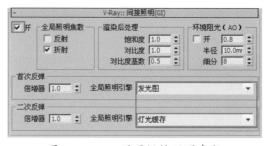

图2-10-60 设置间接照明参数

04 进入 V-Ray:: 发光图[无名]，设置发光贴图参数，设置当前预置为"中"，打开"细节增强"选项，由于单体模型本来占用空间就很小，所以不需要设置保存路径，灯光缓存与发光贴图同理，如图 2-10-61 所示。

图2-10-61 设置发光贴图参数

05 进入 V-Ray:: 灯光缓存 ，将灯光缓存的"细分"值设为800，设置如图2-10-62所示。

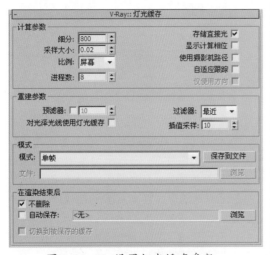

图2-10-62 设置灯光缓存参数

06 进入 V-Ray:: 颜色贴图 ，设置类型为"线性倍增"，这种模式将基于图像的亮度来进行每个像素的亮度倍增，那些太亮的颜色成份（在255之上或0之下的）将会被抑制。但是这种模式可能会导致靠近光源的点过分明亮，如图2-10-63所示。

图2-10-63 设置颜色映射参数、

07 进入 V-Ray:: 确定性蒙特卡洛采样器 ，设置"适应数量"参数为0.8，"噪波阈值"为0.005，参数如图2-10-64所示。

图2-10-64 设置参数

08 进入渲染器公用面板，设置渲染图像分辨率，一般渲染输出文件是以TGA格式为主，参数如图2-10-65所示。

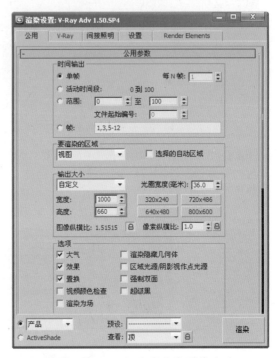

图2-10-65 设置渲染图像大小

09 设置完成后，单击"渲染"按钮即可渲染最终图像。渲染最终效果如图2-10-66所示。

图2-10-66 最终渲染效果

提示：

本实例的讲解视频，请参看光盘\视频教学\第2章\"手提琴"中的内容。

2.11 实例：细胞的灯光与渲染

⊙本案例主要讲述了VR材质包裹器的设置，以及衰减贴图的应用。最终效果如图2-11-1所示。

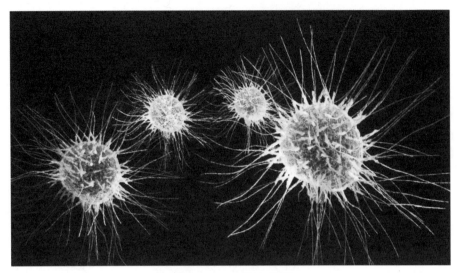

图2-11-1 最终效果

2.11.1 白平衡为中性的摄影机

01 首先来讲述空间中摄影机的创建方法，在 ■ 面板中单击 VR物理摄影机 按钮，如图2-11-2所示。

图2-11-2 选择摄影机

02 切换到顶视图中，创建空间中的摄影机。按住鼠标在顶视图中创建一个摄影机，具体位置如图2-11-3所示。

图2-11-3 摄影机顶视图角度位置

03 切换到前视图中，调整摄影机位置，如图2-11-4所示。

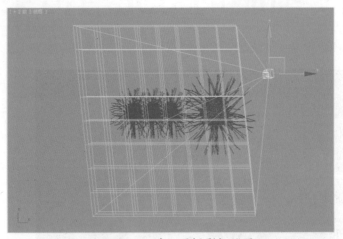

图2-11-4 前视图摄影机位置

04 再切换到左视图中，调整摄影机位置，如图2-11-5所示。

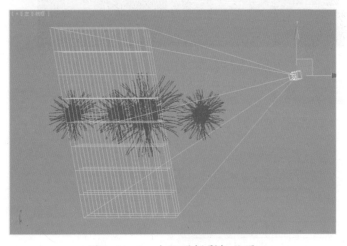

图2-11-5 左视图摄影机位置

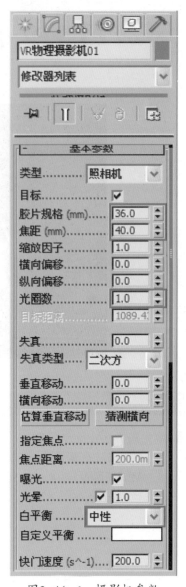

图2-11-6 摄影机参数

05 在修改器列表中，设置摄影机的参数，具体设置如图2-11-6所示。

空间的材质有细胞的材质，下面来详细的介绍细胞材质的具体设置方法。

2.11.2 VR包裹器材质的运用

01 打开配套光盘中的"细胞.max"文件，如图2-11-7所示。

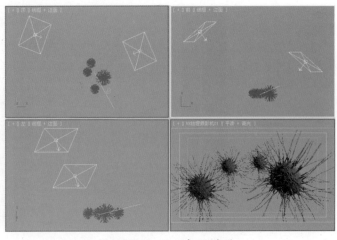

图2-11-7 空间模型

02 打开材质编辑器，在材质编辑器中新建一个 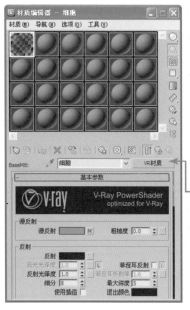VR材质包裹器，设置包裹器参数中的基础材质，在基础材质通道中新建一个 VR材质，参数如图2-11-8所示。

图2-11-8 设置细胞参数

03 打开"材质／贴图浏览器"，新建一个 VR材质，设置漫反射参数。在漫反射通道中添加一张 衰减 贴图，具体参数如图2-11-9所示。

图2-11-9 设置细胞参数

04 打开"衰减参数"面板，设置细胞颜色#1的颜色数值为0/35/4、设置细胞颜色#2的颜色数值为241/254/190，衰减类型使用默认的"垂直/平行"类型，参数如图2-11-10所示。

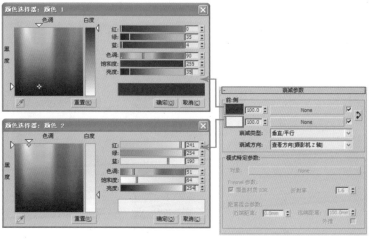

图2-11-10 设置细胞材质

131

05 打开衰减参数面板，在细胞的混合曲线参数面板中单击 ⊕ 按钮并进行调节。曲线状态如图 2-11-11 所示。

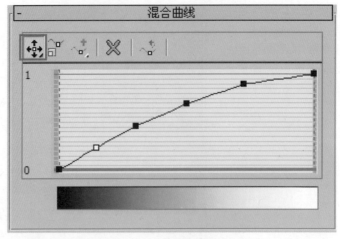

图2-11-11　设置细胞材质

06 在"贴图"卷展栏中，设置凹凸贴图，在凹凸通道中添加一张 细胞 贴图。设置细胞的"大小"为5，将凹凸贴图参数设置为100，参数如图 2-11-12 所示。

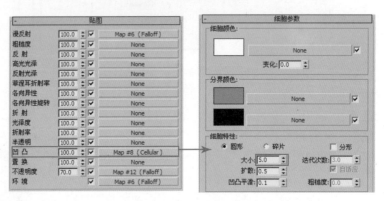

图2-11-12　设置细胞的凹凸

07 在"贴图"卷展栏中，设置不透明度贴图，在不透明度通道中添加一张 衰减 贴图。将不透明度贴图参数设置为70，参数如图 2-11-13 所示。

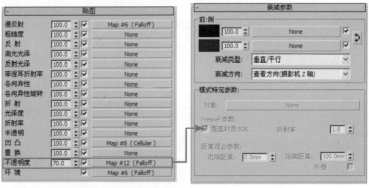

图2-11-13　设置细胞的不透明度

08 打开"衰减参数"面板，设置细胞颜色 #1 的颜色数值为 0/0/0、设置细胞颜色 #2 的颜色数值为 27/27/27、衰减类型使用默认的"垂直／平行"类型，具体参数如图 2-11-14 所示。

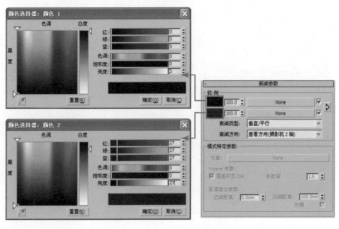

图2-11-14　设置细胞材质

09 打开衰减参数面板，在细胞的混合曲线参数面板中单击 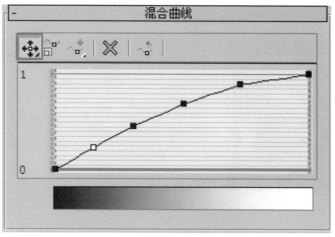 按钮并进行调节。曲线状态如图 2-11-15 所示。

图2-11-15　设置细胞材质

10 在贴图卷展栏下，设置环境贴图，将漫反射通道中的贴图以"实例"的方式复制到环境贴图通道中，具体参数如图 2-11-16 所示。

图2-11-16　设置细胞的环境

11 打开 VR 材质包裹器参数，设置生成"全局照明"参数为 5，"接受焦散"参数设置为 2。具体参数如图 2-11-17 所示。

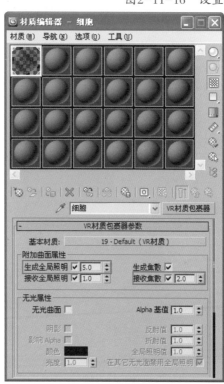

图2-11-17　设置细胞参数

133

12 参数设置完成，材质球最终的显示效果如图2-11-18所示。

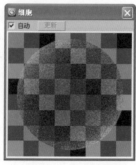

图2-11-18　细胞材质球

空间中的材质已经设置完毕，查看赋予材质后的效果，如图2-11-19所示。

图2-11-19　赋予材质后的空间

2.11.3　相同属性的灯光设置

01 在这个空间中创建两面相同的VRay光源，单击创建命令面板中的图标，在相应的面板中，单击VRay类型中的"VRay灯光"按钮，将灯光的类型设置为"面光源"，如图2-11-20所示。

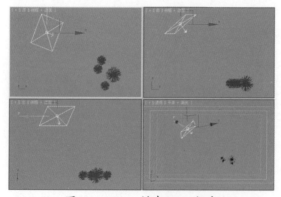

图2-11-20　创建VRay灯光

02 设置灯光大小为400mm×400mm，设置灯光的颜色分别为255/255/255，灯光强度"倍增器"为8，参数设置如图2-11-21所示。

图2-11-21　设置VRay灯光参数

03 在采样设置面板中设置"细分"值为16，参数设置如图2-11-22所示。

图2-11-22 设置VRay灯光参数

04 在这个空间中以"实例"的方式复制一面VRay光源，按住Shift进行复制，效果如图2-11-23所示。

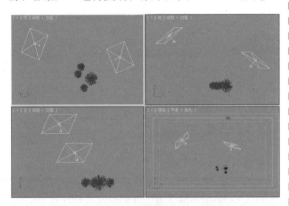

图2-11-23 创建VRay灯光

2.11.4 场景渲染面板设置

01 按快捷键F10打开VRay渲染器面板，设置VRay的全局开关，进入 V-Ray:: 全局开关[无名]，将默认灯光设置为"关"的状态，其实默认灯光选项在空间中有光源的情况下就会自动失效，设置参数如图2-11-24所示。

图2-11-24 设置全局开关参数

02 设置成图图像抗锯齿，进入 V-Ray:: 图像采样器(反锯齿)，设置图像采样器的类型为"自适应确定性蒙特卡洛"，打开"抗锯齿过滤器"，设置类型为"VRay蓝佐斯过滤器"，如图2-11-25所示。

图2-11-25 设置图像采样器参数

03 进入 V-Ray:: 间接照明(GI)，打开全局光焦散，设置全局光引擎类型，首次反弹类型为"发光图"，二次反弹类型为"灯光缓存"，之后使用的类型都是这两种，发光图与灯光缓存相结合渲染速度比较快，质量也比较好，如图2-11-26所示。

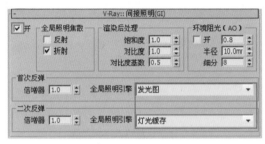

图2-11-26 设置间接照明参数

04 进入 V-Ray:: 发光图[无名]，设置发光图参数，设置当前预置为"中"，打开"细节增强"选项，由于单体模型本来占用空间就很小，所以不需要设置保存路径，灯光缓存与发光贴图同理，如图2-11-27所示。

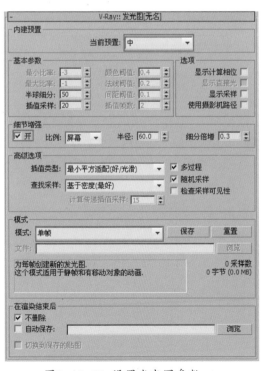

图2-11-27 设置发光图参数

05 进入 V-Ray:: 灯光缓存 ，将灯光缓存的"细分"值设为800，在"重建参数"中勾选"对光泽光线使用灯光缓存"选项，这会加快渲染速度，对渲染质量没有任何影响，勾选预滤器选项，并设置参数为30，具体设置如图2-11-28所示。

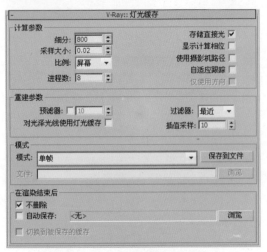

图2-11-28 设置灯光缓存参数

06 进入 V-Ray:: 确定性蒙特卡洛采样器 ，设置"适应数量"值为0.8，参数如图2-11-29所示。

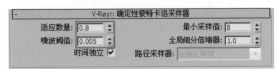

图2-11-29 设置参数

07 进入 V-Ray:: 颜色贴图 ，设置类型为"线性倍增"，这种模式将基于图像的亮度来进行每个像素的亮度倍增，如图2-11-30所示。

图2-11-30 设置颜色贴图参数

08 进入渲染器公用面板，设置渲染图像分辨率，一般渲染输出文件是以TGA格式为主，参数如图2-11-31所示。

图2-11-31 设置渲染图像大小

09 设置完成后单击"渲染"按钮即可渲染最终图像。渲染最终效果如图2-11-32所示。

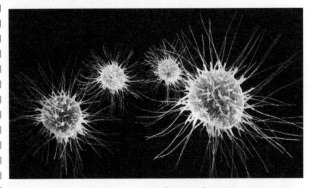

图2-11-32 最终渲染效果

提示：

本实例的讲解视频，请参看光盘\视频教学\第2章\"细胞"中的内容。

2.12　实例：蜡烛的灯光与渲染

⊙本案例主要表现了蜡烛的质感，主要掌握的是如何设置蜡烛的火焰，最终效果如图2-12-1所示。

图2-12-1　最终效果

2.12.1　估算垂直移动参数对空间的影响

01 首先来讲述空间中摄影机的创建方法，·在 📷面板中单击 VR物理摄影机 按钮，如图2-12-2所示。

02 切换到顶视图中，创建空间中的摄影机。按住鼠标在顶视图中创建一个摄影机，具体位置如图2-12-3所示。

图2-12-2　选择摄影机

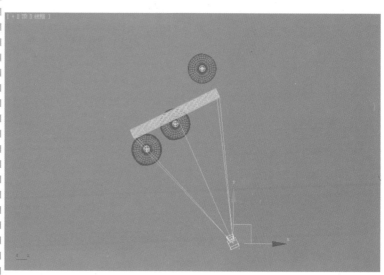

图2-12-3　摄影机顶视图角度位置

03 切换到前视图中，调整摄影机位置，如图 2-12-4 所示。

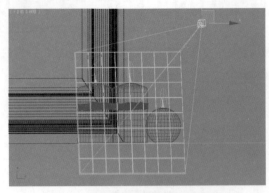

图2-12-4　前视图摄影机位置

04 再切换到左视图中，调整摄影机位置，如图 2-12-5 所示。

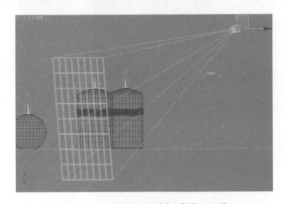

图2-12-5　左视图摄影机位置

05 在修改器列表中，设置摄影机的参数，具体设置如图 2-12-6 所示。

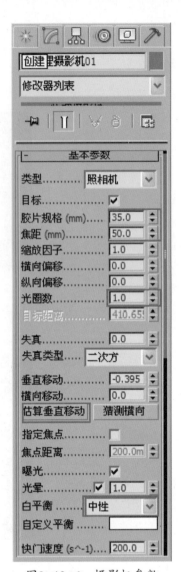

图2-12-6　摄影机参数

空间的材质有蜡烛和地面的材质，下面详细的介绍蜡烛材质的具体设置方法。

2.12.2　烟雾颜色参数对整体材质的影响

01 打开配套光盘中的"蜡烛 .max"文件,如图 2-12-7 所示。

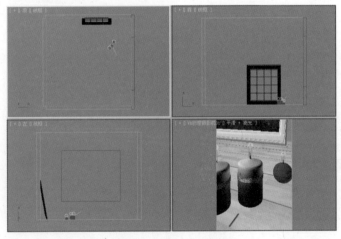

图2-12-7　空间模型

02 打开材质编辑器，在材质编辑器中新建一个 ⊙VR材质，设置蜡烛材质，设置蜡烛的漫反射。在漫反射通道中添加一张 ☑位图 贴图。贴图"模糊"数值设置为0.1，如图2-12-8所示。

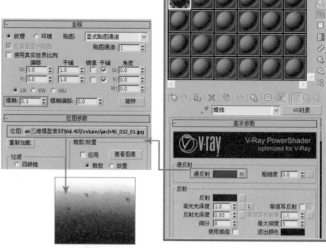

图2-12-8 设置蜡烛的漫反射

03 设置完漫反射颜色后，调整反射，颜色数值分别设置为20/20/20。"高光光泽度"设置为1.0，"反射光泽度"设置为0.65，参数设置如图2-12-9所示。

图2-12-9 设置蜡烛的反射

提示：

开启"高光光泽度"选项，并将参数保持为默认的1，这就意味着材质本身没有高光点，但是反射与模糊效果仍然保留。

04 蜡烛为半透明的物体，所以要设置折射参数，在这里将蜡烛的折射颜色数值分别设置为7/7/7，勾选"影响阴影"选项，并选择"颜色+alpha"选项，为了更好的表现蜡烛的效果，将烟雾颜色数值分别设置为79/54/25，同时"烟雾倍增"设置为0.1，如图2-12-10所示。

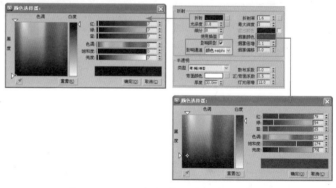

图2-12-10 设置蜡烛的折射

05 蜡烛为半透明的物体，设置半透明类型为"硬模型"，在这里将"厚度"数值设置为30mm，"正／背面系数"设置为0.5，"灯光倍增"设置为12，如图2-12-11所示。

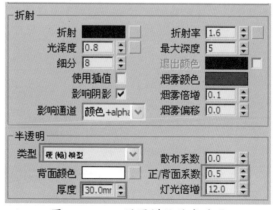

图2-12-11 设置蜡烛的半透明

06 在贴图卷展栏下，设置凹凸贴
图，在凹凸通道中添加一张
■位图贴图。贴图"模糊"值
设置为2，凹凸数值设置为15，
参数如图2-12-12所示。

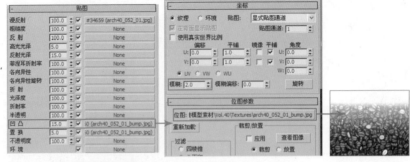

图2-12-12 设置蜡烛的凹凸

07 在贴图卷展栏下，将凹凸通
道的贴图以"实例"的方式
复制到置换贴图通道中，置
换数值设置为5，参数如图
2-12-13所示。

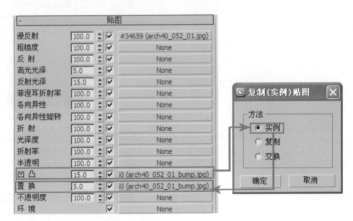

图2-12-13 设置蜡烛的置换

08 参数设置完成，材质球最终的
显示效果如图2-12-14所示。

图2-12-14 蜡烛材质球

09 蜡烛材质设置完成后，设置
麻绳材质。打开材质编辑
器，在材质编辑器中新建一
个 ●VR材质，设置麻绳的漫反
射在漫反射通道中添加一张
■VR合成纹理贴图。具体参数如
图2-12-15所示。

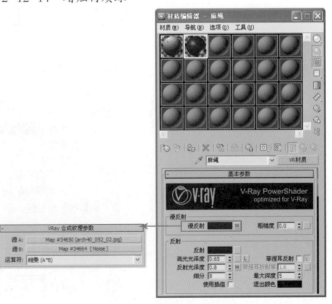

图2-12-15 设置麻绳的漫反射

⑩ 在合成纹理参数中,设置源A
的通道中添加一张 位图 贴图。
贴图"模糊"值设置为0.1,
平铺U为30, 角度W为
89.5,具体参数如图2-12-16
所示。

图2-12-16 设置麻绳的贴图

⑪ 在合成纹理参数中,在源B
的通道中添加一张 噪波 贴图。
"平铺"参数设置分别为
0.039/0.039/0.039,"大小"
设置为0.02,噪波类型为"分
形","噪波阈值"的高为0.7,
具体参数如图2-12-17所示。

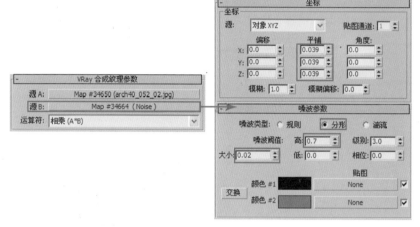

图2-12-17 设置麻绳的噪波

⑫ 设置噪波的颜色数值。颜
色#1数值设置为0/0/0、
颜色#2数值设置为
143/105/74,参数设置如图
2-12-18所示。

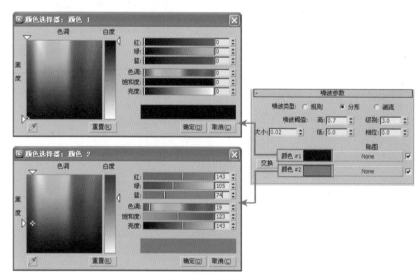

图2-12-18 设置噪波颜色

⑬ 在合成纹理参数中,设置运
算符模式为"相乘(A×B)",
具体设置如图2-12-19所示。

图2-12-19 设置麻绳的漫反射

14 设置完漫反射颜色后，调整反射，反射颜色数值分别设置为20/20/20，"高光光泽度"设置为0.65，参数设置如图2-12-20所示。

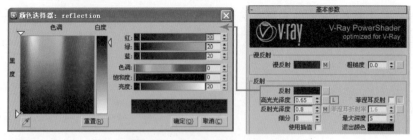

图2-12-20　设置麻绳的反射

15 调整反射光泽度，在反射光泽度通道中添加一张 位图 贴图。贴图"模糊"值设置为0.1，平铺U为30，角度W为89.5，参数设置如图2-12-21所示。

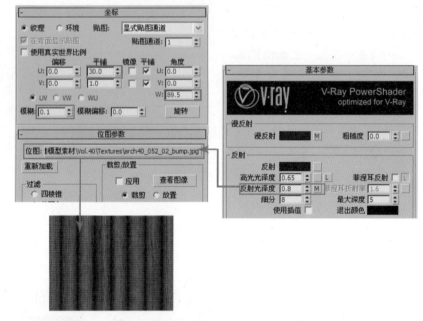

图2-12-21　设置麻绳的反射光泽度

16 在贴图卷展栏下，将反射光泽度通道的贴图以"实例"的方式复制到凹凸贴图通道中，凹凸数值设置为50，参数如图2-12-22所示。

图2-12-22　设置麻绳的凹凸

17 在"贴图"卷展栏中，设置置换贴图，在置换通道中添加一张 位图 贴图。贴图"模糊"值设置为0.1，平铺U为30，角度W为89.5，置换数值设置为8，参数如图2-12-23所示。

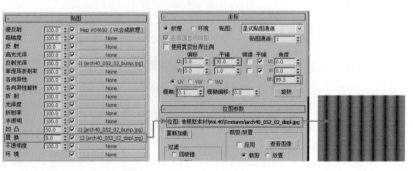

图2-12-23　设置麻绳的置换

18 参数设置完成，材质球最终的显示效果如图2-12-24所示。

图2-12-24 麻绳材质球

19 麻绳材质设置完成后，设置蜡烛芯材质。打开材质编辑器，在材质编辑器中新建一个 VR材质，设置蜡烛芯的漫反射的颜色为黑色，颜色数值设置为55/55/55，具体参数如图2-12-25所示。

图2-12-25 设置蜡烛芯漫反射

20 设置完漫反射后，调整反射，反射颜色数值分别设置为13/13/13，"反射光泽度"设置为0.9，参数设置如图2-12-26所示。

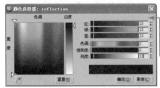

图2-12-26 设置蜡烛芯的反射

21 参数设置完成，材质球最终的显示效果如图2-12-27所示。

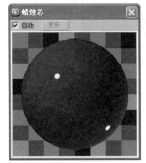

图2-12-27 蜡烛芯材质球

22 接下来设置另一种蜡烛的材质。打开材质编辑器，在材质编辑器中新建一个 VR材质，设置蜡烛的漫反射颜色为褐色，颜色数值设置为78/54/25，具体参数如图2-12-28所示。

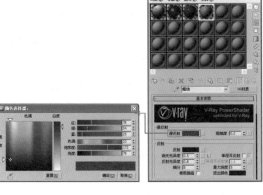

图2-12-28 设置蜡烛漫反射颜色

23 设置完漫反射颜色后，调整反射，反射颜色数值分别设置为5/5/5，"高光光泽度"设置为0.5，"反射光泽度"设置为0.8，参数设置如图2-12-29所示。

图2-12-29 设置蜡烛的反射

24 蜡烛为半透明的物体，所以要设置折射参数，在这里将蜡烛的折射颜色数值分别设置为50/50/50，"光泽度"设置为0.7，"细分"值设置为16。勾选"影响阴影"选项，并选择"颜色+alpha"选项，为了更好的表现蜡烛的效果，将烟雾颜色数值分别设置为79/54/25，"烟雾倍增"设置为0.15，如图2-12-30所示。

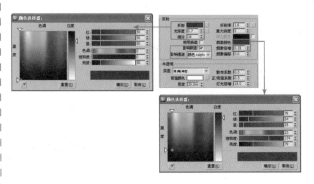

图2-12-30 设置蜡烛的折射

143

25 蜡烛为半透明的物体，设置半透明类型为"硬模型"，将"厚度"数值设置为30mm，"正／背面系数"设置为0.5，"灯光倍增"设置为15，如图2-12-31所示。

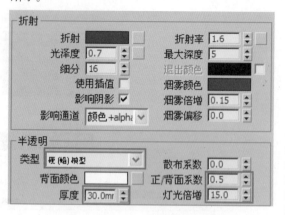

图2-12-31 设置蜡烛的半透明

26 参数设置完成，材质球最终的显示效果如图2-12-32所示。

图2-12-32 蜡烛材质球

2.12.3 贴图模糊参数的调整

01 接下来设置地面的材质，在材质编辑器中新建一个 VR材质，设置地面材质的漫反射，在漫反射通道中添加一张 位图 贴图。贴图"模糊"值为0.1，参数设置如图2-12-33所示。

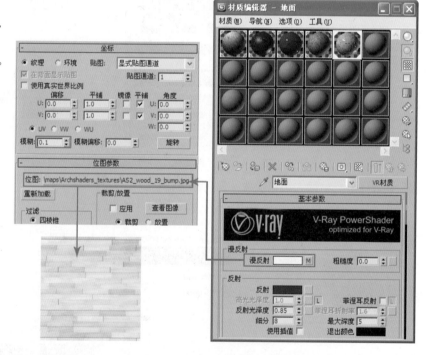

图2-12-33 设置地面材质

02 调整反射，反射并不是特别大，将颜色数值分别设置为42/42/42，"反射光泽度"设置为0.85，参数设置如图2-12-34所示。

图2-12-34 设置地面反射

03 在"贴图"卷展栏中，将漫反射通道的贴图以"实例"的方式复制到凹凸贴图通道中，凹凸数值设置为60，参数如图2-12-35所示。

图2-12-35 设置地面的凹凸

04 设置UVW贴图，选择地面模型，在修改器列表中添加"UVW贴图"修改器，设置贴图类型为"长方体"，将长度、宽度与高度参数均设置为800mm，设置如图2-12-36所示。

图2-12-36 设置UVW贴图

05 参数设置完成，材质球最终的显示效果如图2-12-37所示。

图2-12-37 地面材质球

2.12.4 装饰画材质的表现

01 设置装饰画材质，装饰画材质为"多维/子对象"材质，设置模型的ID号。在编辑多边形的"多边形"级别中，选择如图2-12-38所示的面，在多边形属性卷展栏中设置ID为1。

图2-12-38 设置UVW贴图

02 选择如图 2-12-39 所示的面，
设置 ID 为 2。

图2-12-39　选择面设置ID2

03 在设置材质之前首先要将默
认的材质球转换为"多维／
子对象"材质。按快捷键 M
打开材质编辑器，选择一个
未使用的材质球，单击材质
面板中的 Standard 按钮，在
弹出的"材质／贴图浏览
器"对话框中选择类型为"多
维／子对象"材质，如图
2-12-40 所示。

图2-12-40　设置多维子材质

04 设置多维／子材质的材质数
量，单击"设置数量"按钮，
设置"材质数量"为 2，如
图 2-12-41 所示。

图2-12-41　设置多维子材质数量

05 在材质编辑器中建一个 多维/子对象。在 ID1 画通道中新建一个 VR材质，设置 ID1 画的漫反射。在漫反射通道中添加一张 位图 贴图，具体参数如图 2-12-42 所示。

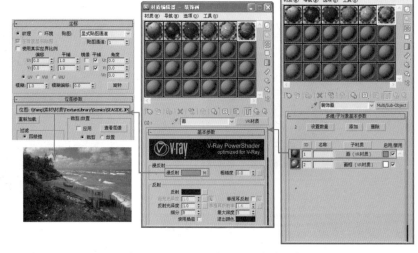

图2-12-42 设置ID1画的漫反射

06 设置 UVW 贴图，选择画模型，在修改器列表中添加"UVW 贴图"修改器，设置贴图类型为"长方体"，将长度、宽度与高度参数分别设置为 500mm/1000mm/1000mm，设置如图 2-12-43 所示。

图2-12-43 设置UVW贴图

07 ID1 材质设置完成后，设置 ID2 在通道中新建一个 VR材质。设置画框材质的漫反射，漫反射颜色数值分别设置为 253/253/253，具体参数如图 2-12-44 所示。

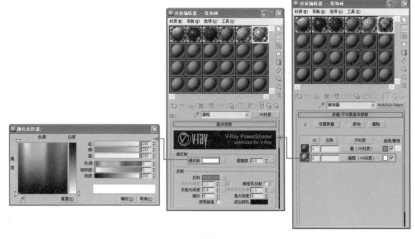

图2-12-44 设置ID2画框的漫反射

08 设置完漫反射颜色后，调整反射，颜色数值分别设置为 111/111/111，"反射光泽度"设置为 0.8，参数设置如图 2-12-45 所示。

图2-12-45 设置ID2画框的反射

09 参数设置完成，材质球最终的显示效果如图
2-12-46所示。

图2-12-46 装饰画材质球

2.12.5 光滑墙面材质的设置

01 接下来设置墙面的材质，在材质编辑器中新建一
个 ●VR材质，设置墙面材质的漫反射，漫反射颜色
数值分别设置为250/250/250，参数设置如图
2-12-47所示。

图2-12-47 设置墙面材质

02 设置完漫反射后，调整反射，反射颜色数值分别
设置为32/32/32，"反射光泽度"设置为0.85。
参数设置如图2-12-48所示。

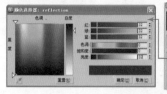 

图2-12-48 设置蜡烛芯的反射

03 参数设置完成，材质球最终的显示效果如图
2-12-49所示。

图2-12-49 墙面材质球

空间中的材质已经设置完毕，查看赋予材质后
的效果，如图2-12-50所示。

图2-12-50 赋予材质后的空间

2.12.6 背景光模拟室外光

按8键，打开"环境和效果"面板。设置背景
颜色数值为131/149/207，具体参数如图2-12-51
所示。

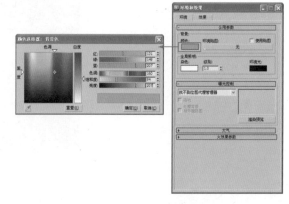

图2-12-51 创建室外光

2.12.7 球体类型的VRay灯光的创建

01 在这个空间中创建3面相同的VRay光源来模拟烛光。
单击 创建命令面板中的 图标，在相应的面板中，
单击VRay类型中的"VRay灯光"按钮，将灯光的
类型设置为"球体"，3盏光是以"实例"的方式
复制的，具体参数如图2-12-52所示。

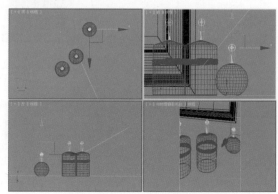

图2-12-52 创建VRay灯光

02 调整灯光大小，设置半径为 8mm，设置灯光的颜色分别为 255/184/32，灯光强度"倍增器"为 100，参数设置如图 2-12-53 所示。

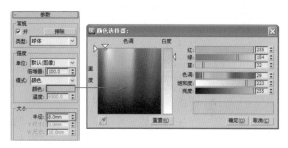

图2-12-53 设置VRay灯光参数

03 在"选项"选项区域中勾选"不可见"选项，为了不让灯光参加反射取消勾选"影响反射"选项，并设置"细分"值为 16，参数设置如图 2-12-54 所示。

图2-12-54 设置VRay灯光参数

2.12.8 火焰的创建方法

01 在创建面板栏中单击 按钮，参数设置如图 2-12-55 所示。

图2-12-55 辅助对象参数

02 在 中选择"大气装置"选项，单击 球体 Gizmo 按钮，具体设置如图 2-12-56 所示。

图2-12-56 大气装置参数

03 在这个空间中单击 球体 Gizmo 按钮来创建球体 Gizmo 用来模拟火焰效果，如图 2-12-57 所示。

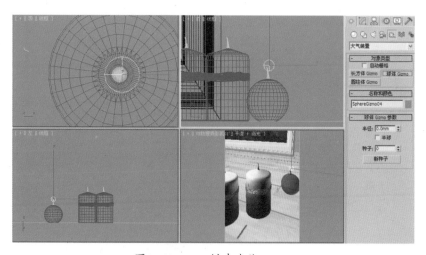

图2-12-57 创建球体Gizmo

04 设置球体 Gizmo 的"半径"为 6mm，参数设置如图 2-12-58 所示。

图2-12-58 球体Gizmo的参数

05 对创建的球体 Gizmo 进行拉伸，在前视图中沿着 Y 轴拉伸成火焰的形状。使用 ▨▧▨▧ 进行缩放。如图 2-12-59 所示为完成后的效果。

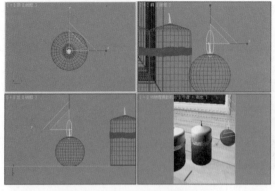

图2-12-59　创建球体Gizmo

06 在"大气和效果"卷展栏中，单击"添加"按钮，在弹出的对话框中选择"火效果"，单击"确定"按钮，参数设置如图 2-12-60 所示。

图2-12-60　大气和效果的参数

07 在这个空间中创建了 3 面相同的球体 Gizmo 光源，用来模拟火焰。3 盏光是以"实例"的方式复制的，如图 2-12-61 所示。

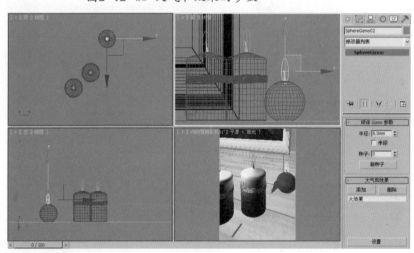

图2-12-61　创建球体Gizmo光

08 选择"火效果"，单击"设置"按钮，弹出"环境和效果"面板，参数设置如图 2-12-62 所示。

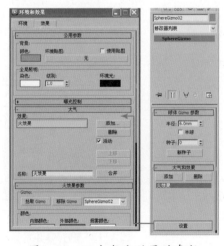

图2-12-62　大气和效果的参数

09 选择"火效果",设置火焰的类型为"火舌",并设置"拉伸"参数为50,"火焰大小"设置为0.6,"火焰细节"设置为1,"密度"设置为200,"采样数"设置为30,参数设置如图2-12-63所示。

图2-12-63 火效果的参数

10 选择火效果,设置火焰的内部颜色为255/209/70,外部颜色为240/69/35,烟雾颜色为255/255/255,参数设置如图2-12-64所示。

图2-12-64 火效果的颜色

2.12.9 场景渲染面板设置

01 按快捷键F10打开VRay渲染器面板,设置VRay的全局开关,进入 V-Ray::全局开关[无名],将默认灯光设置为"关"的状态,其实默认灯光选项在空间中有光源的情况下就会自动失效,设置参数如图2-12-65所示。

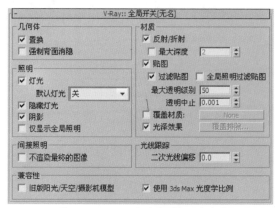

图2-12-65 设置全局开关参数

02 设置成图图像抗锯齿,进入 V-Ray::图像采样器(反锯齿),设置图像采样器的类型为"自适应确定性蒙特卡洛",打开"抗锯齿过滤器",设置类型为"VRay蓝佐斯过滤器",如图2-12-66所示。

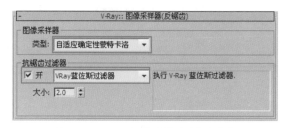

图2-12-66 设置图像采样器参数

03 进入 V-Ray::间接照明(GI),打开全局光焦散,设置全局光引擎类型,首次反弹类型为"发光图",二次反弹类型为"灯光缓存",之后使用的类型都是这两种,发光图与灯光缓存相结合渲染速度比较快,质量也比较好,如图2-12-67所示。

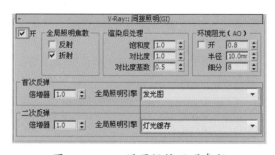

图2-12-67 设置间接照明参数

04 进入 V-Ray::发光图[无名],设置发光图参数,设置当前预置为"中",打开"细节增强"选项,由于单体模型本来占用空间就很小,所以不需要设置保存路径,灯光缓存与发光贴图同理,如图2-12-68所示。

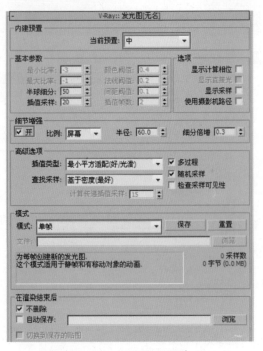

图2-12-68　设置发光图参数

05 进入 **V-Ray:: 灯光缓存**，将灯光缓存的"细分"值设为1000，在"重建参数"中勾选"对光泽光线使用灯光缓存"选项，这会加快渲染速度，对渲染质量没有任何影响，设置如图2-12-69所示。

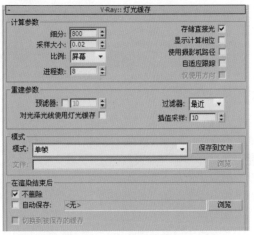

图2-12-69　设置灯光缓存参数

06 进入 **V-Ray:: 确定性蒙特卡洛采样器**，设置"噪波阈值"为0.001。参数低噪点少，值越高，噪点越明显,渲染时间与参数成反比关系。参数如图2-12-70所示。

图2-12-70　设置参数

07 进入 **V-Ray: 颜色贴图**，设置类型为"指数"，这个模式将基于亮度来使每个像素颜色更饱和。这对预防靠近光源区域的曝光是很有用的，如图2-12-71所示。

图2-12-71　设置颜色贴图参数

08 进入渲染器公用面板，设置渲染图像分辨率，一般渲染输出文件是以TGA格式为主，参数如图2-12-72所示。

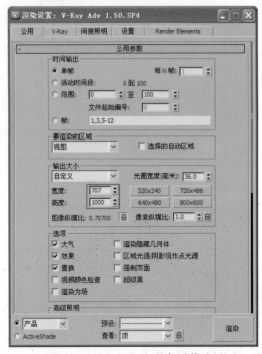

图2-12-72　设置渲染图像大小

09 设置完成，单击"渲染"按钮即可渲染最终图像。渲染最终效果如图2-12-73所示。

图2-12-73　最终渲染效果

提示：

　　本实例的讲解视频，请参看光盘\视频教学\第2章\"蜡烛"中的内容。

第 3 章

VRay 太阳光

3.1 实例：异型书架的灯光与渲染

⊙在本案例中主要讲述不锈钢的材质，并涉及景深的使用，最终效果如图3-1-1所示。

图3-1-1　最终效果

3.1.1　摄影机中景深的表现

01 首先来讲述一下空间中摄像机的创建方法，在 📷 面板中单击 VR物理摄影机 按钮，如图3-1-2所示。

02 切换到顶视图中，创建空间中的摄影机。按住鼠标在顶视图中创建一个摄影机，具体位置如图3-1-3所示。

图3-1-2　选择摄影机

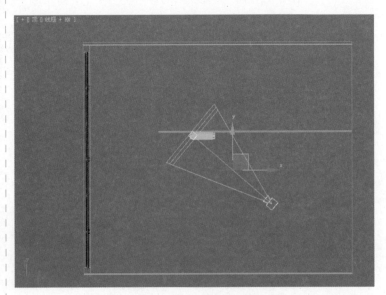

图3-1-3　摄影机顶视图角度位置

03 切换到前视图中，调整摄影机位置，如图3-1-4所示。

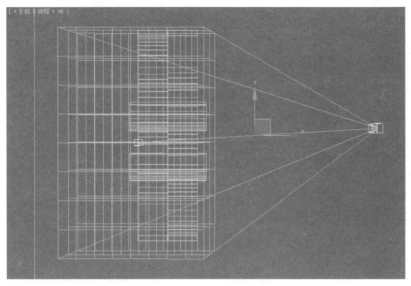

图3-1-4 前视图摄影机位置

04 再切换到左视图中，调整摄影机位置，如图3-1-5所示。

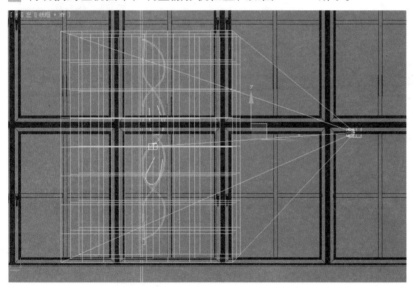

图3-1-5 左视图摄影机位置

05 在修改器列表中设置摄影机的参数，将"光圈数"设置为2，由于目标点向下移动过，在面板中单击"估算垂直移动"按钮，在采样卷展栏下勾选"景深"选项，使用窗户的位置出现模糊的效果，具体设置如图3-1-6所示。

图3-1-6 摄影机参数

下面详细的介绍空间中部分材质的具体设置方法。

3.1.2 光滑金属材质的设置表现

01 打开配套光盘中的"异型书架.max"文件,如图3-1-7所示。

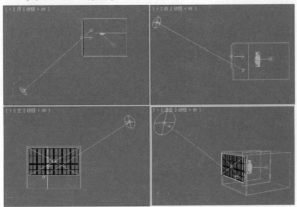

图3-1-7　空间模型

02 设置书架材质,在材质编辑器中新建一个 VR材质,设置材质的漫反射,将漫反射颜色参数分别设置为133/133/133,具体设置如图3-1-8所示。

图3-1-8　设置材质的漫反射

03 设置完漫反射后设置反射,在反射中设置颜色参数分别为114/114/114,设置"反射光泽度"为0.8,"细分"值设置为25,具体设置如图3-1-9所示。

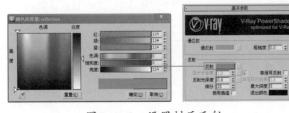

图3-1-9　设置材质反射

04 参数设置完成,材质球最终的显示效果如图3-1-10所示。

图3-1-10　书架材质球

3.1.3 乳胶漆墙面材质的设置

01 设置墙面材质,在材质编辑器中新建一个 VR材质,设置材质的漫反射,将漫反射颜色参数设置为255/231/178,具体设置如图3-1-11所示。

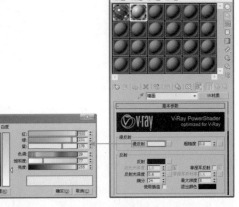

图3-1-11　设置材质的漫反射

02 设置完漫反射后设置反射,在反射中设置颜色参数分别为13/13/13,设置"反射光泽度"为0.6,"细分"值设置为24,具体设置如图3-1-12所示。

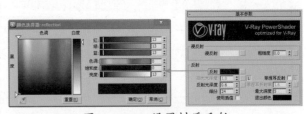

图3-1-12　设置材质反射

03 参数设置完成,材质球最终的显示效果如图3-1-13所示。

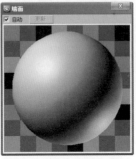

图3-1-13　墙面材质球

3.1.4 正确设置 UVW 贴图

01 设置墙砖材质，在材质编辑
器中新建一个 ●VR材质，设
置材质的漫反射，在漫反射
通道中添加一张纹理贴图，
具体设置如图 3-1-14 所示。

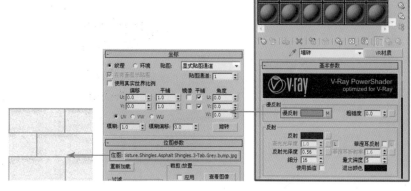

图3-1-14 设置材质的漫反射

02 设置完漫反射后设置反射，
在反射中设置颜色参数分别
为 27/27/27，设置"反射
光泽度"为 0.56，"细分"
值设置为 16，具体设置如图
3-1-15 所示。

图3-1-15 设置材质反射

03 设置 UVW 贴图，选择墙面
模型，在修改器列表中添加
"UVW 贴图"修改器，设置
贴图类型为"长方体"，将长
度、宽度与高度参数分别设
置为 350mm/350mm/100mm，
具体设置如图 3-1-16 所示。

图3-1-16 设置UVW贴图

04 参数设置完成，材质球最终的
显示效果如图 3-1-17 所示。

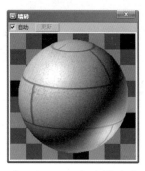

图3-1-17 墙砖材质球

3.1.5 设置窗框模糊反射的效果

01 设置窗框材质，在材质编辑器中新建一个 ● VR材质，设置材质的漫反射，在漫反射中设置颜色参数分别为218/218/218，具体设置如图3-1-18所示。

图3-1-18 设置材质的漫反射

02 设置完漫反射后设置反射，在反射中设置颜色参数分别为47/47/47，设置"反射光泽度"为0.75，"细分"值设置为16，具体设置如图3-1-19所示。

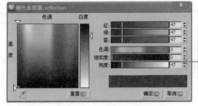

图3-1-19 设置材质反射

03 参数设置完成，材质球最终的显示效果如图3-1-20所示。

图3-1-20 窗框材质球

04 空间中的所有材质已经设置完毕，查看赋予材质后的效果，如图3-1-21所示。

图3-1-21 赋予材质后的空间

3.1.6 模拟真实太阳光

01 创建 VRay 阳光，单击 创建命令面板中的 图标，在相应的面板中，单击 VRay 类型中的 VR太阳 按钮，在视图中创建灯光。创建太阳光时会在视图中弹出一个对话框，提示：“你想自动添加一张 VR 天空环境贴图吗”？在这里单击“否”按钮，灯光的位置如图 3-1-22 所示。

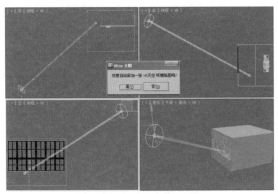

图3-1-22 创建VRay阳光

3.1.7 天空光的效果表现

01 按 8 键打开“环境和效果”面板，在环境贴图通道中添加“VR 天空”贴图，参数设置如图 3-1-24 所示。

02 设置灯光的参数，将太阳光的“强度倍增”参数设置为 0.1，参数设置如图 3-1-23 所示。

图3-1-23 设置灯光参数

提示：

在VRay太阳参数中，最能有效的控制阳光强度的数值是“强度倍增”。强度倍增的默认值为1，如果在创建空间相机时使用的是3ds Max的标准相机时，可将此数值设为0.02~0.07之间。提高VRay太阳参数中的阴影细分值，可以有效提高模糊阴影的渲染质量，但渲染时间会有所增加。

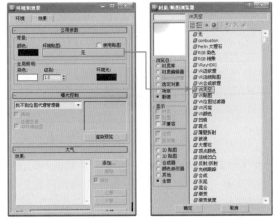

图3-1-24 添加VR天空贴图

02 将添加的 VR 天空贴图以“实例”的方式复制到材质编辑器中，参数设置如图 3-1-25 所示。

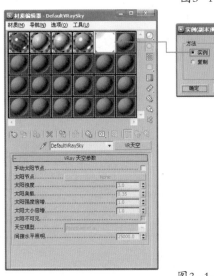

图3-1-25 复制VR天空

3.1.8 窗户位置光源的创建

01 在窗户口创建光源，单击 创建命令面板中的 图标，在相应的面板中，单击 VRay 类型中的"VRay 灯光"按钮，将灯光的类型设置为"面光源"，灯光的位置如图 3-1-26 所示。

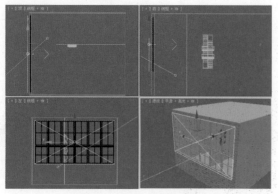

图3-1-26　创建VRay灯光

02 灯光大小与窗户大小一致，设置灯光的颜色分别为 151/197/255，颜色"倍增器"为 20，参数设置如图 3-1-27 所示。

图3-1-27　设置灯光参数

03 为了让灯光参加反射，在选项设置面板中勾选"影响反射"选项，由于在视图中能看到灯光的位置，同时也添加了天空光，所以要勾选灯光的"不可见"选项，设置"细分"值为 16，参数设置如图 3-1-28 所示。

图3-1-28　设置灯光参数

3.1.9 场景渲染面板设置

01 按快捷键 F10 打开 VRay 渲染器面板，设置 VRay 的全局开关，进入 V-Ray:: 全局开关[无名]，将默认灯光设置为"关"的状态，设置参数如图 3-1-29 所示。

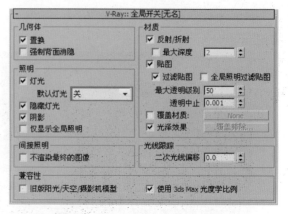

图3-1-29　设置全局开关参数

02 设置成图图像抗锯齿，进入 V-Ray:: 图像采样(反锯齿)，设置图像采样器的类型为"自适应确定性蒙特卡洛"，打开"抗锯齿过滤器"，设置类型为"VRay 蓝佐斯过滤器"，如图 3-1-30 所示。

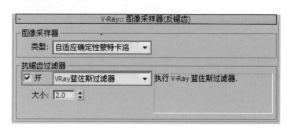

图3-1-30　设置图像采样参数

03 进入 V-Ray:: 间接照明(GI)，打开全局光焦散，设置全局光引擎类型，首次反弹类型为"发光图"，二次反弹类型为"灯光缓存"，发光图与灯光缓存相结合渲染速度比较快，质量也比较好，如图 3-1-31 所示。

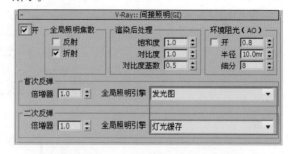

图3-1-31　设置间接照明参数

04 进入 V-Ray:: 发光图[无名]，设置发光贴图参数，设置当前预置为"中"，由于单体模型本来占用空间就很小，所以不需要设置保存路径，灯光缓存与发光贴图同理，如图 3-1-32 所示。

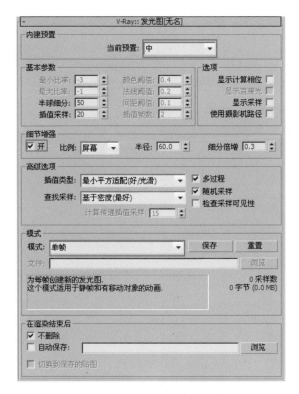

图3-1-32　设置发光贴图参数

05　进入 V-Ray:: 灯光缓存，将灯光缓存的"细分"值设为800，设置"预滤器"参数为20，具体设置如图3-1-33所示。

图3-1-33　设置灯光缓存参数

06　进入 V-Ray:: 颜色映射，设置类型为"指数"，如图3-1-34所示。

图3-1-34　设置颜色映射参数

07　进入渲染器公用面板，设置渲染图像分辨率，一般渲染输出文件是以TGA格式为主，参数如图3-1-35所示。

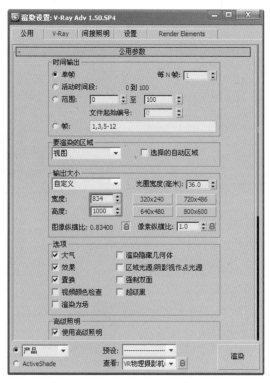

图3-1-35　设置渲染图像大小

08　设置完成后，单击"渲染"按钮即可渲染最终图像，渲染最终效果如图3-1-36所示。

图3-1-36　最终渲染效果

提示：

　　本实例的讲解视频，请参看光盘\视频教学\第3章\"异型书架"中的内容。

3.2 实例：中国结的灯光与渲染

⊙本案例主要表现了红色中国结的质感，以及讲述窗帘中 VRay 混合材质的用法。最终效果如图 3-2-1 所示。

图3-2-1　最终效果

3.2.1　白平衡为中性的摄影机

01 首先来讲述空间中摄影机的创建方法，在 📷 面板中单击 VR物理摄影机 按钮，如图 3-2-2 所示。

02 切换到顶视图中，创建空间中的摄影机。按住鼠标在顶视图中创建一个摄影机，具体位置如图 3-2-3 所示。

图3-2-2　选择摄影机

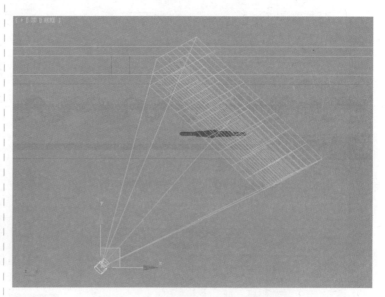

图3-2-3　摄影机顶视图角度位置

03 切换到前视图中，调整摄影机位置，如图3-2-4所示。

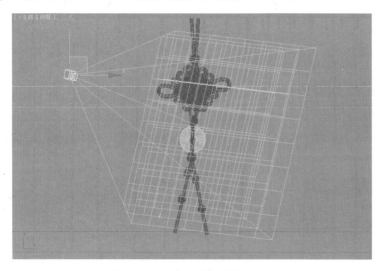

图3-2-4　前视图摄影机位置

04 再切换到左视图中，调整摄影机位置，如图3-2-5所示。

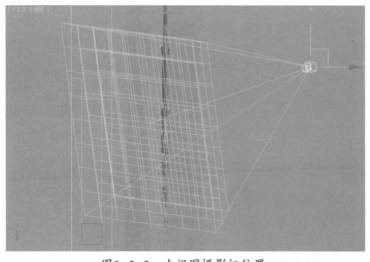

图3-2-5　左视图摄影机位置

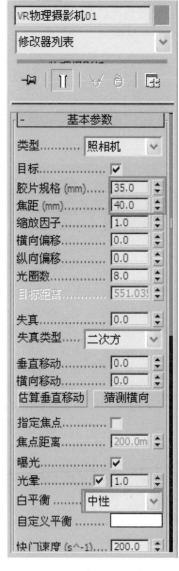

图3-2-6　摄影机参数

05 在修改器列表中，设置摄影机的参数，具体设置如图3-2-6所示。

　　空间的材质有中国结和窗帘等材质，下面详细的介绍中国结材质的具体设置方法。

3.2.2　特殊凹凸参数的调整

01 打开配套光盘中的"中国结.max"文件，如图3-2-7所示。

图3-2-7　空间模型

02 设置红色中国结的材质。打开材质编辑器，在材质编辑器中新建一个 ●VR材质，设置中国结的颜色为红色，颜色数值分别设置为155/3/3，参数如图3-2-8所示。

03 设置完漫反射后设置反射，反射很小，所以反射颜色数值分别设置为18/18/18，"反射光泽度"设置为0.8，"细分"值设置为24，参数设置如图3-2-9所示。

图3-2-9　设置中国结的反射

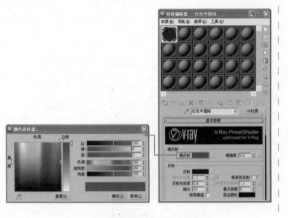

图3-2-8　设置红色中国结

04 设置完反射颜色后，调整中国结的纹理效果，在这里设置了凹凸，打开贴图卷展栏，凹凸贴图通道中添加一张 位图 贴图，贴图"模糊"值设置为0.1。凹凸贴图参数设置为400，参数设置如图3-2-10所示。

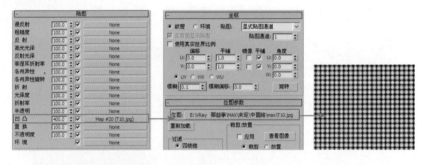

图3-2-10　设置中国结的凹凸

05 参数设置完成，材质球最终的显示效果如图3-2-11所示。

图3-2-11　红色中国结材质球

06 中国结材质设置完成后，设置玉的材质。打开材质编辑器，在材质编辑器中新建一个 ●VR材质，设置漫反射，在漫反射通道中添加一张 位图 贴图，参数如图3-2-12所示。

图3-2-12　设置玉的漫反射

07 设置衰减参数,设置衰减颜色 #1数值分别为185/196/114、颜色#2数值分别为226/230/199,"衰减类型"设置为Fresnel,参数设置如图3-2-13所示。

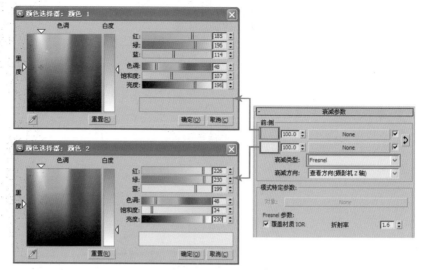

图3-2-13 设置衰减参数

08 设置完漫反射后,调整反射,反射很大,所以反射颜色数值分别设置为226/226/226,"高光光泽度"设置为0.8,勾选"菲涅尔反射"选项,"菲涅尔反射折射率"设置为3,参数设置如图3-2-14所示。

图3-2-14 设置玉的反射

09 玉为半透明的物体,所以要设置折射参数,在这里将玉的折射颜色数值分别设置为17/17/17,勾选"影响阴影"选项,并选择"颜色+alpha"选项,为了更好的表现玉石晶莹剔透的效果,将"折射率"设置得稍大一些,设置为2,如图3-2-15所示。

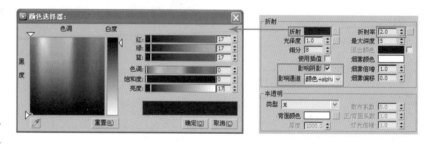

图3-2-15 设置玉的折射

10 参数设置完成,材质球最终的显示效果如图3-2-16所示。

图3-2-16 玉材质球

3.2.3　不透明度命令的用法

01 玉材质设置完成后，设置窗纱的材质。打开材质编辑器，在材质编辑器中新建一个 ●VR材质，设置窗纱的颜色为白色，颜色数值分别设置为255/255/255，具体参数如图3-2-17所示。

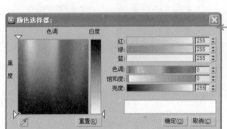

图3-2-17　设置窗纱的漫反射

02 设置完漫反射后，调整反射，反射特别的小，所以反射颜色数值分别设置为10/10/10，参数设置如图3-2-18所示。

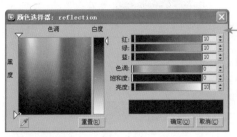

图3-2-18　设置窗纱的反射

03 设置完反射颜色后，调整窗纱的不透明度，打开"贴图"卷展栏，在不透明度通道中添加一张 ●衰减 贴图。参数设置如图3-2-19所示。

图3-2-19　设置窗纱的不透明度

提示：

　　在不透明度通道中添加的贴图，是以黑白来分辨哪些地方透明，哪些地方不透明。它与折射中的黑白颜色是相反的，折射的程度越黑越不透明，越白越透明，而在不透明度中是越黑越透明，越白越不透明。

04 设置衰减参数，设置衰减颜色 #1 数值分别为 84/84/84，颜色 #2 数值分别为 84/84/84，"衰减类型"设置为"垂直／平行"，参数设置如图 3-2-20 所示。

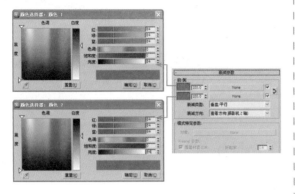

图3-2-20 设置衰减参数

05 设置完不透明度后，调整双向反射分布函数，类型设置为"多面"，参数设置如图 3-2-21 所示。

图3-2-21 设置双向反射分布函数

06 参数设置完成，材质球最终的显示效果如图 3-2-22 所示。

图3-2-22 窗纱材质球

3.2.4 VR 混合材质的设置

01 窗纱材质设置完成后，设置窗帘的材质。打开材质编辑器，在材质编辑器中新建一个 VR混合材质，在混合材质中的基础材质通道中新建一个 VR材质，具体参数如图 3-2-23 所示。

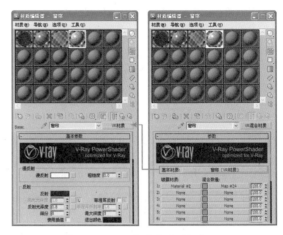

图3-2-23 设置窗帘材质

02 设置窗帘的材质。打开材质编辑器，设置窗帘的漫反射颜色为白色，颜色数值分别设置为 255/255/255，具体参数如图 3-2-24 所示。

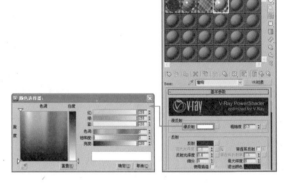

图3-2-24 设置窗帘的漫反射

03 设置完漫反射后，调整反射，反射特别的小，所以反射颜色数值分别设置为 25/25/25，"反射光泽度"设置为 0.8，参数设置如图 3-2-25 所示。

图3-2-25 设置窗帘的反射

04 设置窗帘的镀膜材质。打开混合材质，在镀膜材质通道中新建一个 VR材质，并将漫反射颜色数值分别设置为 97/171/255，其他参数如图 3-2-26 所示。

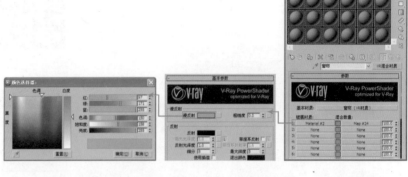

图3-2-26　设置窗帘材质

05　设置窗帘的混合数量。打开
　　混合材质，在混合数量通道
　　中新建一个 □位图 贴图，其
　　他参数如图 3-2-27 所示。

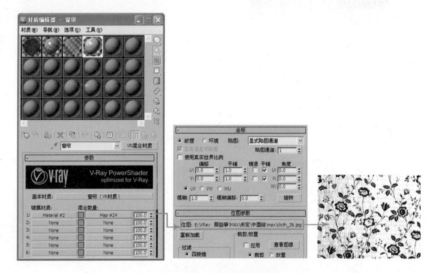

图3-2-27　设置窗帘材质

提示：

　　⊘VR混合材质主要用于表现两种材质叠加后的效果。如上面讲述的窗帘材质，本身材质是一个白色的半透明纱，镀膜材质为蓝色花纹，混合数量可以设置窗帘的样式。

06　设置 UVW 贴图，选择窗帘
　　模型，在修改器列表中添加
　　"UVW 贴图"修改器，设置
　　贴图类型为"长方体"，将
　　长度、宽度与高度参数均设
　　置为 500mm，具体设置如图
　　3-2-28 所示。

图3-2-28　设置UVW贴图

07 参数设置完成，材质球最终的 显示效果如图 3-2-29 所示。

空间中的材质已经设置完毕，查看赋予材质后的效果，如图 3-2-30所示。

图3-2-29 窗帘材质球

图3-2-30 赋予材质后的空间

3.2.5 室外太阳光与天空光的创建

01 单击 ✱创建命令面板中的 ◢图标，在下拉列表中 选择 VRay，如图 3-2-31 所示。

图3-2-31 VRay灯光创建面板

02 单击"VR 太阳"按钮，在视图中创建 VRay 的太 阳系统，并在弹出的对话框中单击"是"按钮， VR 太阳的角度如图 3-2-32 所示。

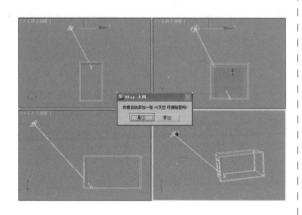

图3-2-32 创建VRay太阳

03 设置 VRay 太阳的参数，将阴影"细分"值提高， 如图 3-2-33 所示。

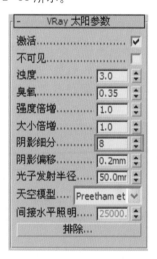

图3-2-33 设置VRay太阳参数

04 按 M 键打开材质编辑器，将 VRay 天空按"实例" 方式拖入材质编辑器，具体设置如图 3-2-34 所示。

图3-2-34 以实例方式复制VRay天空到材质编辑器

05 按 M 键打开材质编辑器，勾选"VRay 天空参数"中的"手动太阳节点"选项，单击"太阳节点"后面的"None"按钮并选取场景中的"VRay 太阳"，取消勾选"手动太阳节点"选项，具体设置如图 3-2-35 所示。

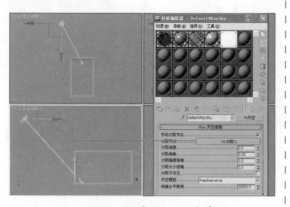

图3-2-35　调节VRay天空参数

3.2.6　VR 补光的创建

01 在这个空间中创建一面 VRay 灯光。单击创建命令面板中的图标，在相应的面板中，单击 VRay 类型中的"VRay 灯光"按钮，将灯光的类型设置为"平面"，具体参数如图 3-2-36 所示。

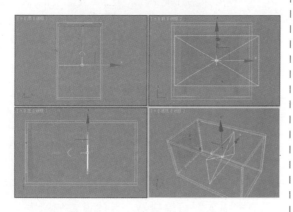

图3-2-36　创建VRay灯光

02 设置灯光大小为 1666mm×946mm，设置灯光的颜色分别为 255/255/255，灯光强度"倍增器"为 40，参数设置如图 3-2-37 所示。

图3-2-37　设置VRay灯光参数

03 在选项设置面板中勾选"不可见"选项，并设置"细分"值为 16，参数设置如图 3-2-38 所示。

图3-2-38　设置VRay灯光参数

3.2.7　场景渲染面板设置

01 按快捷键 F10 打开 VRay 渲染器面板，设置 VRay 的全局开关，进入 V-Ray:: 全局开关[无名]，将默认灯光设置为"关"的状态，其实默认灯光选项在空间中有光源的情况下就会自动失效，设置参数如图 3-2-39 所示。

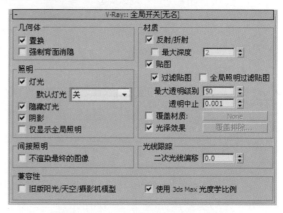

图3-2-39　设置全局开关参数

02 设置成图图像抗锯齿，进入 V-Ray:: 图像采样器(反锯齿)，设置图像采样器的类型为"自适应确定性蒙特卡洛"，打开"抗锯齿过滤器"，设置类型为"VRay 蓝佐斯过滤器"，如图 3-2-40 所示。

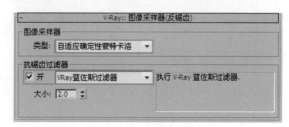

图3-2-40　设置图像采样器参数

03 进入 V-Ray:: 间接照明(GI)，打开全局光焦散，设置全局光引擎类型，首次反弹类型为"发光图"，二次反弹类型为"灯光缓存"，之后使用的类型都是这两种，发光图与灯光缓存相结合渲染速度比较快，质量也比较好，如图3-2-41所示。

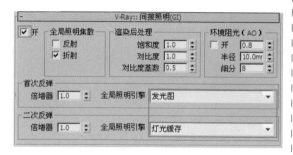

图3-2-41 设置间接照明参数

04 进入 V-Ray:: 发光图[无名]，设置发光图参数，设置当前预置为"中"，打开"细节增强"选项，由于单体模型本来占用空间就很小，所以不需要设置保存路径，灯光缓存与发光贴图同理，如图3-2-42所示。

图3-2-42 设置发光图参数

05 进入 V-Ray:: 灯光缓存，将灯光缓存的"细分"值设为800，在"重建参数"中勾选"对光泽光线使用灯光缓存"选项，这会加快渲染速度，对渲染质量没有任何影响，勾选"预滤器"选项，并设置参数为30，参数设置如图3-2-43所示。

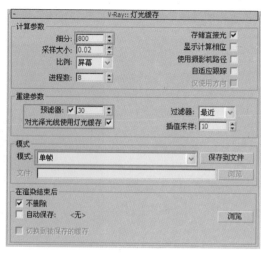

图3-2-43 设置灯光缓存参数

06 进入 V-Ray:: 颜色贴图 卷展栏，设置类型为"线性倍增"，这种模式将基于图像的亮度来进行每个像素的亮度倍增。那些太亮的颜色成份（在255之上或0之下的）将会被抑制，如图3-2-44所示。

图3-2-44 设置颜色贴图参数

07 进入渲染器公用面板，设置渲染图像分辨率，一般渲染输出文件是以TGA格式为主，参数如图3-2-45所示。

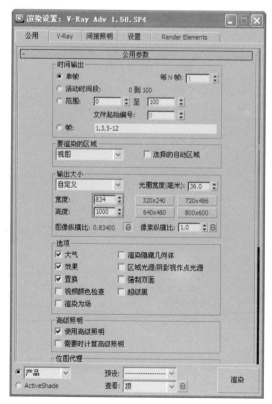

图3-2-45 设置渲染图像大小

08 设置完成后，单击"渲染"按钮即可渲染最终图像。渲染最终效果如图3-2-46所示。

图3-2-46　最终渲染效果

提示：

　　本实例的讲解视频，请参看光盘\视频教学\第3章\"中国结"中的内容。

第4章
VRayHDRI

4.1 实例：暖壶的灯光与渲染

⊙在这个案例中将学习金属材质的设置方法和 HDRI 的使用方法。最终效果如图 4-1-1 所示。

图4-1-1 最终效果

4.1.1 旋转摄影机角度的方法

01 首先来讲述空间中摄影机的 创建方法，在 ▦ 面板中单击 VR物理摄影机 按钮，如图 4-1-2 所示。

图4-1-2 选择摄影机

02 切换到顶视图中，创建空间中的摄影机。按住鼠标左键在顶视 图中创建一个摄影机，具体位置如图 4-1-3 所示。

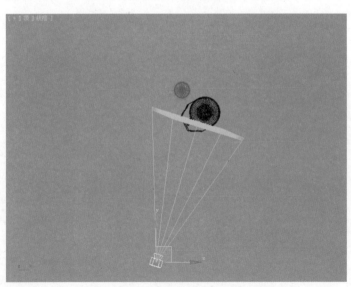

图4-1-3 摄影机顶视图角度位置

03 切换到前视图中，调整摄影机位置，如图4-1-4所示。

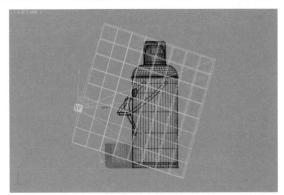

图4-1-4 前视图摄影机位置

04 再切换到左视图中，调整摄影机位置，如图4-1-5所示。

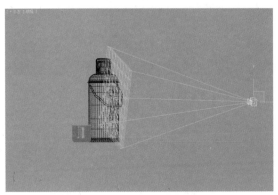

图4-1-5 左视图摄影机位置

05 在视图中选中摄像机，在工具栏中的 ↻ 工具上单击右键，在弹
出的对话框中设置"滚动"参数为 -17，如图4-1-6所示。

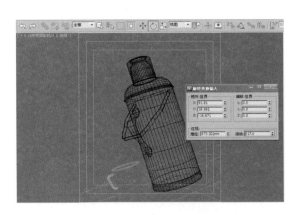

图4-1-6 旋转相机位置

06 在修改器列表中设置摄影机的参数，白平衡为"中性"颜色，
将"光圈"数设置为2，具体设置如图4-1-7所示。

图4-1-7 摄影机参数

空间的材质分为金属与桌子等材质，下面来详细地介绍这些材质的具体设置方法。

4.1.2 设置多维／子对象材质的设置

01 首先打开配套光盘中的"暖壶.max"文件，如图4-1-8所示。

图4-1-8　空间模型

02 设置暖壶材质，暖壶材质为"多维／子对象"材质，设置模型的ID号。在编辑多边形的"多边形"级别中，选择如图4-1-9所示的面，在多边形属性卷展栏中设置ID为3。

图4-1-9　选择面设置ID3

03 选择如图4-1-10所示的面，设置ID为4。

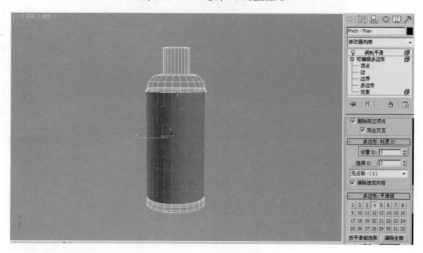

图4-1-10　选择面设置ID4

04 在设置材质之前首先要将默认的材质球转换为"多维／子对象"材质。按M键打开材质编辑器，选择一个未使用的材质球，单击材质面板中的 Standard 按钮，在弹出的"材质／贴图浏览器"对话框中选择类型为"多维／子对象"材质。如图4-1-11所示。

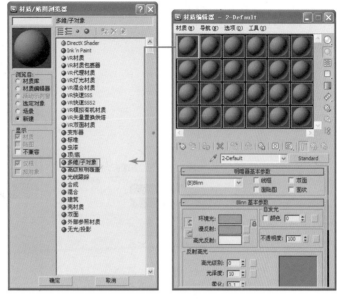

图4-1-11　设置多维子对象材质

05 设置多维／子对象材质的材质数量，单击"设置数量"按钮，设置"材质数量"为2，如图4-1-12所示。

图4-1-12　设置多维/子对象材质数量

06 打开材质编辑器，在材质编辑器中新建一个 多维/子对象。在ID3通道中新建一个 VR材质，参数如图4-1-13所示。

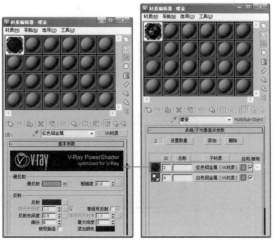

图4-1-13　设置ID3的材质

177

07 在新建的 ●VR材质 中，设置 ID3 的漫反射，在漫反射通道中添加一张 ▣混合 贴图，具体参数如图 4-1-14 所示。

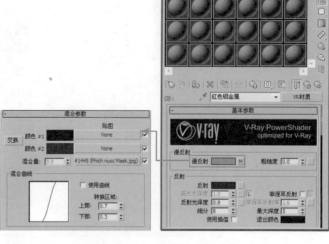

图4-1-14　设置ID3漫反射

08 打开混合参数，设置颜色 #1 数值为 0/0/0，颜色 #2 数值为 65/0/0，具体参数如图 4-1-15 所示。

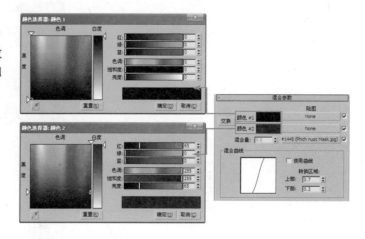

图4-1-15　设置ID3 材质

09 打开混合参数，设置混合量贴图通道。在混合量贴图通道中添加一张 ▣位图 贴图，具体参数如图 4-1-16 所示。

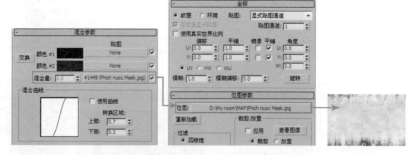

图4-1-16　设置ID3材质

10 设置完漫反射颜色后，调整反射，颜色数值分别设置为 30/30/30，"反射光泽度"设置为 0.9，参数设置如图 4-1-17 所示。

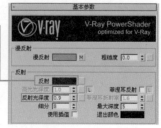

图4-1-17　设置ID3反射

11 打开材质编辑器, 在材质编辑器中新建一个 ●多维/子对象。在 ID4 通道中新建一个 ●VR材质, 具体参数如图 4-1-18 所示。

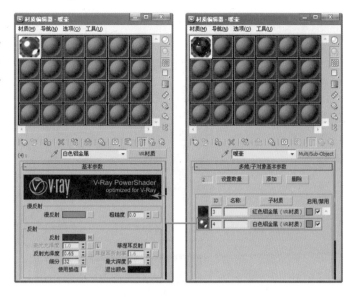

图4-1-18 设置ID4的材质

12 在新建的 ●VR材质 中, 设置 ID4 的漫反射。将漫反射的颜色数值设置为 122/122/122, 具体参数如图 4-1-19 所示。

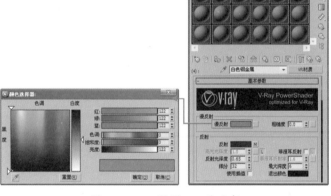

图4-1-19 设置ID4漫反射

13 设置完漫反射颜色后, 调整反射, 在反射通道中添加一张 ●位图 贴图。"反射光泽度"设置为 0.65, "细分"值设置为 32。参数设置如图 4-1-20 所示。

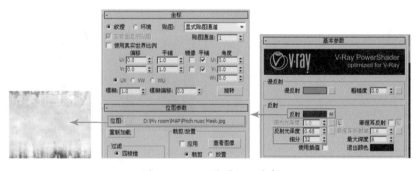

图4-1-20 设置ID4反射

14 参数设置完成, 材质球最终的显示效果如图 4-1-21 所示。

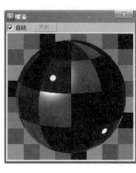

图4-1-21 暖壶材质球

4.1.3 VR混合材质的设置

01 打开材质编辑器，在材质编辑器中新建一个 ⬤VR混合材质，设置茶缸材质，先设置基本材质，在基本材质通道中新建一个 ⬤VR材质。参数设置如图4-1-22所示。

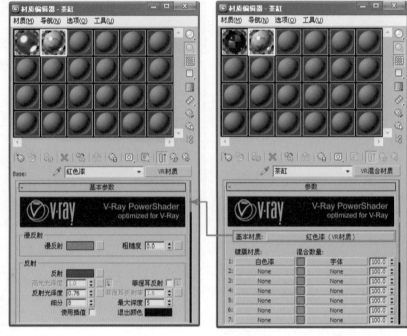

图4-1-22 设置基本材质

02 设置基本材质的漫反射，漫反射为红色，将漫反射中的颜色数值分别设置为255/0/0，参数设置如图4-1-23所示。

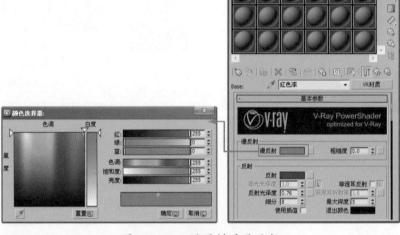

图4-1-23 设置材质漫反射

03 设置红色漆材质的漫反射后，调整反射参数，将反射中的颜色参数分别设置为59/59/59，调整"反射光泽度"为0.76，参数设置如图4-1-24所示。

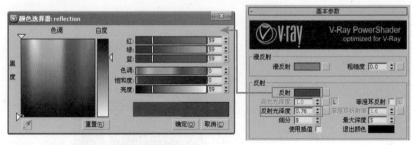

图4-1-24 设置反射

04 在 ●VR混合材质 中的镀膜材质通道中新建一个 ●VR材质，参数设置如图4-1-25所示。

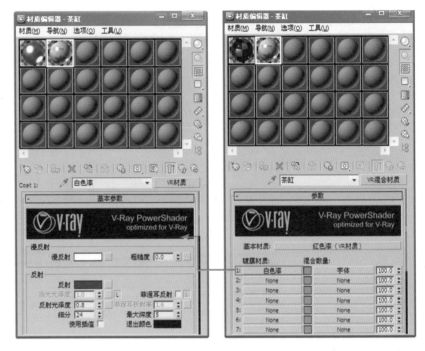

图4-1-25　设置镀膜材质

05 设置白色漆材质的漫反射，将漫反射中的颜色数值分别设置为255/255/255，参数设置如图4-1-26所示。

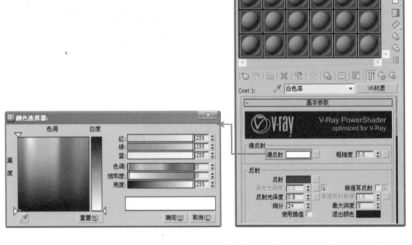

图4-1-26　设置材质漫反射

06 设置白色漆材质的漫反射后，调整反射参数，将反射中的颜色参数分别设置为47/47/47，调整"反射光泽度"为0.8，"细分"值设置为24，参数设置如图4-1-27所示。

图4-1-27　设置白色漆反射

07 在 ⊙VR混合材质 中的混合数量通
道中添加一张 ▱位图 贴图, 参
数设置如图4-1-28所示。

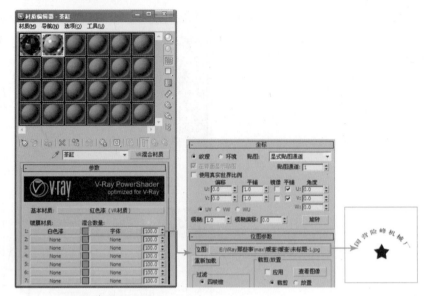

图4-1-28　设置字体材质

08 参数设置完成, 材质球最终的
显示效果如图4-1-29所示。

图4-1-29　茶缸材质球

4.1.4　表现菲涅尔反射效果

01 接下来设置桌子的材质, 在
材质编辑器中新建一个
⊙VR材质, 设置材质漫反射,
将漫反射中的颜色数值分别
设置为44/31/25, 参数设
置如图4-1-30所示。

图4-1-30　设置材质漫反射

02 设置材质的反射参数，将反射参数分别设置为150/150/150，同时勾选"菲涅耳反射"选项。具体设置如图4-1-31所示。

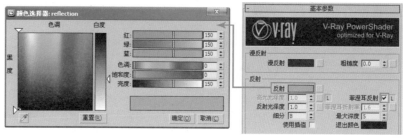

图4-1-31　设置反射

03 参数设置完成，材质球最终的显示效果如图4-1-32所示。

图4-1-32　桌子材质球

04 空间中的所有材质已经设置完毕，查看赋予材质后的效果，如图4-1-33所示。

图4-1-33　赋予材质后的空间

4.1.5　为背景添加VRayHDRI贴图模拟环境光

01 按8键，打开"环境和效果"面板。在环境贴图面板中添加 VRayHDRI 贴图，如图4-1-34所示。

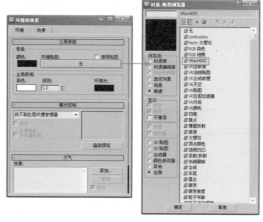

图4-1-34　创建VRayHDRI

02 将 VRay HDRI 按"实例"方
式拖入材质编辑器,设置
"全局多维"参数为2,贴图
类型为"球面环境",如图
4-1-35 所示。

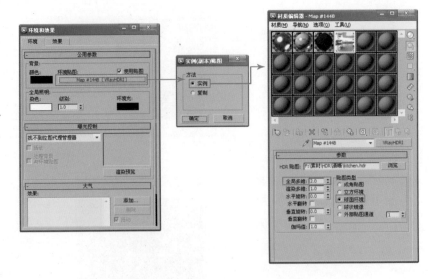

图4-1-35　以实例方式复制VRayHDRI到材质编辑器

知识点：

　　HDRI是High-Dynamic Range (HDR) image的缩写,简单来说,HDRI是一种亮度范围非常广的
图像,它比其他格式的图像有着更大亮度的数据储存,而且它记录亮度的方式与传统的图片不同,不
是用非线性的方式将亮度信息压缩到8bit或16bit的颜色空间内,而是用直接对应的方式记录亮度信
息,它可以说记录了图片环境中的照明信息,因此可以使用这种图像来"照亮"场景。有很多HDRI
文件是以全景图的形式提供的,我们也可以用它做环境背景来产生反射与折射。这里强调一下HDRI
与全景图有本质的区别,全景图指的是包含了360°范围场景的普通图像,可以是JPG、BMP、TGA
格式等,属于 Low-Dynamic Range Radiance Image,它并不带有光照信息。HDRI 的主要长处是对
于360全景类型,因为它们是由一系列真实世界里的图片组成的,它们能再现真实存在的三维空间。

4.1.6 场景渲染面板设置

01 按快捷键F10打开VRay渲染器面板,设置VRay的
全局开关,进入 V-Ray:: 全局开关[无名] ,将默认灯光
设置为"关"的状态,设置参数如图4-1-36所示。

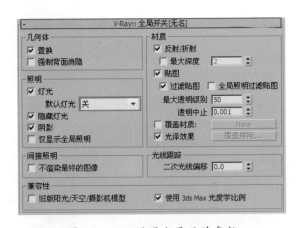

图4-1-36　设置全局开关参数

02 设置成图图像抗锯齿,进入 V-Ray:: 图像采样器[反锯齿] ,
设置图像采样器的类型为"自适应确定性蒙特
卡洛",打开"抗锯齿过滤器",设置类型为"VRay
蓝佐斯过滤器",如图4-1-37所示。

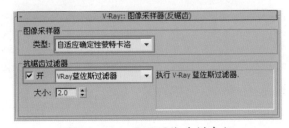

图4-1-37　设置图像采样参数

03 进入 **V-Ray::间接照明(GI)**，打开全局光焦散，设置全局光引擎类型，首次反弹类型为"发光图"，二次反弹类型为"灯光缓存"，发光图与灯光缓存相结合渲染速度比较快，质量也比较好，如图4-1-38所示。

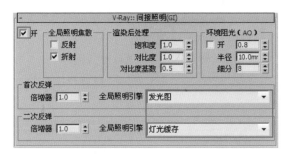

图4-1-38　设置间接照明参数

04 进入 **V-Ray::发光图[无名]**，设置发光贴图参数，设置当前预置为"中"，打开"细节增强"选项，由于单体模型本来占用空间就很小，所以不需要设置保存路径，灯光缓存与发光贴图同理，如图4-1-39所示。

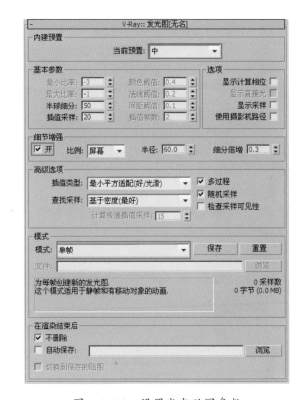

图4-1-39　设置发光贴图参数

05 进入 **V-Ray::灯光缓存**，将灯光缓存的"细分"值设为1000，设置如图4-1-40所示。

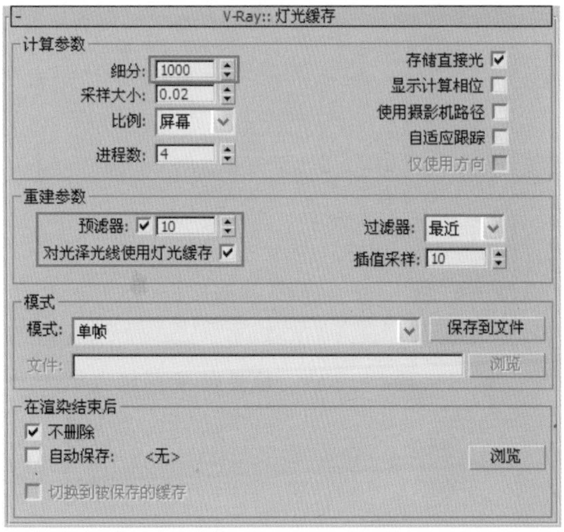

图4-1-40　设置灯光缓存参数

06 进入 **V-Ray:: 颜色映射**，设置类型为"线性倍增"，这种模式将基于图像的亮度来进行每个像素的亮度倍增，那些太亮的颜色成份（在255之上或0之下的）将会被抑制。但是这种模式可能会导致靠近光源的点过分明亮，如图4-1-41所示。

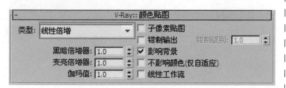

图4-1-41　设置颜色映射参数

07 进入 **V-Ray:: 确定性蒙特卡洛采样器**，设置"噪波阈值"为0.001。参数低噪点少，值越高，噪点越明显。渲染时间与参数成反比关系，参数如图4-1-42所示。

图4-1-42　设置参数

08 进入渲染器公用面板，设置渲染图像分辨率，一般渲染输出文件是以TGA格式为主,参数如图4-1-43所示。

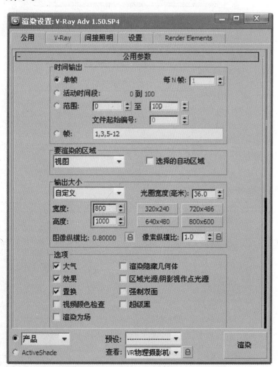

图4-1-43　设置渲染图像大小

09 设置完成后，单击"渲染"按钮即可渲染最终图像。渲染最终效果如图4-1-44所示。

图4-1-44　最终渲染效果

提示：

　　本实例的讲解视频，请参看光盘\视频教学\第4章\"暖壶"中的内容。

4.2 实例：早餐的灯光与渲染

⊙本案例主要使用VRayHDRI来模拟环境，以及讲述衰减材质用于各个模型的设置。最终效果如图4-2-1所示。

图4-2-1 最终效果

4.2.1 摄影机的光晕参数对空间的影响

01 首先来讲述空间中摄影机的创建方法，在 📷 面板中单击 VR物理摄影机 按钮，如图4-2-2所示。

02 切换到顶视图中，创建空间中的摄影机。按住鼠标在顶视图中创建一个摄影机，具体位置如图4-2-3所示。

图4-2-2 选择摄影机

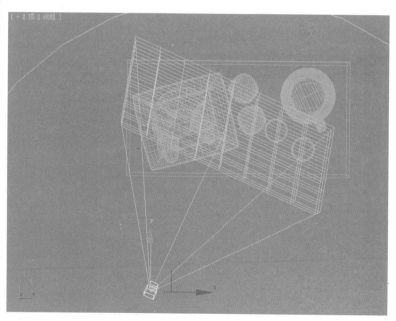

图4-2-3 摄影机顶视图角度位置

03 切换到前视图中，调整摄影机位置，如图4-2-4所示。

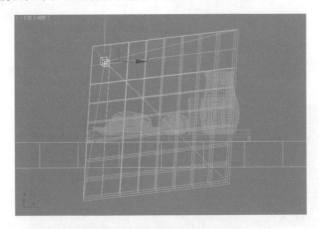

图4-2-4 前视图摄影机位置

04 再切换到左视图中，调整摄影机位置，如图4-2-5所示。

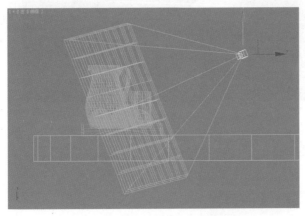

图4-2-5 左视图摄影机位置

05 在修改器列表中，设置摄影机的参数，设置如图4-2-6所示。

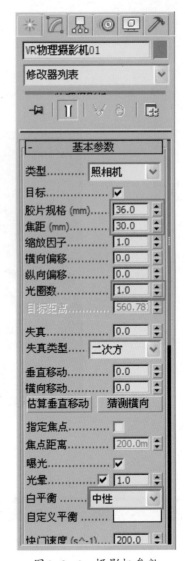

图4-2-6 摄影机参数

空间的材质有早餐食物和桌子的材质，下面来详细的介绍早餐食物材质的具体设置方法。

4.2.2 托盘贴图材质的表现

01 打开配套光盘中的"早餐.max"文件，如图4-2-7所示。

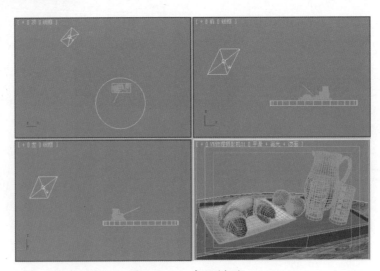

图4-2-7 空间模型

02 设置托盘的材质。打开材质编辑器，在材质编辑器中新建一个 ⬤VR材质，设置托盘材质。在漫反射通道中添加一张 ⬛位图 贴图。参数如图4-2-8所示。

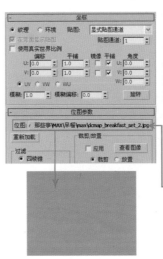

图4-2-8　设置托盘材质

03 参数设置完成，材质球最终的显示效果如图4-2-9所示。

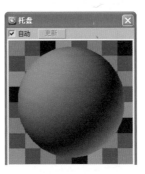

图4-2-9　托盘材质球

4.2.3　衰减命令的用法

01 托盘材质设置完成后，设置瓷盘材质。打开材质编辑器，在材质编辑器中新建一个 ⬤VR材质，设置瓷盘颜色为白色，颜色数值分别设置为243/243/243，具体参数如图4-2-10所示。

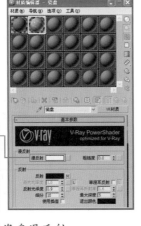

图4-2-10　设置瓷盘漫反射

02 调整反射，在反射通道中添加一张 ⬛衰减 贴图。"反射光泽度"设置为0.9，"细分"值设置为10，参数设置如图4-2-11所示。

图4-2-11　设置瓷盘反射

03 设置衰减参数，设置衰减颜色 #1 数值分别为 45/45/45，颜色 #2 数值分别为 230/230/230，"衰减类型"设置为 Fresnel，参数设置如图 4-2-12 所示。

04 参数设置完成，材质球最终的显示效果如图 4-2-13 所示。

图4-2-13　瓷盘材质球

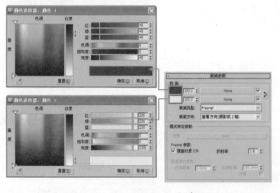

图4-2-12　设置衰减参数

4.2.4　衰减贴图模拟真实面包的效果

01 瓷盘设置完成后，设置面包的材质。打开材质编辑器，在材质编辑器中新建一个 ●VR材质，设置面包材质。在漫反射通道中添加一张 位图 贴图，参数如图 4-2-14 所示。

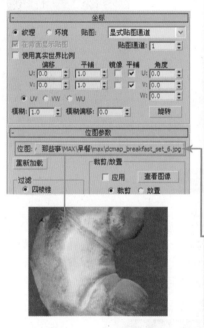

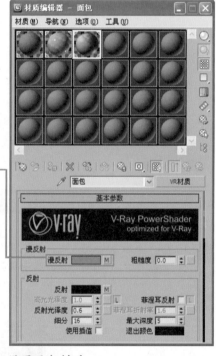

图4-2-14　设置面包材质

02 调整反射，在反射通道中添加一张 衰减 贴图。"反射光泽度"设置为 0.6，"细分"值设置为 16，参数设置如图 4-2-15 所示。

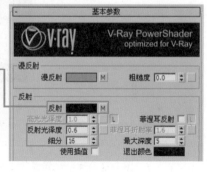

图4-2-15　设置面包反射

03 设置衰减参数，设置衰减颜色 #1 数值分别为 2/2/2，颜色 #2 数值分别为 127/127/127，"衰减类型"设置为 Fresnel，参数设置如图 4-2-16 所示。

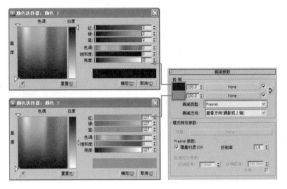

图4-2-16 设置衰减参数

04 参数设置完成，材质球最终的显示效果如图 4-2-17 所示。

图4-2-17 面包材质球

4.2.5 模糊反射的苹果材质的设置

01 面包设置完成后，设置苹果的材质。打开材质编辑器，在材质编辑器中新建一个 ●VR材质，设置苹果材质。在漫反射通道中添加一张 ⬛位图 贴图，具体参数如图 4-2-18 所示。

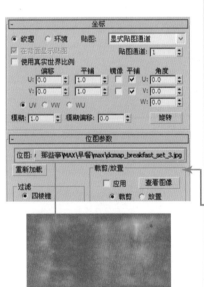

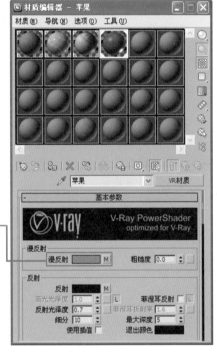

图4-2-18 设置苹果材质

02 调整反射，在反射通道中添加一张 ⬛衰减 贴图。衰减颜色参数使用默认值，"衰减类型"设置为 Fresnel，"反射光泽度"设置为 0.7，"细分"值设置为 10，参数设置如图 4-2-19 所示。

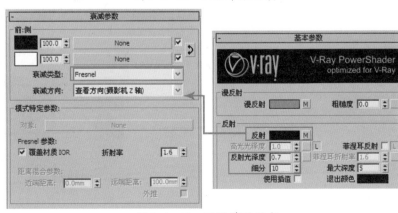

图4-2-19 设置苹果反射

03 在"贴图"卷展栏中，将漫反射通道的贴图以"实例"的方式复制到凹凸贴图通道中，凹凸贴图数值设置为20，具体参数如图4-2-20所示。

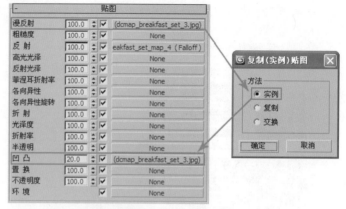

图4-2-20 设置苹果的凹凸

04 参数设置完成，材质球最终的显示效果如图4-2-21所示。

图4-2-21 苹果材质球

05 苹果设置完成后，设置"苹果把"的材质。打开材质编辑器，在材质编辑器中新建一个 ●VR材质，在漫反射通道中添加一张 ▨位图 贴图，具体参数如图4-2-22所示。

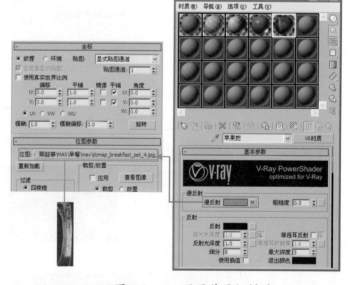

图4-2-22 设置苹果把材质

06 参数设置完成，材质球最终的显示效果如图4-2-23所示。

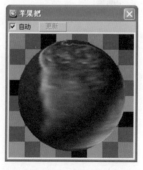

图4-2-23 苹果把材质球

4.2.6 折射参数的调整

01 苹果把材质设置完成后，设置玻璃瓶材质。打开材质编辑器，在材质编辑器中新建一个 ● VR材质，设置玻璃瓶颜色为黑色颜色数值分别设置为 0/0/0，参数如图 4-2-24 所示。

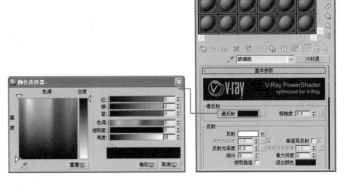

图4-2-24 设置玻璃瓶漫反射

02 调整反射，在反射通道中添加一张 衰减 贴图。衰减颜色参数使用默认值，"衰减类型"设置为 Fresnel，"反射光泽度"设置为 0.9，参数设置如图 4-2-25 所示。

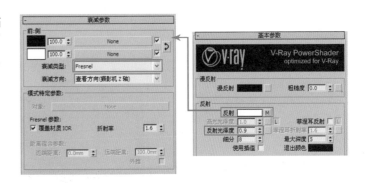

图4-2-25 设置玻璃瓶反射

03 玻璃瓶为透明的物体，所以要设置折射参数，在这里将玻璃瓶的折射颜色数值分别设置为 252/252/252，勾选"影响阴影"选项，并选择"颜色+alpha"选项，如图 4-2-26 所示。

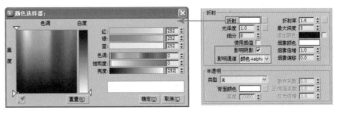

图4-2-26 设置玻璃瓶的折射

04 参数设置完成，材质球最终的显示效果如图 4-2-27 所示。

图4-2-27 玻璃瓶材质球

05 玻璃瓶设置完成后，设置果汁的材质。打开材质编辑器，在材质编辑器中新建一个 ●VR材质，在漫反射通道中添加一张 █位图 贴图，具体参数如图4-2-28所示。

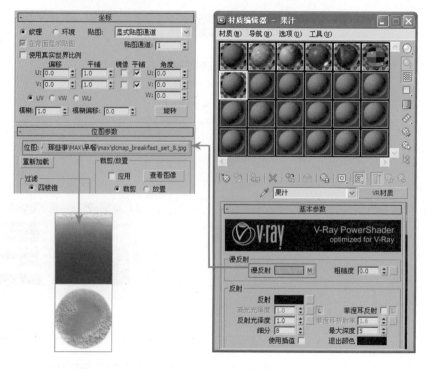

图4-2-28　设置果汁材质

06 参数设置完成，材质球最终的显示效果如图4-2-29所示。

图4-2-29　果汁材质球

07 果汁材质设置完成后，设置玻璃杯材质。打开材质编辑器，在材质编辑器中新建一个 ●VR材质，设置玻璃杯颜色为白色，颜色数值分别设置为 255/255/255，具体参数如图 4-2-30 所示。

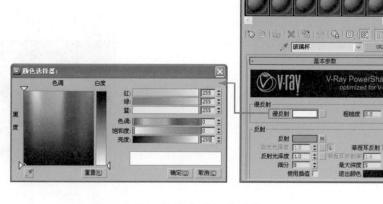

图4-2-30　设置玻璃杯漫反射

08 调整反射，在反射通道中添加一张 ⬛衰减 贴图，参数设置如图4-2-31所示。

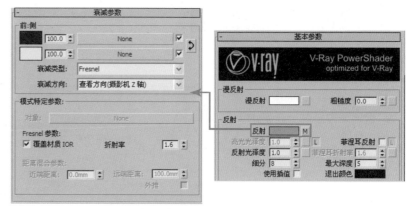

图4-2-31　设置玻璃杯反射

09 设置衰减参数，设置衰减颜色 #1 数值分别为23/23/23，颜色 #2 数值分别为223/223/223，"衰减类型"设置为Fresnel，参数设置如图4-2-32所示。

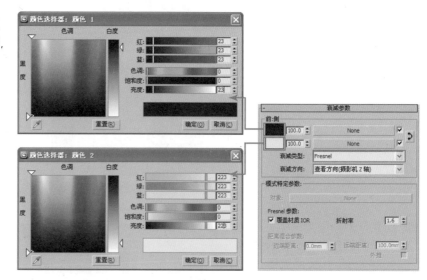

图4-2-32　设置衰减参数

10 玻璃杯为透明的物体，所以要设置折射参数，在这里将玻璃杯的折射颜色数值分别设置为252/252/252，勾选"影响阴影"选项，并选择"颜色 +alpha"选项，如图4-2-33所示。

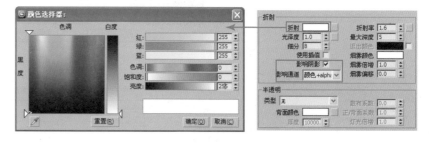

图4-2-33　设置玻璃杯的折射

11 参数设置完成，材质球最终的显示效果如图4-2-34所示。

图4-2-34　玻璃杯材质球

4.2.7 凹凸贴图的转换

01 接下来设置桌子的材质。打开材质编辑器，在材质编辑器中新建一个 ⊙VR材质，在漫反射通道中添加一张 ⊠位图 贴图，贴图"模糊"值设置为0.01，具体参数如图4-2-35所示。

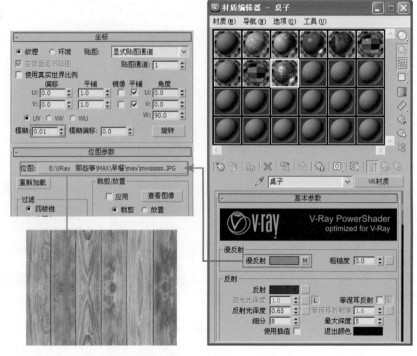

图4-2-35 设置桌子材质

02 调整反射，反射并不是特别大，将颜色数值分别设置为44/44/44，"反射光泽度"设置为0.65，参数设置如图4-2-36所示。

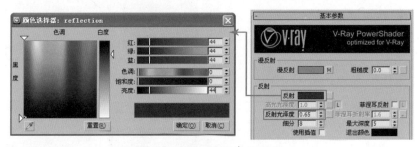

图4-2-36 设置桌子反射

03 设置完反射颜色后，调整桌子的纹理效果，在这里设置了凹凸，打开"贴图"卷展栏，将漫反射通道中的贴图以"实例"的方式复制到凹凸通道中，凹凸贴图参数设置为50，参数设置如图4-2-37所示。

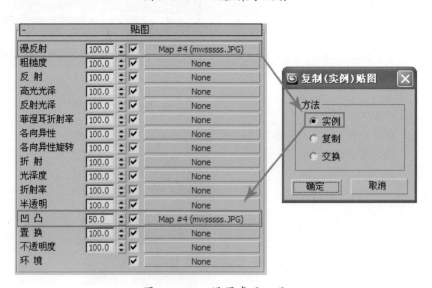

图4-2-37 设置桌子凹凸

04 设置 UVW 贴图,选择桌子模型,在修改器列表中添加 "UVW 贴图" 修改器,设置贴图类型为 "长方体",将长度、宽度与高度参数均设置为 300mm,具体设置如图 4-2-38 所示。

图4-2-38 设置UVW贴图

05 参数设置完成,材质球最终的显示效果如图 4-2-39 所示。

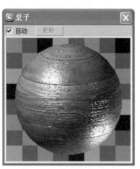

图4-2-39 桌子材质球

空间中的材质已经设置完毕,查看赋予材质后的效果,如图4-2-40所示。

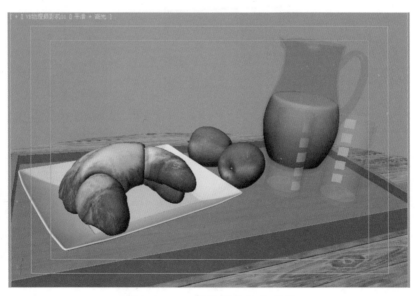

图4-2-40 赋予材质后的空间

4.2.8 VRay HDRI 贴图模拟环境光

01 按8键, 打开"环境和效果"面板。在环境贴图面板中添加一张 VRayHDRI 贴图, 如图 4-2-41 所示。

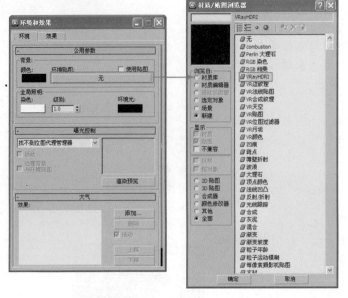

图4-2-41 创建VRayHDRI

02 将 VRayHDRI 按"实例"方式拖入材质编辑器中, 如图 4-2-42 所示。

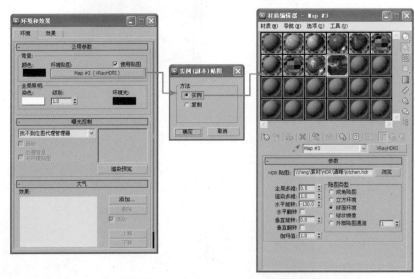

图4-2-42 以实例方式复制VRayHDRI到材质编辑器

03 打开材质编辑器在 HDR 贴图中单击"浏览"按钮。在弹出的对话框中选择 .hdr 贴图即可。设置"全局多维"参数为 0.5, "水平旋转"参数设置为 −130, 贴图类型设置为"球面环境", 具体参数如图 4-2-43 所示。

提示:

HDRI 又称高动态贴图。VRayHDRI可以提供非常丰富且真实的环境光, 对丰富空间光影与室外环境起到关键的作用。

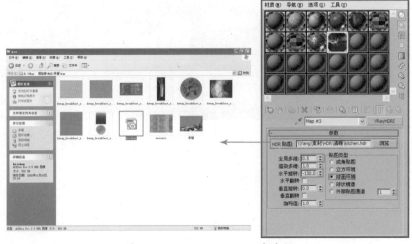

图4-2-43 VRayHDRI的路径

4.2.9 VRay 面光源作为补光

01 在这个空间中创建一面 VRay 灯光来模拟补光。单击创建命令面板中的图标，在相应的面板中，单击 VRay 类型中的"VRay 灯光"按钮。将灯光的类型设置为"平面"，具体参数如图 4-2-44 所示。

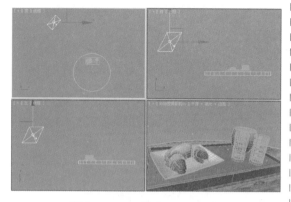

图4-2-44 创建VRay灯光

02 设置灯光大小为 300mm×300mm，设置灯光的颜色分别为 255/255/255，颜色"倍增器"为 8，参数设置如图 4-2-45 所示。

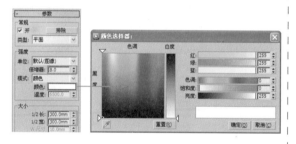

图4-2-45 设置VRay灯光参数

03 在采样面板中设置"细分"值为 16，参数设置如图 4-2-46 所示。

图4-2-46 设置VRay灯光参数

4.2.10 场景渲染面板设置

01 按快捷键 F10 打开 VRay 渲染器面板，设置 VRay 的全局开关，进入 V-Ray:: 全局开关[无名]，将默认灯光设置为"关"的状态，其实默认灯光选项在空间中有光源的情况下就会自动失效，设置参数如图 4-2-47 所示。

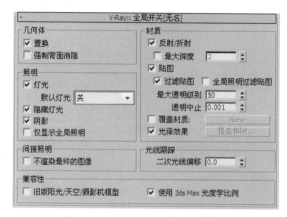

图4-2-47 设置全局开关参数

02 设置成图图像抗锯齿，进入 V-Ray:: 图像采样器(反锯齿)，设置图像采样器的类型为"自适应确定性蒙特卡洛"，打开"抗锯齿过滤器"，设置类型为"VRay 蓝佐斯过滤器"，如图 4-2-48 所示。

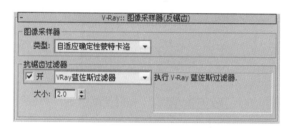

图4-2-48 设置图像采样器参数

03 进入 V-Ray:: 间接照明(GI)，打开全局光焦散，设置全局光引擎类型，首次反弹类型为"发光图"，二次反弹类型为"灯光缓存"，之后使用的类型都是这两种，发光图与灯光缓存相结合渲染速度比较快，质量也比较好，如图 4-2-49 所示。

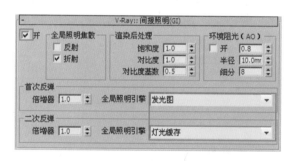

图4-2-49 设置间接照明参数

04 进入 V-Ray:: 发光图[无名]，设置发光图参数，设置当前预置为"中"，打开"细节增强"选项，由于单体模型本来占用空间就很小，所以不需要设置保存路径，灯光缓存与发光贴图同理，如图 4-2-50 所示。

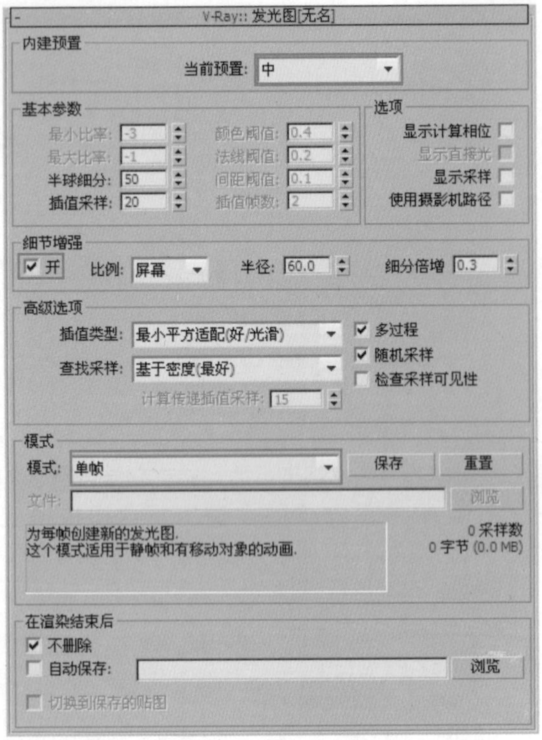

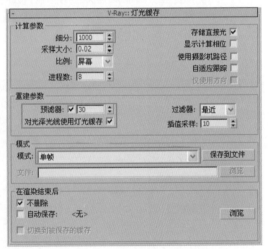

图4-2-50　设置发光图参数

05 进入 V-Ray:: 灯光缓存 ，将灯光缓存的"细分"值设为1000，在"重建参数"中勾选"对光泽光线使用灯光缓存"选项，这会加快渲染速度，对渲染质量没有任何影响，勾选"预滤器"选项，并设置参数为30，设置如图4-2-51所示。

图4-2-51　设置灯光缓存参数

06 进入 V-Ray:: 确定性蒙特卡洛采样器 ，设置"噪波阈值"为0.005，参数低噪点少，值越高，噪点越明显。并设置"适应数量"参数为0.8，渲染时间与参数成反比关系，具体参数如图4-2-52所示。

图4-2-52　设置参数

07 进入 V-Ray:: 颜色贴图 ，设置类型为"线性倍增"，这种模式将基于图像的亮度来进行每个像素的亮度倍增。那些太亮的颜色成份(在255之上或0之下的)将会被抑制，如图4-2-53所示。

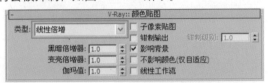

图4-2-53　设置颜色贴图参数

08 进入渲染器公用面板，设置渲染图像分辨率，一般渲染输出文件是以 TGA 格式为主，具体参数如图4-2-54所示。

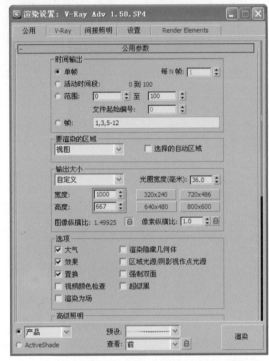

图4-2-54　设置渲染图像大小

09 设置完成后，单击"渲染"按钮即可渲染最终图像。渲染最终效果如图4-2-55所示。

图4-2-55　最终渲染效果

提示：

　　本实例的讲解视频，请参看光盘\视频教学\第4章\"早餐"中的内容。

第5章
IES 光域网

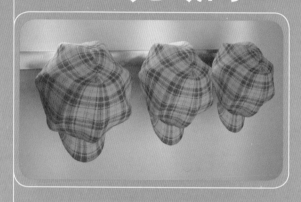

5.1 实例：尼龙帽的灯光与渲染

⊙在本案例中主要讲述帽子材质设置方法与 VRay IES 的灯光设置方法，最终效果如图 5-1-1 所示。

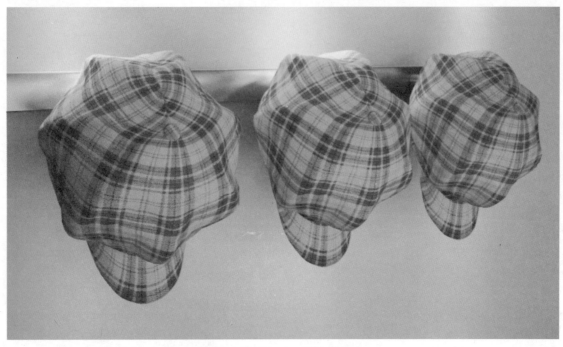

图5-1-1 最终效果

5.1.1 创建空间中的摄影机

01 首先来讲述空间中摄影机的创建方法，在 面板中单击 VR物理摄影机 按钮，如图 5-1-2 所示。

02 切换到顶视图中，创建空间中的摄影机。按住鼠标在顶视图中创建一个摄影机，具体位置如图 5-1-3 所示。

图5-1-2 选择摄影机

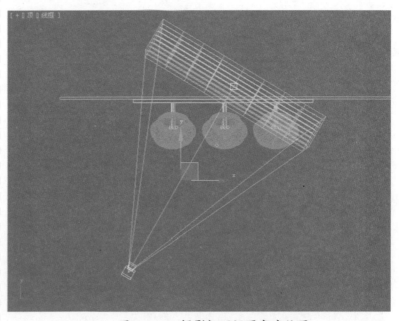

图5-1-3 摄影机顶视图角度位置

03 切换到前视图中，调整摄影机位置，如图5-1-4所示。

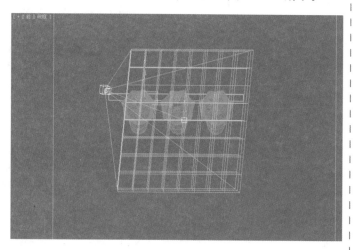

图5-1-4　前视图摄影机位置

04 再切换到左视图中，调整摄影机位置，如图5-1-5所示。

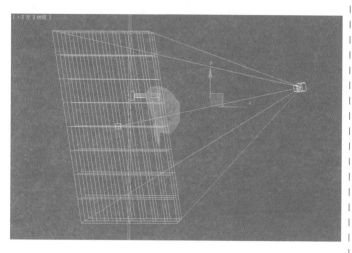

图5-1-5　左视图摄影机位置

05 在修改器列表中，设置摄影机的参数，将"光圈数"设置为1，具体设置如图5-1-6所示。

下面详细地介绍空间中部分材质的具体设置方法。

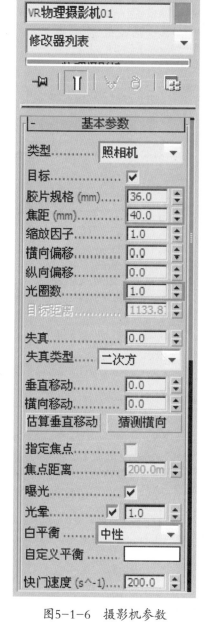

图5-1-6　摄影机参数

5.1.2　UVW变换命令对贴图效果的重要性

01 首先打开配套光盘中的"尼龙帽.max"文件，如图5-1-7所示。

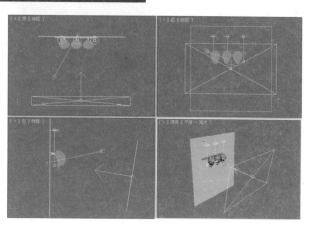

图5-1-7　空间模型

02 设置帽子材质，在材质编辑
器中新建一个 ●VR材质，设置
材质的漫反射，在漫反射通
道中添加一张位图贴图，具
体设置如图 5-1-8 所示。

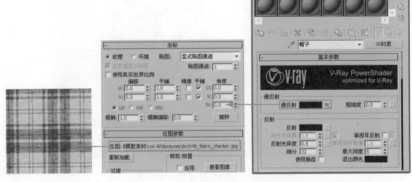

图5-1-8 设置材质的漫反射

03 设置材质反射，设置反射颜
色参数分别为 6/6/6，"反
射光泽度"设置为 0.5，"细
分"值设置为 32，设置如图
5-1-9 所示。

图5-1-9 设置材质反射

04 在贴图卷展栏下设置材质凹
凸，在凹凸通道中添加一张
位图贴图，设置凹凸参数大
小为 55，设置如图 5-1-10
所示。

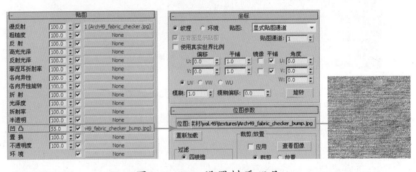

图5-1-10 设置材质凹凸

05 选中帽子模型，在修改器
列表中添加一个"UVW 变
换"修改器，设置参数如图
5-1-11 所示。

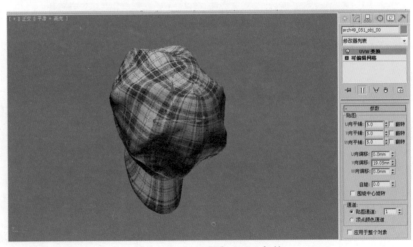

图5-1-11 设置UVW变换

06 参数设置完成，材质球最终的显示效果如图5-1-12所示。

图5-1-12　帽子材质球

5.1.3　高光金属挂勾材质的设置

01 设置金属材质，在材质编辑器中新建一个 ⬤VR材质，在漫反射中设置颜色参数分别为128/128/128，参数设置如图5-1-13所示。

图5-1-13　设置金属材质

02 设置材质反射，在反射中设置颜色参数分别为92/92/92，设置"反射光泽度"为0.86，"细分"值设置为20，参数设置如图5-1-14所示。

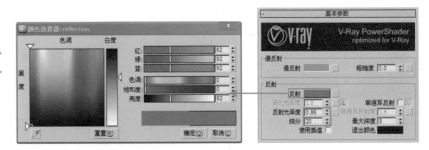

图5-1-14　设置材质反射

03 参数设置完成，材质球最终的显示效果如图5-1-15所示。

图5-1-15　金属材质球

5.1.4 无任何属性的墙面材质

接下来设置墙面的材质，在材质编辑器中新建一个 ●VR材质，设置材质漫反射，在漫反射中设置颜色参数分别为 250/250/250，参数设置如图 5-1-16所示。

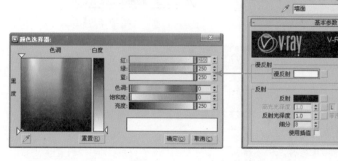

图5-1-16 设置材质漫反射

空间中的所有材质已经设置完毕，查看赋予材质后的效果，如图5-1-17所示。

图5-1-17 赋予材质后的空间

5.1.5 VRay IES 模拟射灯的效果

01 创建光源，单击 创建命令面板中的 图标，在相应的面板中，单击 VRay 类型中的 VRay IES 按钮，在帽子顶部创建灯光，灯光的位置如图 5-1-18 所示。

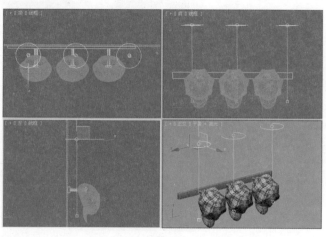

图5-1-18 创建VRay IES

02 设置灯光的颜色分别为255/159/57,"功率"参数为3500,参数设置如图5-1-19所示。

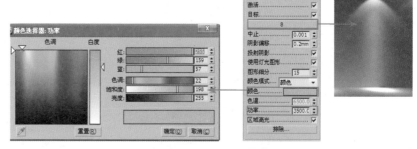

图5-1-19 设置灯光参数

提示:

VRay IES灯光与标准灯光加载的IES文件的渲染效果类似,最大的不同是VRay IES灯光自带阴影模糊效果的功能,设置非常简单,渲染效果也很好。

5.1.6 VRay 补光模拟室内光源

01 创建光源,单击创建命令面板中的图标,在相应的面板中,单击 VRay 类型中的"VRay 灯光"按钮,将灯光的类型设置为"面光源",灯光的位置如图5-1-20所示。

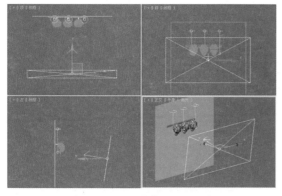

图5-1-20 创建VRay灯光

02 设置灯光大小为1128mm×600mm,设置灯光的颜色分别为255/236/211,灯光强度"倍增器"为15,参数设置如图5-1-21所示。

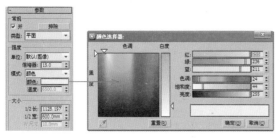

图5-1-21 设置灯光参数

03 为了让灯光参加反射,在选项设置面板中勾选"影响反射"选项,设置灯光"细分"值为30,参数设置如图5-1-22所示。

图5-1-22 设置灯光参数

5.1.7 场景渲染面板设置

01 按快捷键F10打开 VRay 渲染器面板,设置 VRay 的全局开关,进入 V-Ray:: 全局开关[无名],将默认灯光设置为"关"的状态,设置参数如图5-1-23所示。

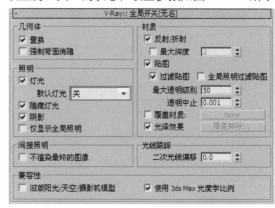

图5-1-23 设置全局开关参数

02 设置成图图像抗锯齿,进入 V-Ray:: 图像采样(反锯齿),设置图像采样器的类型为"自适应确定性蒙特卡洛",打开"抗锯齿过滤器",设置类型为"VRay 蓝佐斯过滤器",如图5-1-24所示。

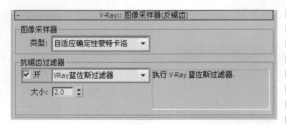

图5-1-24　设置图像采样参数

03　进入 **V-Ray:: 间接照明(GI)**，打开全局光焦散，设置全局光引擎类型，首次反弹类型为"发光图"，二次反弹类型为"灯光缓存"，发光图与灯光缓存相结合渲染速度比较快，质量也比较好，如图5-1-25所示。

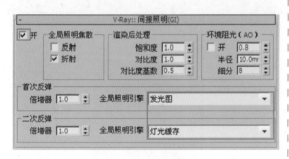

图5-1-25　设置间接照明参数

04　进入 **V-Ray:: 发光图[无名]**，设置发光贴图参数，设置当前预置为"中"，由于单体模型本来占用空间就很小，所以不需要设置保存路径，灯光缓存与发光贴图同理，如图5-1-26所示。

图5-1-26　设置发光贴图参数

05　进入 **V-Ray:: 灯光缓存**，将灯光缓存的"细分"值设为800，设置如图5-1-27所示。

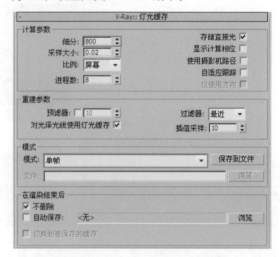

图5-1-27　设置灯光缓存参数

06　进入 **V-Ray:: 颜色映射**，设置类型为"指数"类型，设置"黑暗倍增器"参数为0.23，"变亮倍增器"参数为0.15，如图5-1-28所示。

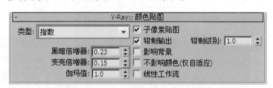

图5-1-28　设置颜色映射参数

07　进入渲染器公用面板，设置渲染图像分辨率，一般渲染输出文件是以TGA格式为主，参数如图5-1-29所示。

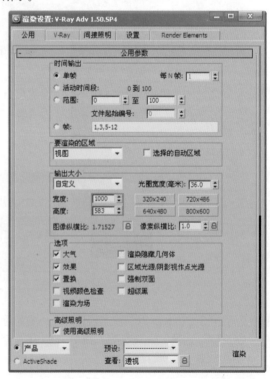

图5-1-29　设置渲染图像大小

08 设置完成后，单击"渲染"按钮即可渲染最终图像。渲染最终效果如图5-1-30所示。

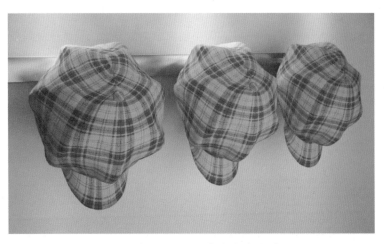

图5-1-30　最终渲染效果

提示：

本实例的讲解视频，请参看光盘\视频教学\第5章\"尼龙帽"中的内容。

5.2　实例：兔子玩具的灯光与渲染

⊙本案例主要表现了布的质感，以及多维／子对象材质的表现，最终效果如图5-2-1所示。

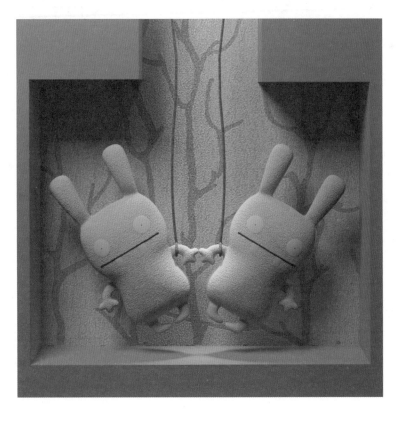

图5-2-1　最终效果

5.2.1 摄影机中估算垂直移动参数的校正

01 首先来讲述空间中摄影机的创建方法，在 [图标] 面板中单击 `VR物理摄影机` 按钮，如图 5-2-2 所示。

02 切换到顶视图中，创建空间中的摄影机。按住鼠标在顶视图中创建一个摄影机，具体位置如图 5-2-3 所示。

图5-2-2　选择摄影机

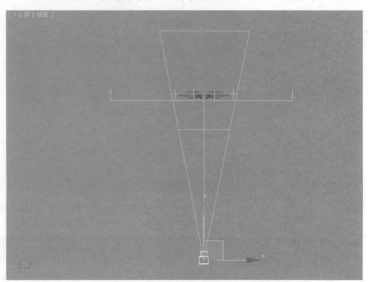

图5-2-3　摄影机顶视图角度位置

03 切换到前视图中，调整摄影机位置，如图 5-2-4 所示。

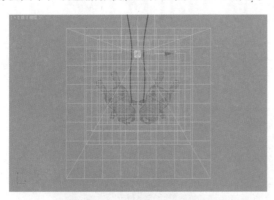

图5-2-4　前视图摄影机位置

04 再切换到左视图中，调整摄影机位置，如图 5-2-5 所示。

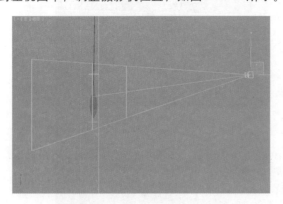

图5-2-5　左视图摄影机位置

05 在修改器列表中，设置摄影机的参数，具体设置如图 5-2-6 所示。

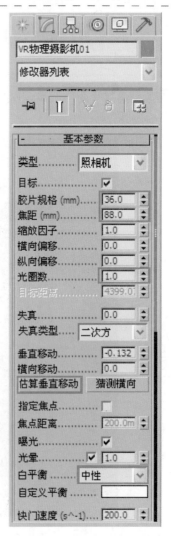

图5-2-6　摄影机参数

空间的材质有兔子玩具和墙面的材质，下面详细的介绍兔子玩具材质的具体设置方法。

5.2.2 设置模型ID号与其相应的材质

01 打开配套光盘中的"兔子玩具.max"文件，如图5-2-7所示。

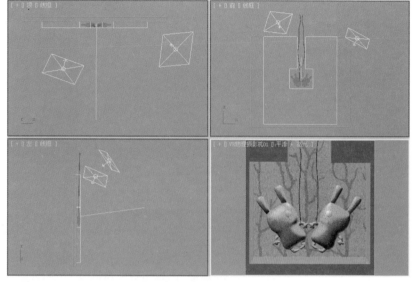

图5-2-7 空间模型

02 设置兔子玩具材质，兔子玩具材质为"多维／子对象"材质，设置模型的ID号。在编辑多边形的"多边形"级别中，选择如图5-2-8所示的面，在多边形属性卷展栏中设置ID为1。

图5-2-8 选择面设置ID1

03 选择如图5-2-9所示的面，设置ID为2。

图5-2-9 选择面设置ID2

04 选择如图 5-2-10 所示的面，设置 ID 为 3。

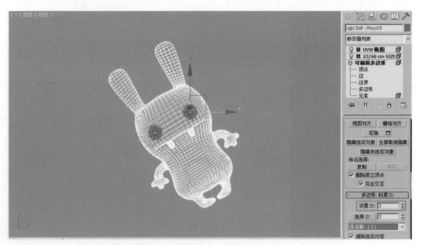

图5-2-10　选择面设置ID3

05 选择如图 5-2-11 所示的面，设置 ID 为 4。

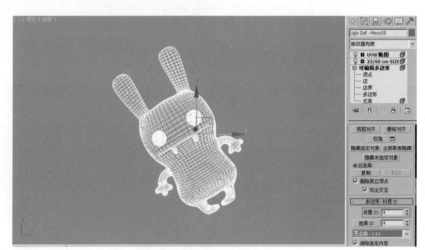

图5-2-11　选择面设置ID4

06 选择如图 5-2-12 所示的面，设置 ID 为 5。

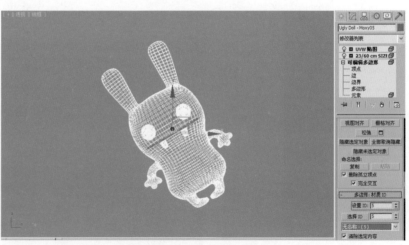

图5-2-12　选择面设置ID5

07 选择如图5-2-13所示的面，设置ID为6。

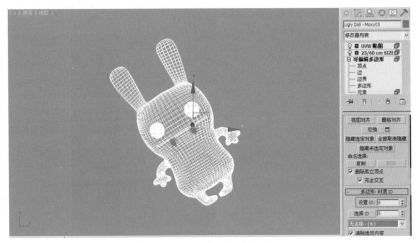

图5-2-13　选择面设置ID6

08 选择如图5-2-14所示的面，设置ID为7。

图5-2-14　选择面设置ID7

09 在设置材质之前首先要将默认的材质球转换为"多维／子对象"材质。按M键打开材质编辑器，选择一个未使用的材质球，单击材质面板中的 Standard 按钮，在弹出的"材质／贴图浏览器"对话框中选择类型为"多维／子对象"材质，如图5-2-15所示。

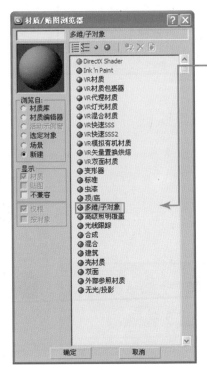

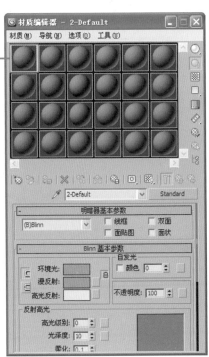

图5-2-15　设置多维子材质

10 设置多维／子材质的材质数
量,单击"设置数量"按钮,
设置"材质数量"为7,如
图 5-2-16 所示。

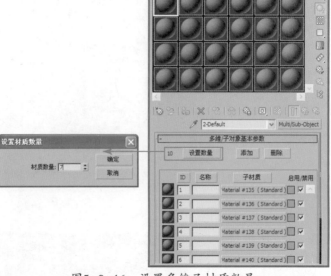

图5-2-16　设置多维子材质数量

11 打开材质编辑器,在材质编
辑器中新建一个 ●多维/子对象。
在 ID1 通道中新建一个 ●VR材质,
参数如图 5-2-17 所示。

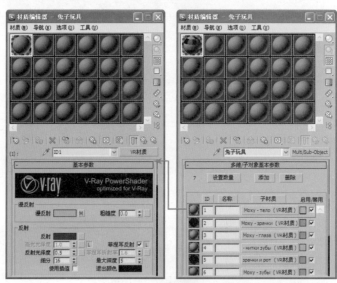

图5-2-17　设置ID1的材质

12 在新建的 ●VR材质 中,设置 ID1
的漫反射。在漫反射通道中
添加一张 ●衰减 贴图,具体参
数如图 5-2-18 所示。

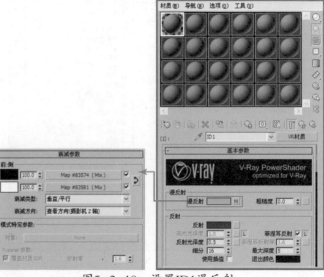

图5-2-18　设置ID1漫反射

13 打开"衰减参数"卷展栏，设置衰减通道1。在衰减通道1中添加一张 *混合* 贴图。衰减类型为"垂直／平行"。其他参数如图5-2-19所示。

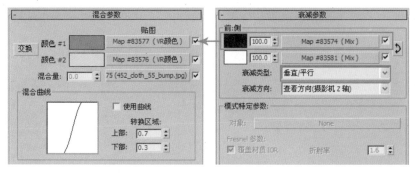

图5-2-19　设置ID1材质

14 打开混合参数，设置颜色 #1 贴图通道。在颜色 #1 贴图通道中添加一张 *VR颜色* 贴图，具体参数如图5-2-20所示。

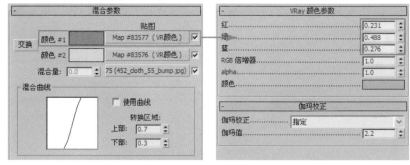

图5-2-20　设置ID1材质

15 打开 VRay 颜色参数，设置颜色数值为 131/184/142，具体参数如图5-2-21所示。

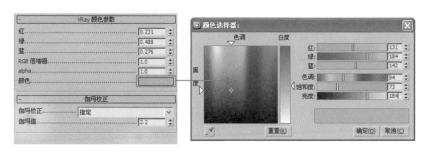

图5-2-21　设置ID1材质

16 打开混合参数，设置颜色 #2 贴图通道，在颜色 #2 贴图通道中添加一张 *VR颜色* 贴图，具体参数如图5-2-22所示。

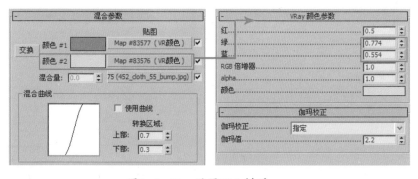

图5-2-22　设置ID1材质

17 打开 VRay 颜色参数，设置颜色数值为 186/227/195，其他参数如图5-2-23所示。

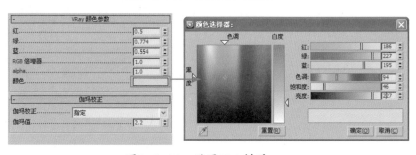

图5-2-23　设置ID1材质

18 打开混合参数，设置混合量
贴图通道。在混合量贴图通
道中添加一张 位图 贴图，其
他参数如图 5-2-24 所示。

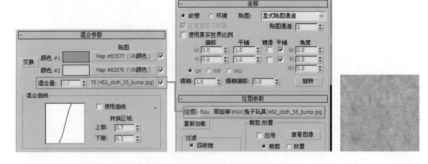

图5-2-24　设置ID1 材质

19 接着设置衰减通道2。同样
在衰减通道2 中添加一张
混合 贴图，衰减类型为"垂
直／平行"，其他参数如图
5-2-25 所示。

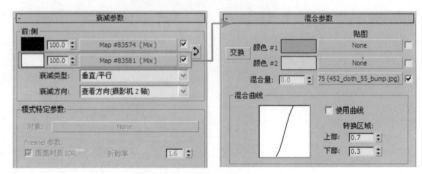

图5-2-25　设置ID1 材质

20 打开混合参数，设置颜色 #1
数值为 106/170/120，颜色
#2 数 值 为 186/227/195，
其他参数如图 5-2-26 所示。

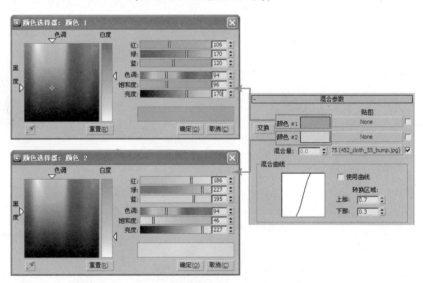

图5-2-26　设置ID1 材质

21 打开混合参数，设置混合量
贴图通道，在混合量贴图通
道中添加一张 位图 贴图，其
他参数如图 5-2-27 所示。

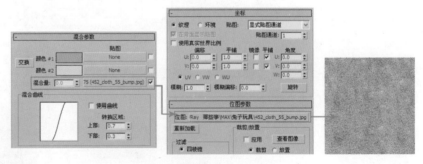

图5-2-27　设置ID1 材质

22　设置完漫反射颜色后，调整反射，颜色数值分别设置为50/50/50，"反射光泽度"设置为0.5，"细分"值设置为16，同时勾选"菲涅尔反射"选项，参数设置如图5-2-28所示。

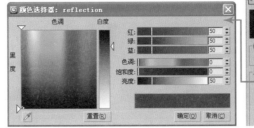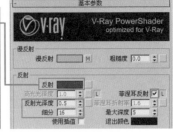

图5-2-28　设置ID1反射

23　设置完反射颜色后，设置凹凸，打开贴图卷展栏，在凹凸通道中添加一张位图贴图，凹凸的数值设置为36，参数设置如图5-2-29所示。

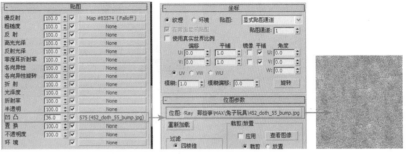

图5-2-29　设置ID1的凹凸

24　打开材质编辑器，在材质编辑器中的多维/子对象贴图中，ID2通道中新建一个VR材质，具体参数如图5-2-30所示。

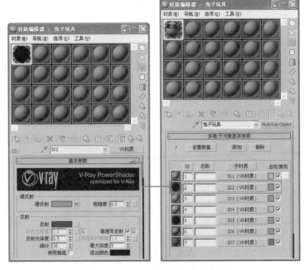

图5-2-30　设置ID2的材质

25　在新建的VR材质中，设置ID2的漫反射，在漫反射通道中添加一张混合贴图，具体参数如图5-2-31所示。

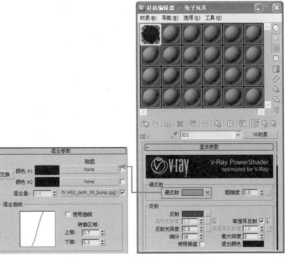

图5-2-31　设置ID2漫反射

217

26 打开混合参数，设置颜色 #1
数值为 4/4/3，颜色 #2 数
值为 2/2/2，其他参数如图
5-2-32 所示。

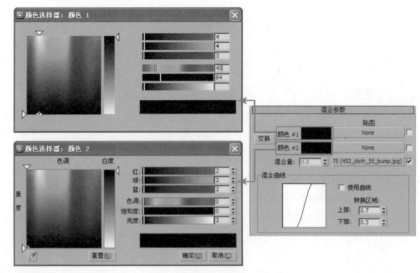

图5-2-32　设置ID2材质

27 打开混合参数，设置混合量
贴图通道。在混合量贴图通
道中添加一张 位图 贴图，参
数如图 5-2-33 所示。

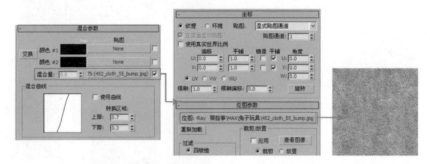

图5-2-33　设置ID2 材质

28 设置完漫反射颜色后，调整
反射，颜色数值分别设置为
50/50/50，"反射光泽度"
设置为 0.5，"细分" 值设
置为 16，同时勾选"菲涅尔
反射"选项，参数设置如图
5-2-34 所示。

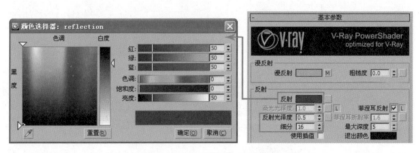

图5-2-34　设置ID2反射

29 设置完反射颜色后，设置凹凸，
打开"贴图"卷展栏，在凹
凸通道中添加一张 位图 贴
图，凹凸的数值设置为 20，
参数设置如图 5-2-35 所示。

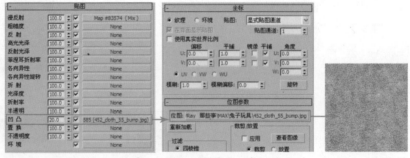

图5-2-35　设置ID2的凹凸

30 打开材质编辑器,在 ●多维/子对象 贴图的 ID3 通道中新建一个 ●VR材质,具体参数如图 5-2-36 所示。

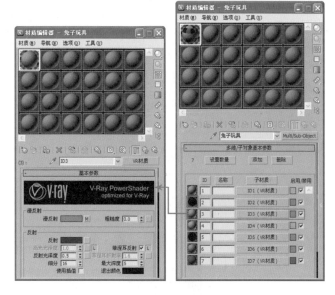

图5-2-36　设置ID3的材质

31 在新建的 ●VR材质 中,设置 ID3 的漫反射,在漫反射通道中添加一张 ■混合 贴图。具体参数如图 5-2-37 所示。

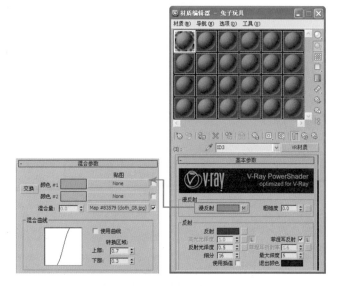

图5-2-37　设置ID3漫反射

32 打开混合参数,设置颜色 #1 数值为 166/163/115,颜色 #2 数值为 186/175/152,具体参数如图 5-2-38 所示。

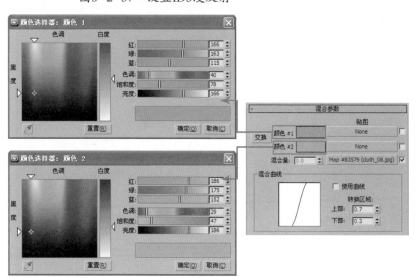

图5-2-38　设置ID3材质

33 打开混合参数，设置混合量贴图通道。在混合量贴图通道中添加一张 位图 贴图，"平铺"数值设置为U2/V2，具体参数如图5-2-39所示。

图5-2-39　设置ID3材质

34 设置完漫反射颜色后，调整反射，颜色数值分别设置为50/50/50，"反射光泽度"设置为0.5，"细分"值设置为16，同时勾选"菲涅尔反射"选项，参数设置如图5-2-40所示。

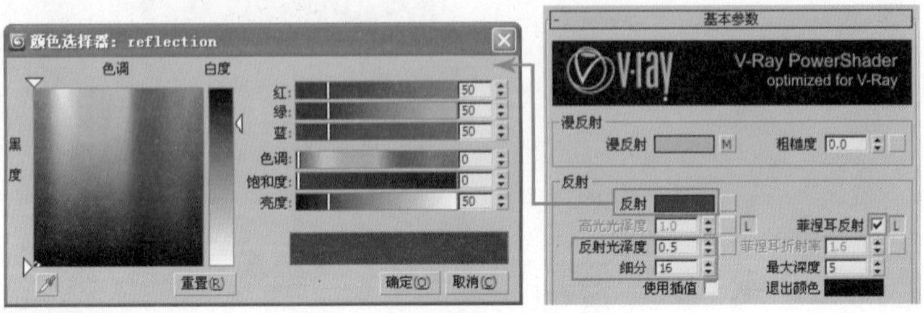

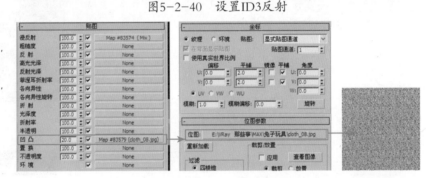

图5-2-40　设置ID3反射

35 设置完反射颜色后，设置凹凸。打开"贴图"卷展栏，在凹凸通道中添加一张 位图 贴图，凹凸的数值设置为20，"平铺"设置为U/2V/2，参数设置如图5-2-41所示。

图5-2-41　设置ID3的凹凸

36 打开材质编辑器，在材质编辑器中的 多维/子对象 贴图中，ID4通道中新建一个 VR材质，具体参数如图5-2-42所示。

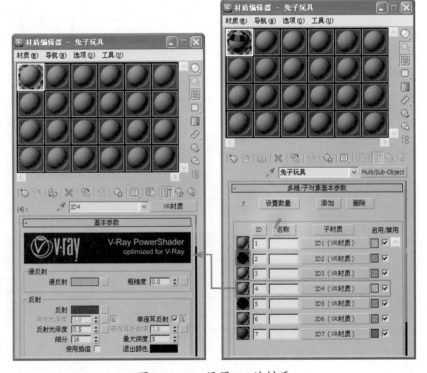

图5-2-42　设置ID4的材质

37 在新建的 VR材质 中，设置ID4
的漫反射，设置漫反射颜色
数值为 255/155/0，具体参
数如图 5-2-43 所示。

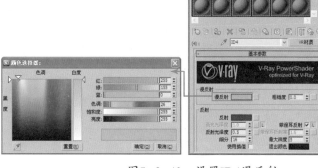

图5-2-43　设置ID4漫反射

38 设置完漫反射颜色后，调整
反射，颜色数值分别设置为
50/50/50，"反射光泽度"
设置为 0.5，"细分" 值设
置为 16，同时勾选"菲涅尔
反射"选项，参数设置如图
5-2-44 所示。

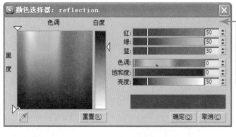

图5-2-44　设置ID4反射

39 设置完反射颜色后，设置凹
凸。打开贴图卷展栏，在凹
凸通道中添加一张 位图 贴
图，凹凸的数值设置为 20，
"平铺"设置为U/2V/2，参
数设置如图 5-2-45 所示。

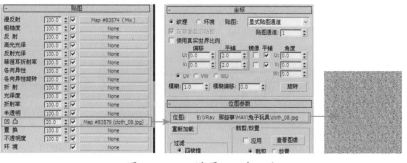

图5-2-45　设置ID4的凹凸

40 打开材质编辑器，在材质编
辑器中的 多维/子对象 贴图中，
ID5 通道中新建一个 VR材质，
参数如图 5-2-46 所示。

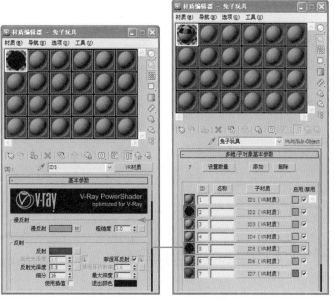

图5-2-46　设置ID5的材质

41 在新建的 ●VR材质 中,设置 ID5
的漫反射。在漫反射通道中
添加一张 位图 贴图,具体参
数如图 5-2-47 所示。

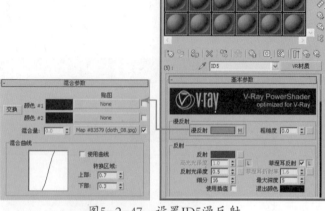

图5-2-47　设置ID5漫反射

42 打开混合参数,设置颜色 #1
数值为 4/4/3,颜色 #2 数
值为 2/2/2,具体参数如图
5-2-48 所示。

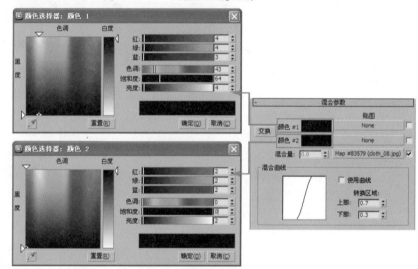

图5-2-48　设置ID5材质

43 打开混合参数,设置混合量
贴图通道。在混合量贴图通
道中添加一张 位图 贴图,"平
铺"数值设置为 U2/V2,具
体参数如图 5-2-49 所示。

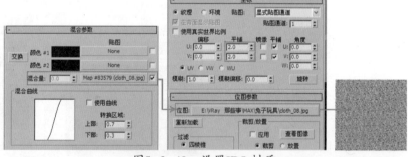

图5-2-49　设置ID5 材质

44 设置完漫反射颜色后,调整
反射,颜色数值分别设置为
50/50/50,"反射光泽度"
设置为 0.5,"细分"值设
置为 16,同时勾选"菲涅尔
反射"选项。参数设置如图
5-2-50 所示。

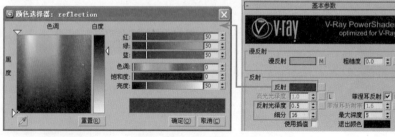

图5-2-50　设置ID5反射

45 设置完反射颜色后，设置凹凸。打开"贴图"卷展栏，在凹凸通道中添加一张 位图 贴图，凹凸的数值设置为20，"平铺"数值设置为U2/V2。参数设置如图5-2-51所示。

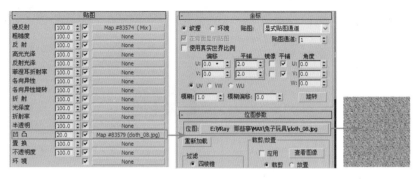

图5-2-51 设置ID5的凹凸

46 打开材质编辑器，在材质编辑器中的 多维/子对象 贴图中，ID6通道中新建一个 VR材质，具体参数如图5-2-52所示。

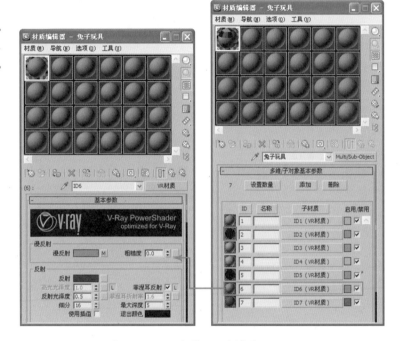

图5-2-52 设置ID6的材质

47 在新建的 VR材质 中，设置ID6的漫反射。在漫反射通道中添加一张 混合 贴图，具体参数如图5-2-53所示。

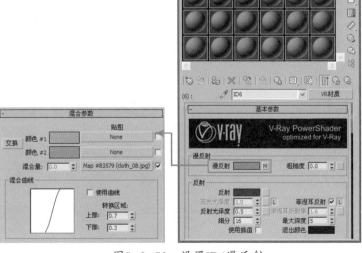

图5-2-53 设置ID6漫反射

48 打开混合参数，设置颜色 #1 数值为 192/161/19，颜色 #2 数值为 170/142/11。具体参数如图 5-2-54 所示。

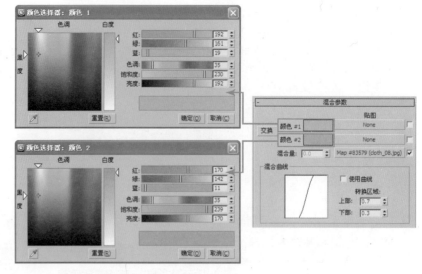

图5-2-54 设置ID6材质

49 打开混合参数，设置混合量贴图通道。在混合量贴图通道中添加一张 位图 贴图，"平铺"数值设置为 U2/V2，具体参数如图 5-2-55 所示。

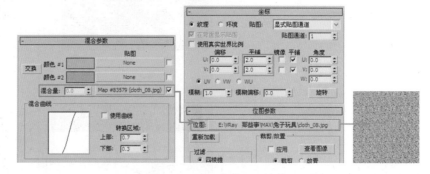

图5-2-55 设置ID6材质

50 设置完漫反射颜色后，调整反射。颜色数值分别设置为 50/50/50，"反射光泽度"设置为 0.5，"细分"值设置为 16，同时勾选"菲涅尔反射"选项，参数设置如图 5-2-56 所示。

图5-2-56 设置ID6反射

51 设置完反射颜色后，设置凹凸。打开贴图卷展栏，在凹凸通道中添加一张 位图 贴图，凹凸的数值设置为 20，"平铺"数值设置为 U2/V2，参数设置如图 5-2-57 所示。

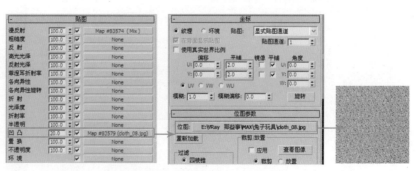

图5-2-57 设置ID6的凹凸

52 打开材质编辑器，在材质编辑器中的 ◎多维/子对象 贴图中。ID7 通道中新建一个 ◎VR材质，具体参数如图 5-2-58 所示。

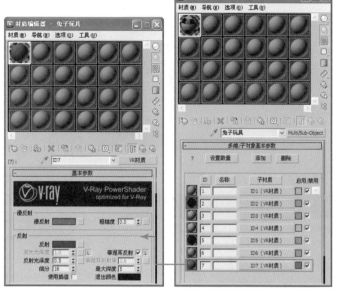

图5-2-58　设置ID7的材质

53 在新建的 ◎VR材质 中，设置 ID7 的漫反射。设置漫反射颜色数值为 117/89/44，其他参数如图 5-2-59 所示。

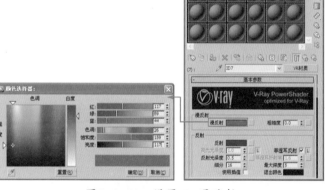

图5-2-59　设置ID7漫反射

54 设置完漫反射颜色后，调整反射，颜色数值分别设置为 50/50/50，"反射光泽度"设置为 0.5，"细分"值设置为 16，同时勾选"菲涅尔反射"选项，参数设置如图 5-2-60 所示。

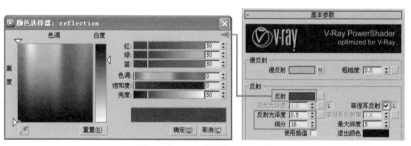

图5-2-60　设置ID7反射

55 设置完反射颜色后，设置凹凸。打开"贴图"卷展栏，在凹凸通道中添加一张 ◎位图 贴图，凹凸的数值设置为 20，"平铺"设置为 U1/V1，参数设置如图 5-2-61 所示。

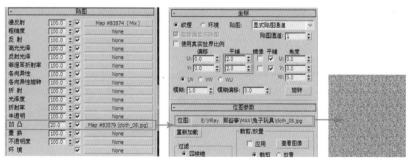

图5-2-61　设置ID7的凹凸

56 参数设置完成，材质球最终的显示效果如图 5-2-62 所示。

图5-2-62　兔子玩具材质球

5.2.3　漫反射与凹凸贴图的共用

01 兔子玩具材质设置完成后，设置绳子材质。打开材质编辑器，在材质编辑器中新建一个 ⊙VR材质，设置绳子的漫反射。在漫反射通道中添加一张 ⊿位图 贴图，具体参数如图 5-2-63 所示。

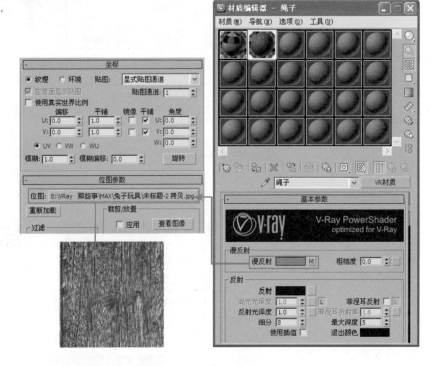

图5-2-63　设置绳子漫反射

02 设置完漫反射颜色后，设置凹凸，打开"贴图"卷展栏，将漫反射通道中的贴图以"实例"的方式复制到凹凸通道中。凹凸的数值设置为 60，参数设置如图 5-2-64 所示。

图5-2-64　设置绳子的凹凸

03 参数设置完成，材质球最终的显示效果如图5-2-65所示。

图5-2-65 绳子材质球

5.2.4 正确设置 UVW 贴图

01 绳子材质设置完成后，设置壁纸材质。打开材质编辑器，在材质编辑器中新建一个 ●VR材质，设置壁纸的漫反射，在漫反射通道中添加一张 位图 贴图，具体参数如图5-2-66所示。

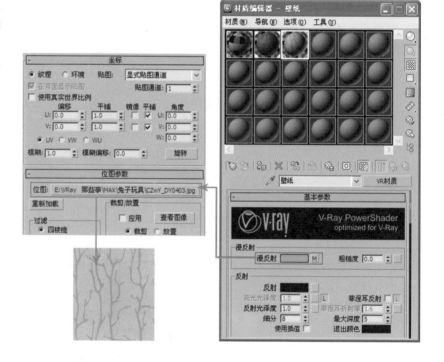

图5-2-66 设置壁纸漫反射

02 设置完漫反射后，设置凹凸，打开贴图卷展栏，将漫反射通道中的贴图以实例的方式复制到凹凸通道中，凹凸的数值设置为20，参数设置如图5-2-67所示。

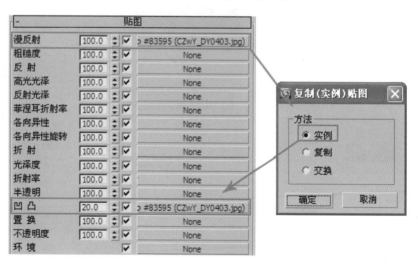

图5-2-67 设置壁纸的凹凸

03 设置 UVW 贴图，选择壁纸模型，在修改器列表中添加"UVW 贴图"修改器，设置贴图类型为"长方体"，将长度、宽度与高度参数均设置为 1500mm，"U 向平铺"和"V 向平铺"参数均设置为 0.9，具体设置如图 5-2-68 所示。

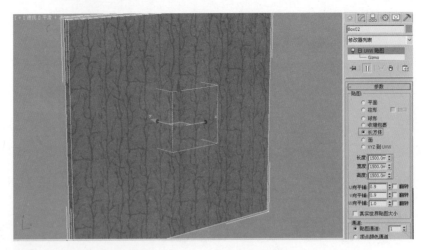

图5-2-68　设置UVW贴图

04 参数设置完成，材质球最终的显示效果如图 5-2-69 所示。

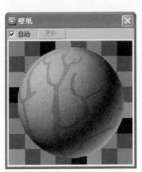

图5-2-69　壁纸材质球

5.2.5　跟踪反射选项的作用

01 接下来设置墙面的材质，在材质编辑器中新建一个 ● VR材质，设置墙面材质的漫反射，将漫反射得颜色数值分别设置为 255/99/99，参数设置如图 5-2-70 所示。

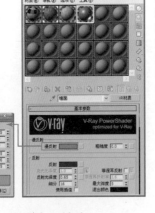

图5-2-70　设置墙面材质

02 调整反射，反射并不是特别大，将颜色数值分别设置为 39/39/39，"反射光泽度"设置为 0.65，"细分"值设置为 16，参数设置如图 5-2-71 所示。

图5-2-71　设置墙面反射

03 在"选项"卷展栏中取消勾选"跟踪反射"选项，这样会让墙面渲染出高光，而没有反射，如图 5-2-72 所示。

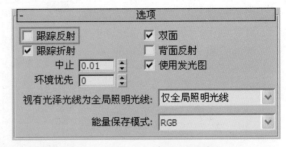

图5-2-72　去掉跟踪反射

加速点：

取消勾选"选项"卷展栏里的"跟踪反射"选项，可以让材质保留高光点的同时，又能取消反射现象，从而提升渲染速度。

04 参数设置完成，材质球最终的
显示效果如图 5-2-73 所示。

空间中的材质已经设置完毕，查看赋予材质后的效果，如图
5-2-74所示。

图5-2-73　墙面材质球

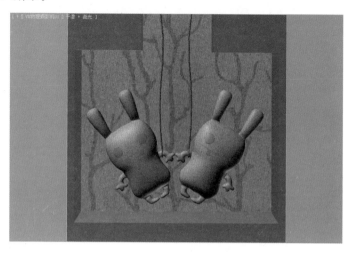

图5-2-74　赋予材质后的空间

5.2.6　背景颜色模拟天空光

按 8 键，打开"环境和效果"面板，设置背景
颜色数值为 45/45/45，如图 5-2-75 所示。

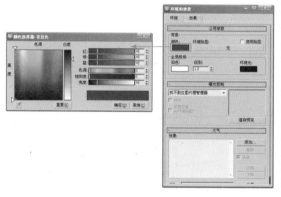

图5-2-75　创建天空光

5.2.7　不同角度 VRay 灯光的创建

01 首先创建墙面处的光源，用来照亮场景。单击
创建命令面板中的 图标，在相应的面板中，单
击 VRay 类型中的"VRay 灯光"按钮，将灯光的
类型设置为"面光源"，如图 5-2-76 所示。

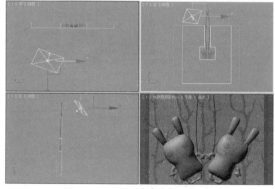

图5-2-76　创建VRay灯光

02 设置灯光大小为 800mm×800mm，设置灯光的
颜色分别为 240/254/233，颜色"倍增器"为 8，
参数设置如图 5-2-77 所示。

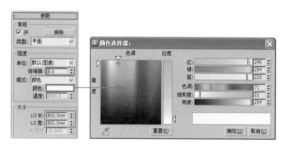

图5-2-77　设置VRay灯光参数

03 在采样设置面板中设置"细分"值为 16，参数
设置如图 5-2-78 所示。

图5-2-78　设置VRay灯光参数

04 接着创建了另一面 VRay 光源，照亮墙的另一侧。
单击 创建命令面板中的 图标，在相应的面
板中，单击 VRay 类型中的"VRay 灯光"按钮，
将灯光的类型设置为"面光源"，如图 5-2-79
所示。

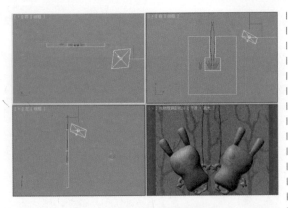

图5-2-79　创建VRay灯光

05 设置灯光大小为800mm×800mm，设置灯光的颜色分别为255/224/190，颜色"倍增器"为1，参数设置如图5-2-80所示。

图5-2-80　设置VRay灯光参数

06 在采样设置面板中设置"细分"值为16，参数设置如图5-2-81所示。

图5-2-81　设置VRay灯光参数

5.2.8 自由灯光模拟射灯的效果

01 创建VRay灯光后，创建一盏进行局部照射兔子玩具的射灯，单击 创建命令面板中的 图标，在相应的面板中，单击"光度学"类型中的"自由灯光"按钮，将灯光的类型设置为"光度学 Web"，如图5-2-82所示。

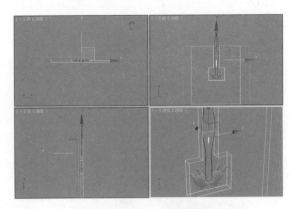

图5-2-82　创建射灯

02 创建自由灯光，开启灯光，设置阴影为"VRay 阴影"。同时设置灯光分布类型为"光度学 Web"，参数设置如图5-2-83所示。

图5-2-83　设置自由灯光参数

03 设置自由灯光的颜色分别为162/255/133，"强度"设置为3000，在"图形／区域阴影"卷展栏中使用默认的"点光源"方式，参数设置如图5-2-84所示。

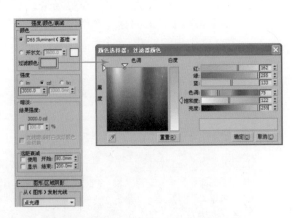

图5-2-84　设置自由灯光参数

04 单击"选择分布光度学文件"按钮，找到相应文件，参数设置如图5-2-85所示。

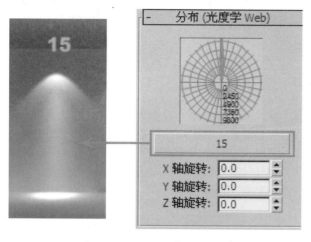

图5-2-85 设置自由灯光参数

05 在"VRay 阴影参数"卷展栏中，勾选"区域阴影"选项，并选择"球体"方式，大小设置为U80/V80/W80，参数设置如图 5-2-86 所示。

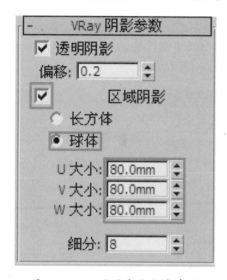

图5-2-86 设置自由灯光参数

提示：

在"VRay阴影参数"中勾选"区域阴影"时，光源会产生一个面积模糊阴影，它会产生一种从由清晰变模糊的投影。UVW尺寸是用于控制阴影的模糊大小，细分值是用于控制模糊的颗粒感，值越高越能产生平滑细腻的模糊阴影，但渲染时间会增加。

5.2.9 场景渲染面板设置

01 按快捷键F10打开VRay渲染器面板，设置VRay的全局开关，进入 V-Ray:: 全局开关[无名] ，将默认灯光设置为"关"的状态，其实默认灯光选项在空间中有光源的情况下就会自动失效，设置参数如图5-2-87所示。

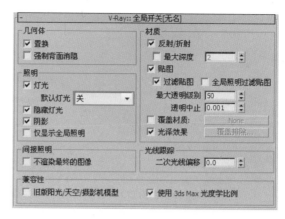

图5-2-87 设置全局开关参数

02 设置成图图像抗锯齿，进入 V-Ray:: 图像采样(反锯齿) ，设置图像采样器的类型为"自适应确定性蒙特卡洛"，打开"抗锯齿过滤器"，设置类型为"VRay蓝佐斯过滤器"，如图5-2-88所示。

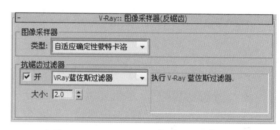

图5-2-88 设置图像采样器参数

03 进入 V-Ray:: 间接照明(GI) ，打开全局光焦散，设置全局光引擎类型，首次反弹类型为"发光图"，二次反弹类型为"灯光缓存"，之后使用的类型都是这两种，发光图与灯光缓存相结合渲染速度比较快，质量也比较好，同时开启环境阻光，起到影子真实的效果作用，如图5-2-89所示。

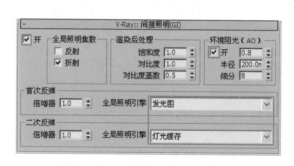

图5-2-89 设置间接照明参数

04 进入 V-Ray:: 发光图[无名] ，设置发光图参数，设置当前预置为"中"，打开"细节增强"选项，由于单体模型本来占用空间就很小，所以不需要设置保存路径，灯光缓存与发光贴图同理，如图5-2-90所示。

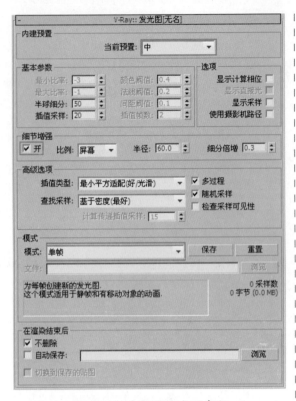

图5-2-90　设置发光图参数

05 进入 V-Ray:: 灯光缓存，将灯光缓存的"细分"值设为1000，在"重建参数"中勾选"对光泽光线使用灯光缓存"选项，这会加快渲染速度，对渲染质量没有任何影响，设置如图5-2-91所示。

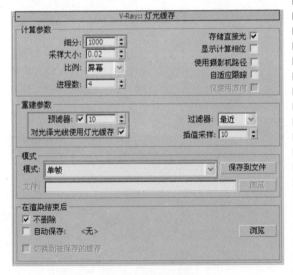

图5-2-91　设置灯光缓存参数

06 进入 V-Ray:: 确定性蒙特卡洛采样器，设置"适应数量"值为0.8，具体参数如图5-2-92所示。

图5-2-92　设置参数

07 进入 V-Ray:: 颜色贴图，设置类型为"线性倍增"，"变亮倍增器"设置为1.2。这种模式将基于图像的亮度来进行每个像素的亮度倍增。那些太亮的颜色成分（在255之上或0之下的）将会被抑制，如图5-2-93所示。

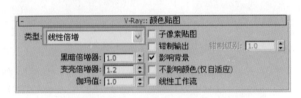

图5-2-93　设置颜色贴图参数

08 进入渲染器公用面板，设置渲染图像分辨率，一般渲染输出文件是以TGA格式为主，参数如图5-2-94所示。

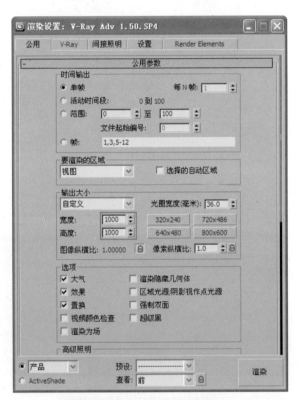

图5-2-94　设置渲染图像大小

09 设置完成后，单击"渲染"按钮即可渲染最终图像，渲染最终效果如图5-2-95所示。

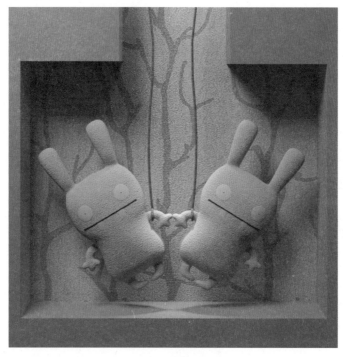

图5-2-95 最终渲染效果

提示：
本实例的讲解视频，请参看光盘\视频教学\第5章\"兔子玩具"中的内容。

5.3 实例：衣篓的灯光与渲染

⊙本案例主要表现了衣篓中材质的质感，以及讲述灯光的创建，最终效果如图5-3-1所示。

图5-3-1 最终效果

5.3.1　俯视摄影机的角度设置

01 首先来讲述空间中摄影机的创建方法，在  面板中单击 VR物理摄影机 按钮，如图5-3-2所示。

02 切换到顶视图中，创建空间中的摄影机。按住鼠标在顶视图中创建一个摄影机，具体位置如图5-3-3所示。

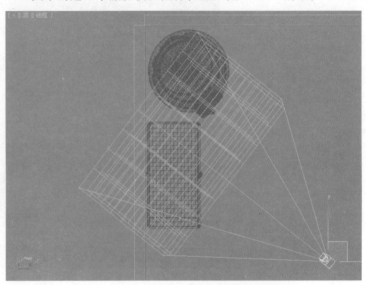

图5-3-2　选择摄影机

图5-3-3　摄影机顶视图角度位置

03 切换到前视图中，调整摄影机位置，如图5-3-4所示。

图5-3-4　前视图摄影机位置

04 再切换到左视图中，调整摄影机位置，如图5-3-5所示。

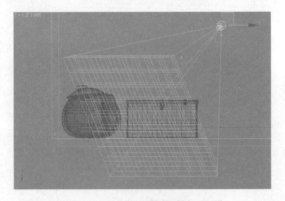

图5-3-5　左视图摄影机位置

05 在修改器列表中，设置摄影机的参数，具体设置如图5-3-6所示。

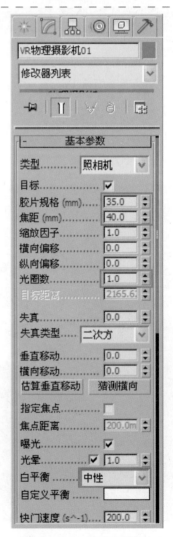

图5-3-6　摄影机参数

空间的材质有衣篓和地面的材质，下面详细的介绍衣篓材质的具体设置方法。

5.3.2 多维／子对象材质的设置

01 打开配套光盘中的"衣篓.max"文件，如图5-3-7所示。

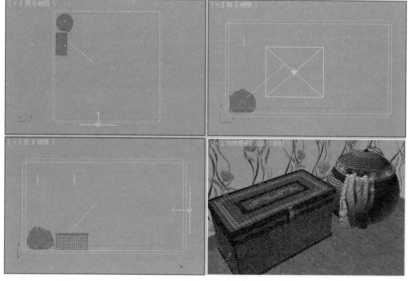

图5-3-7 空间模型

02 设置方形衣篓材质，方形衣篓材质为"多维／子对象"材质，设置模型的ID号。在编辑多边形的"多边形"级别中，选择如图5-3-8所示的面，在多边形属性卷展栏中设置ID为1。

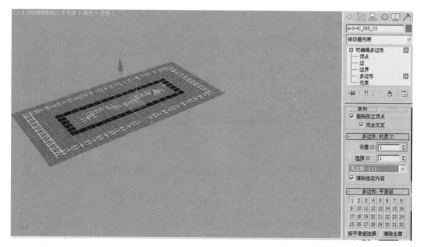

图5-3-8 选择面设置ID1

03 选择如图5-3-9所示的面，设置ID为2。

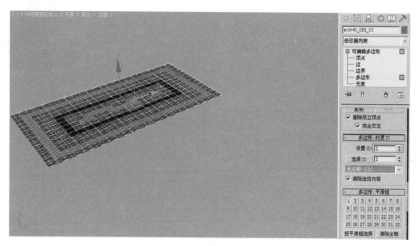

图5-3-9 选择面设置ID2

04 选择如图5-3-10所示的面，设置 ID 为3。

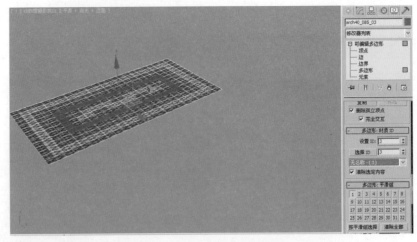

图5-3-10　选择面设置ID3

05 在设置材质之前首先要将默认的材质球转换为"多维／子对象"材质。按 M 键打开材质编辑器，选择一个未使用的材质球，单击材质面板中的 Standard 按钮，在弹出的"材质／贴图浏览器"对话框中选择类型为"多维／子对象"材质，如图5-3-11所示。

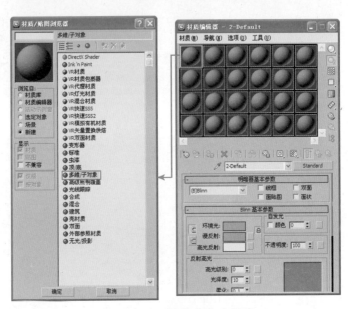

图5-3-11　设置多维子材质

06 设置多维／子材质的材质数量，单击"设置数量"按钮，设置"材质数量"为3，如图5-3-12所示。

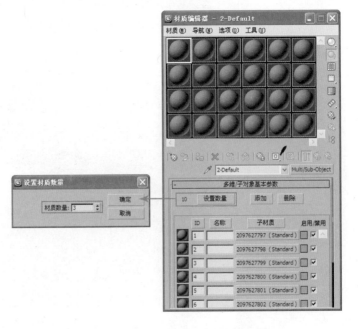

图5-3-12　设置多维子材质数量

07 在材质编辑器中创建一个
●多维/子对象。在ID1竹藤通
道中新建一个●VR材质，设置
ID1竹藤1的漫反射。在漫
反射通道中添加一张 ●位图 贴
图，贴图"模糊"值设置为
0.3，"平铺"为U60/V6，"角
度"为W90，具体参数如图
5-3-13所示。

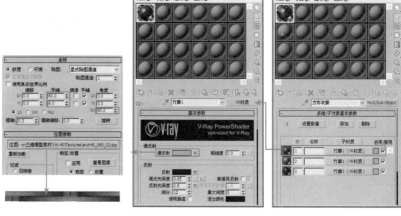

图5-3-13 设置ID1的漫反射

08 设置ID1竹藤的反射。在反
射通道中添加一张 ●位图 贴
图。贴图"模糊"值设置为0.3，
"平铺"为U60/V6，"角度"
为W90，"高光光泽度"设
置为0.65，"细分"值设置
为12，具体参数如图5-3-14
所示。

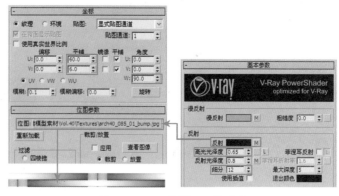

图5-3-14 设置ID1的反射

09 在"贴图"卷展栏中，将漫
反射通道的贴图以"实例"
的方式复制到凹凸贴图通道
中，凹凸贴图参数设置为30，
其他参数如图5-3-15所示。

图5-3-15 设置竹藤1的凹凸

10 在"贴图"卷展栏中，将反
射通道的贴图以"实例"的
方式复制到反射光泽贴图通
道中，反射贴图参数设置为
10，其他参数如图5-3-16
所示。

图5-3-16 设置竹藤1的反射光泽度

11 在 ID2 竹藤通道中新建一个 ●VR材质，设置 ID2 竹藤 2 的漫反射。在漫反射通道中添加一张 ▱位图 贴图，贴图"模糊"值设置为 0.3，"平铺"为 U60/V6，角度为 W90，其他参数如图 5-3-17 所示。

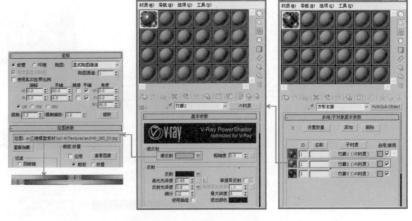

图5-3-17　设置ID2的漫反射

12 设置 ID2 竹藤的反射，在反射通道中添加一张 ▱位图 贴图。贴图"模糊"值设置为 0.1，"平铺"为 U60/V6，"角度"为 W90，"高光光泽度"设置为 0.65，"细分"值设置为 12，其他参数如图 5-3-18 所示。

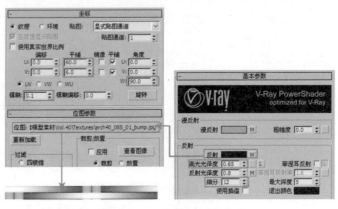

图5-3-18　设置ID2的反射

13 在"贴图"卷展栏中，将漫反射通道的贴图以"实例"的方式复制到凹凸贴图通道中，凹凸贴图参数设置为 30，其他参数如图 5-3-19 所示。

图5-3-19　设置竹藤2的凹凸

14 在"贴图"卷展栏中，将反射通道的贴图以"实例"的方式复制到反射光泽贴图通道中，反射贴图参数设置为 10，参数如图 5-3-20 所示。

图5-3-20　设置竹藤2的反射光泽度

15 在ID3竹藤通道中新建一个 VR材质，设置ID3竹藤3的漫反射。在漫反射通道中添加一张 位图 贴图，贴图"模糊"值设置为0.3，"平铺"为U60/V6，"角度"为W90，其他参数如图5-3-21所示。

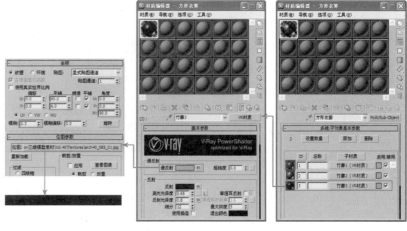

图5-3-21　设置ID3的漫反射

16 设置ID3竹藤的反射。在反射通道中添加一张 位图 贴图。贴图"模糊"值设置为0.1，"平铺"为U60/V6，"角度"为W90，"高光光泽度"设置为0.65，"细分"值设置为12，具体参数如图5-3-22所示。

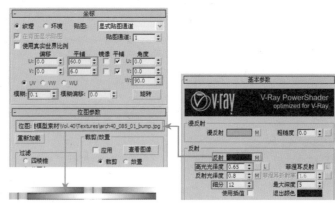

图5-3-22　设置ID3的反射

17 在"贴图"卷展栏中，将漫反射通道的贴图以"实例"的方式复制到凹凸贴图通道中，凹凸贴图参数设置为30，其他参数如图5-3-23所示。

图5-3-23　设置竹藤3的凹凸

18 在"贴图"卷展栏中，将反射通道的贴图以"实例"的方式复制到反射光泽贴图通道中，反射贴图参数设置为10，其他参数如图5-3-24所示。

图5-3-24　设置竹藤3的反射光泽度

19 参数设置完成，材质球最终的显示效果如图5-3-25所示。

图5-3-25 方形衣篓材质球

20 方形衣篓材质设置完成后，设置红色亚麻材质。打开材质编辑器，在材质编辑器中新建一个 ◉VR材质，设置红色亚麻的漫反射，在漫反射通道中添加一张 ◢VR合成纹理 贴图。具体参数如图5-3-26所示。

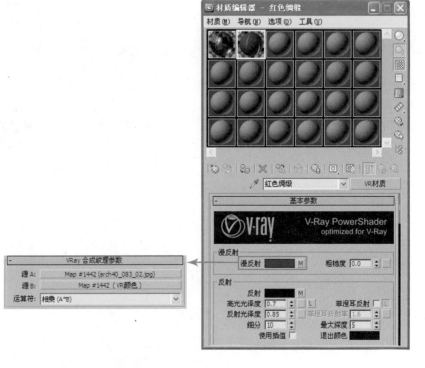

图5-3-26 设置红色亚麻的漫反射

21 在合成纹理参数中在源A的通道中添加一张 ◢位图 贴图。设置"平铺"为U2.5/V2.5。其他参数如图5-3-27所示。

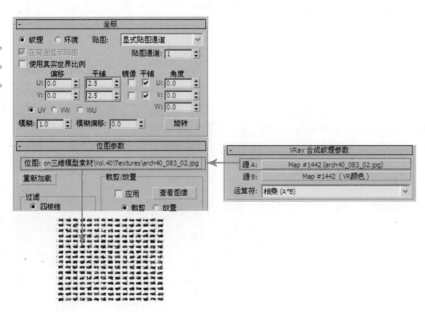

图5-3-27 设置红色亚麻的贴图

22　在合成纹理参数中，在源 B 的通道中添加一张 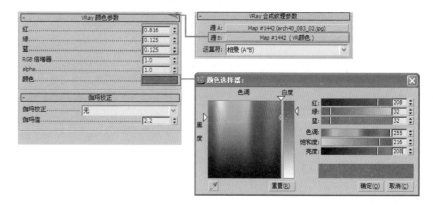 贴图。设置颜色参数为 208/32/32，其他参数如图 5-3-28 所示。

图5-3-28　设置红色亚麻

23　在合成纹理参数中，设置运算符模式为"相乘 A×B"，其他参数如图 5-3-29 所示。

图5-3-29　设置红色亚麻的漫反射

24　设置完漫反射后，调整反射，在反射通道中添加一张  贴图。"高光光泽度"设置为 0.7，"反射光泽度"设置为 0.85，"细分"值设置为 10，其他参数如图 5-3-30 所示。

图5-3-30　设置红色亚麻的反射

25　设置衰减参数，设置衰减颜色 #1 数值分别为 7/7/7，颜色 #2 数值分别为 20/20/20。衰减类型设置为"垂直／平行"，参数设置如图 5-3-31 所示。

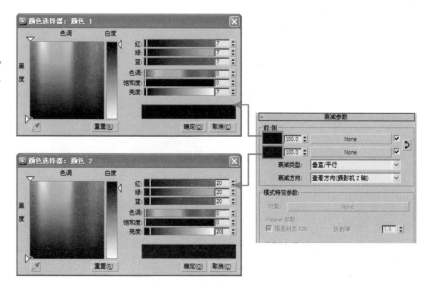

图5-3-31　设置衰减参数

26 在"贴图"卷展栏中，设置凹凸贴图，在凹凸通道中添加一张  位图 贴图。贴图"模糊"值设置为0.1，"平铺"为U2.5/V2.5，"凹凸"参数设置为5，其他参数如图5-3-32所示。

图5-3-32　设置红色亚麻的凹凸

27 参数设置完成，材质球最终的显示效果如图5-3-33所示。

图5-3-33　红色亚麻材质球

5.3.3　漫反射与凹凸贴图的共用

01 接下来设置木地板的材质，在材质编辑器中新建一个 ◉VR材质，设置木地板材质的漫反射，在漫反射通道中添加一张 位图 贴图，贴图"模糊"值为0.1，参数设置如图5-3-34所示。

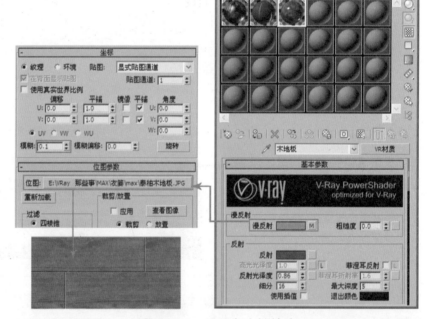

图5-3-34　设置木地板材质

02 调整反射，反射并不是特别大，将颜色数值分别设置为67/67/67，"反射光泽度"设置为0.86，"细分值"设置为16，参数设置如图5-3-35所示。

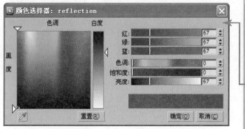
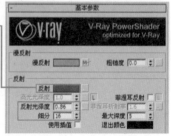

图5-3-35　设置木地板反射

03 在"贴图"卷展栏中,将漫反射通道的贴图以"实例"的方式复制到凹凸贴图通道中,凹凸贴图参数设置为30,具体参数如图5-3-36所示。

图5-3-36 设置木地板的凹凸

04 设置UVW贴图,选择木地板模型,在修改器列表中添加"UVW贴图"修改器,设置贴图类型为"长方体",将长度、宽度与高度参数均设置为300mm,设置如图5-3-37所示。

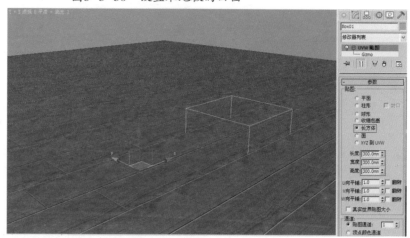

图5-3-37 设置UVW贴图

05 参数设置完成,材质球最终的显示效果如图5-3-38所示。

图5-3-38 木地板材质球

5.3.4 有凹凸纹理的壁纸材质

01 接着设置壁纸的材质,在材质编辑器中新建一个 VR材质,设置壁纸材质的漫反射,在漫反射通道中添加一张 位图 贴图,参数设置如图5-3-39所示。

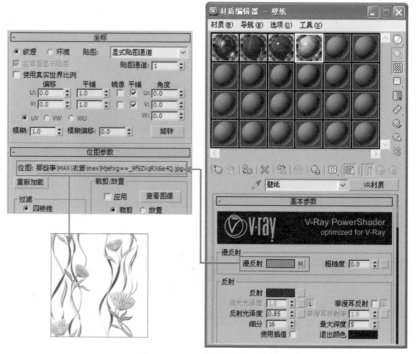

图5-3-39 设置壁纸材质

02 设置完漫反射后，调整反射，颜色数值分别设置为37/37/37，"反射光泽度"设置为0.85，"细分"值设置为16，参数设置如图5-3-40所示。

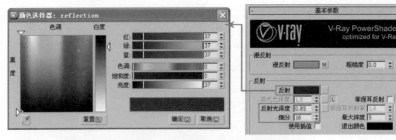

图5-3-40　设置壁纸的反射

03 在"贴图"卷展栏中，在凹凸贴图通道中添加一张 位图 黑白贴图，凹凸贴图参数设置为10，其他参数如图5-3-41所示。

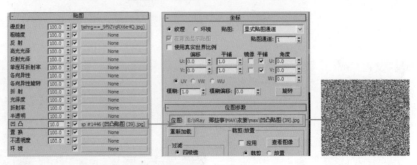

图5-3-41　设置壁纸的凹凸

04 设置UVW贴图，选择壁纸模型，在修改器列表中添加"UVW贴图"修改器，设置贴图类型为"长方体"，将长度、宽度与高度参数均设置为800mm，具体设置如图5-3-42所示。

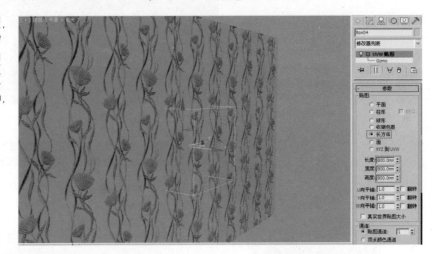

图5-3-42　设置UVW贴图

05 参数设置完成，材质球最终的显示效果如图5-3-43所示。

图5-3-43　壁纸材质球

5.3.5　材质细分参数的控制

01 设置踢脚线的材质，在材质编辑器中新建一个 VR材质 ，设置踢脚线材质的漫反射，在漫反射通道中添加一张 位图 贴图，参数设置如图5-3-44所示。

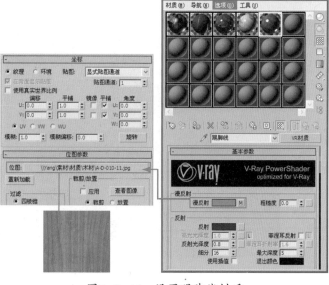

图5-3-44 设置踢脚线材质

02 设置完漫反射后，调整反射，颜色数值分别设置为50/50/50，"反射光泽度"设置为0.8，"细分"值设置为16，参数设置如图5-3-45所示。

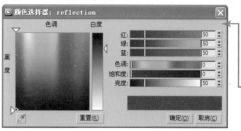

图5-3-45 设置踢脚线的反射

03 设置UVW贴图，选择踢脚线模型，在修改器列表中添加"UVW贴图"修改器，设置贴图类型为"长方体"，将长度、宽度与高度参数均设置为100mm，具体设置如图5-3-46所示。

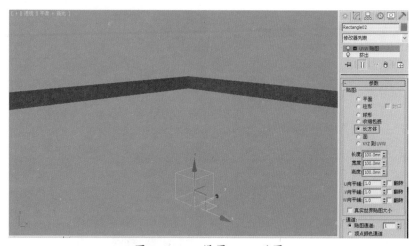

图5-3-46 设置UVW贴图

04 参数设置完成，材质球最终的显示效果如图5-3-47所示。

图5-3-47 踢脚线材质球

空间中的材质已经设置完毕，查看赋予材质后的效果，如图5-3-48所示。

图5-3-48 赋予材质后的空间

5.3.6 VR天空光模拟室外光的设置

01 按8键，打开"环境和效果"
面板。在环境贴图面板中
添加一张 VR天空 贴图，如图
5-3-49所示。

图5-3-49 创建VRay天空

02 将VRay天空按"实例"方式
拖入材质编辑器中。设置"太
阳强度倍增器"为0.1，如
图5-3-50所示。

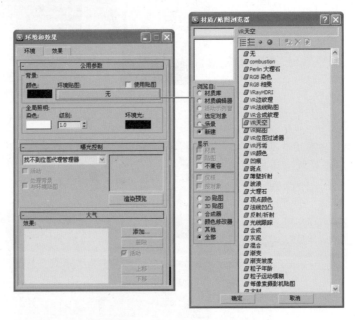

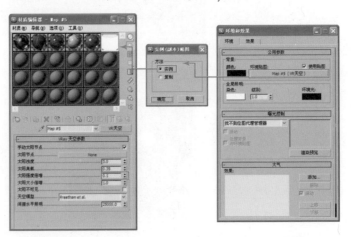

图5-3-50 以实例方式复制VRay天空到材质编辑器

5.3.7 创建窗户位置的 VR 灯光

01 在这个空间中创建一面 VRay 灯光模拟室外光。单击创建命令面板中的图标，在相应的面板中，单击 VRay 类型中的 "VRay 灯光" 按钮，创建灯光大小与窗口大小一致，将灯光的类型设置为 "平面"，如图 5-3-51 所示。

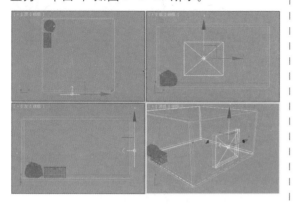

图5-3-51 创建VRay灯光

02 设置灯光大小为 900mm×750mm，设置灯光的颜色分别为 254/229/127，灯光强度 "倍增器" 为 10，参数设置如图 5-3-52 所示。

图5-3-52 设置VRay灯光参数

03 在选项设置面板中勾选 "不可见" 选项，并设置 "细分" 值为 24，参数设置如图 5-3-53 所示。

图5-3-53 设置VRay灯光参数

5.3.8 IES 属性光源的设置

01 创建 VRay 灯光后，创建射灯对衣篓模型进行局部照明，单击创建命令面板中的图标，在相应的面板中，单击 "光度学" 类型中的 "自由灯光" 按钮，将灯光的类型设置为 "光度学 Web"，如图 5-3-54 所示。

图5-3-54 创建射灯

02 创建自由灯光，开启灯光，设置阴影为 "VRay 阴影"。同时设置灯光分布类型为 "光度学 Web" 类型，参数设置如图 5-3-55 所示。

图5-3-55 设置自由灯光参数

03 设置自由灯光的颜色分别为 255/255/255，"强度" 设置为 30000，在 "图形/区域阴影" 卷展栏下使用默认的 "点光源" 方式，参数设置如图 5-3-56 所示。

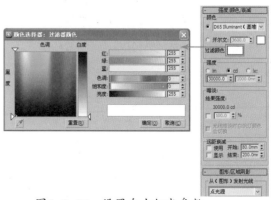

图5-3-56 设置自由灯光参数

04 单击"分布光度学文件"按钮找到文件,参数设置如图5-3-57所示。

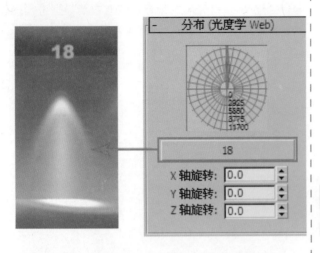

图5-3-57 设置自由灯光参数

> **提示:**
>
> 光域网是灯光的一种物理性质,用来确定光在空气中发散的方式。不同的灯光,在空气中的发散方式是不一样的。在效果图表现中,为了得到美丽的光晕就需要用到光域网文件。一般光域网文件是以.ies为文件后缀,所以又称Ies文件。

05 在"VRay阴影参数"卷展栏中勾选"区域阴影"选项,并选择"球体"方式,大小设置为U100/V100/W100,参数设置如图5-3-58所示。

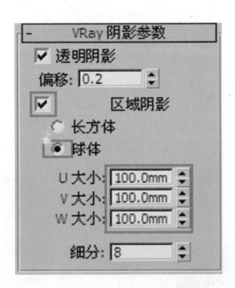

图5-3-58 设置自由灯光参数

06 射灯参数都调好以后,按住Shift键以"实例"方式进行复制。效果如图5-3-59所示。

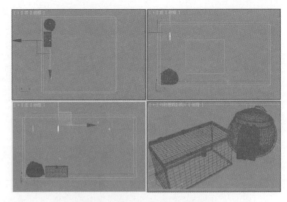

图5-3-59 创建射灯

5.3.9 场景渲染面板设置

01 按快捷键F10打开VRay渲染器面板,设置VRay的全局开关,进入 V-Ray:: 全局开关[无名] ,将默认灯光设置为"关"的状态,其实默认灯光选项在空间中有光源的情况下就会自动失效,设置参数如图5-3-60所示。

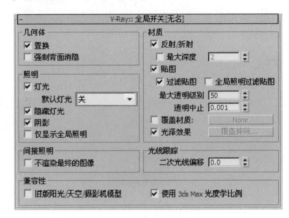

图5-3-60 设置全局开关参数

02 设置成图图像抗锯齿,进入 V-Ray:: 图像采样(反锯齿) ,设置图像采样器的类型为"自适应确定性蒙特卡洛",打开"抗锯齿过滤器",设置类型为"VRay蓝佐斯过滤器",如图5-3-61所示。

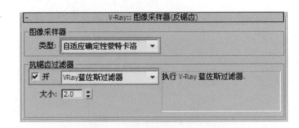

图5-3-61 设置图像采样器参数

03 进入 V-Ray:: 间接照明(GI) ,打开全局光焦散,设置全局光引擎类型,首次反弹类型为"发光图",二次反弹类型为"灯光缓存",之后使用的类型都是这两种,发光图与灯光缓存相结合渲染速度比较快,质量也比较好,如图5-3-62所示。

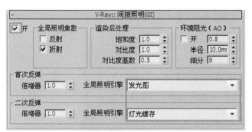

图5-3-62　设置间接照明参数

04　进入 V-Ray:: 发光图[无名]，设置发光图参数，设置当前预置为"中"，打开"细节增强"选项，由于单体模型本来占用空间就很小，所以不需要设置保存路径，灯光缓存与发光贴图同理，如图5-3-63所示。

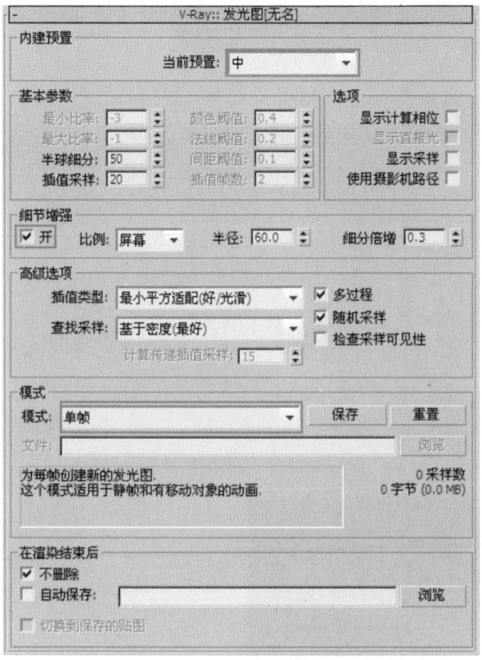

图5-3-63　设置发光图参数

05　进入 V-Ray:: 灯光缓存，将灯光缓存的"细分"值设为800，在"重建参数"中勾选"对光泽光线使用灯光缓存"选项，这会加快渲染速度，对渲染质量没有任何影响，勾选"预滤器"选项，并设置参数为30，设置如图5-3-64所示。

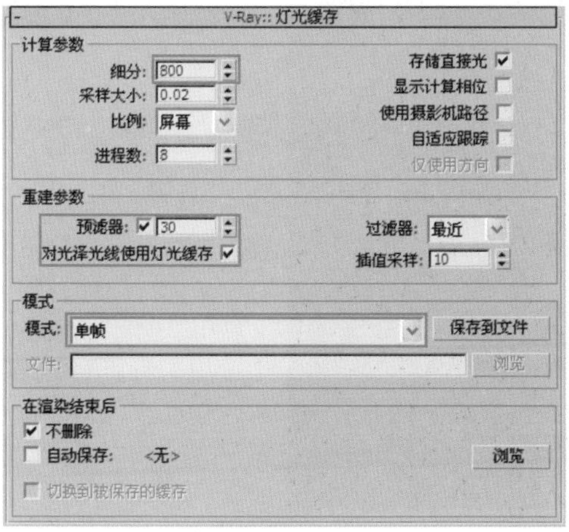

图5-3-64　设置灯光缓存参数

06　进入 V-Ray:: 确定性蒙特卡洛采样器，设置"噪波阈值"为0.001。参数低噪点少，值越高，噪点越明显。渲染时间与参数成反比关系。参数如图5-3-65所示。

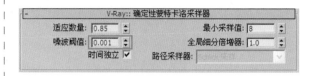

图5-3-65　设置参数

07　进入 V-Ray:: 颜色贴图，设置类型为"指数"，这个模式将基于亮度来使每个像素颜色更饱和。这对预防靠近光源区域的曝光是很有用的，如图5-3-66所示。

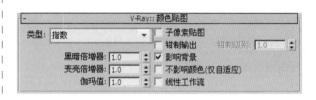

图5-3-66　设置颜色贴图参数

08　进入渲染器公用面板，设置渲染图像分辨率，一般渲染输出文件是以TGA格式为主，具体参数如图5-3-67所示。

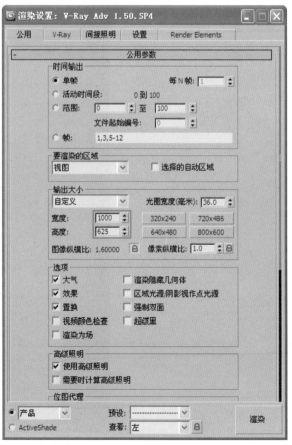

图5-3-67　设置渲染图像大小

设置完成后，单击"渲染"按钮即可渲染最终图像了。渲染最终效果如图5-3-68所示。

图5-3-68 最终渲染效果

提示：
　本实例的讲解视频，请参看光盘\视频教学\第5章\"衣篓"中的内容。

5.4 实例：街道的灯光与渲染

⊙本案例主要在街道中采用置换贴图可以渲染出更加具有真实凹凸感的物体。以及讲述夜晚灯光昏暗效果的设置，最终效果如图5-4-1所示。

图5-4-1 最终效果

5.4.1　创建空间中的摄影机

01 首先来讲述空间中摄影机的创建方法，在 📷 面板中，单击 **VR物理摄影机** 按钮，如图 5-4-2 所示。

图5-4-2　选择摄影机

02 切换到顶视图中，创建空间中的摄影机。按住鼠标在顶视图中创建一个摄影机，具体位置如图 5-4-3 所示。

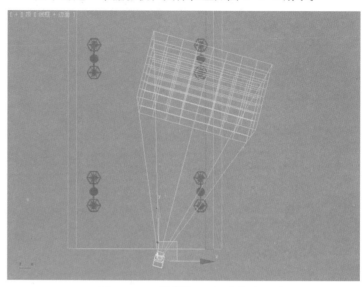

图5-4-3　摄影机顶视图角度位置

03 切换到前视图中，调整摄影机位置，如图 5-4-4 所示。

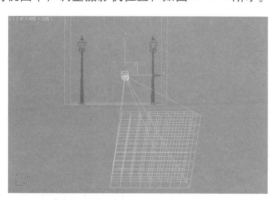

图5-4-4　前视图摄影机位置

04 再切换到左视图中，调整摄影机位置，如图 5-4-5 所示。

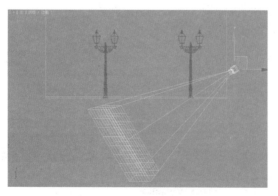

图5-4-5　左视图摄影机位置

05 在修改器列表中，设置摄影机的参数，参数设置如图 5-4-6 所示。

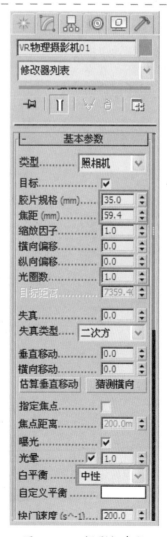

图5-4-6　摄影机参数

空间的材质有街道的石子材质，下面详细的介绍街道中，材质的具体设置方法。

5.4.2 凹凸通道中参数的设置

01 打开配套光盘中的"街道.max"文件，如图5-4-7所示。

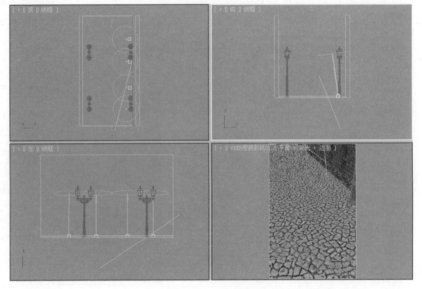

图5-4-7 空间模型

02 在材质编辑器中创建一个 ⊙VR材质，设置铺地材质的漫反射。在漫反射通道中添加一张 位图 贴图，"模糊"值设置为0.1，其他参数如图5-4-8所示。

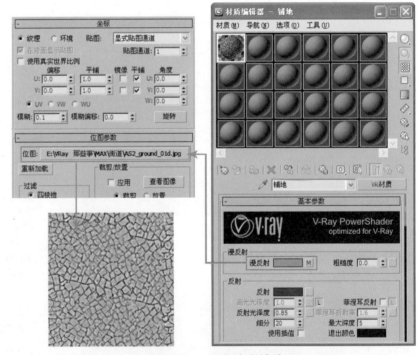

图5-4-8 设置铺地材质

03 设置完漫反射颜色后，调整反射，颜色数值分别设置为 45/45/45，"反射光泽度"设置为0.85，"细分"值设置为20，参数设置如图5-4-9所示。

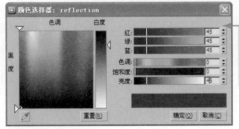

图5-4-9 设置铺地材质的反射

04 设置完反射颜色后，设置凹凸，打开"贴图"卷展栏，将漫反射通道中的贴图以"实例"的方式复制到凹凸通道中，凹凸的数值设置为50，参数设置如图5-4-10所示。

图5-4-10　设置铺地材质凹凸

05 置UVW贴图，选择铺地模型，在修改器列表中添加"UVW贴图"修改器，设置贴图类型为"长方体"，将长度、宽度与高度参数分别设置为2000mm/2000mm/1000mm，参数设置如图5-4-11所示。

图5-4-11　设置UVW贴图

06 参数设置完成，材质球最终的显示效果如图5-4-12所示。

5.4.3　漫反射贴图模糊参数的调整

01 铺地材质设置完成后，设置鹅卵石的材质。在材质编辑器中创建一个 VR材质，设置鹅卵石材质的漫反射。在漫反射通道中添加一张 位图 贴图，"模糊"值设置为0.1，具体参数如图5-4-13所示。

图5-4-12　铺地材质球

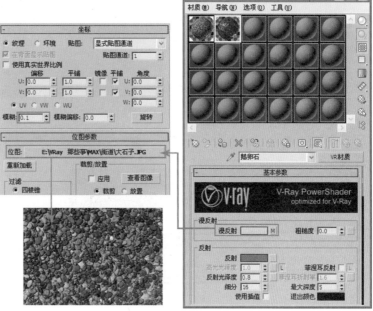

图5-4-13　设置鹅卵石材质

02 设置完漫反射颜色后，调整反射，颜色数值分别设置为94/94/94，"反射光泽度"设置为0.8，"细分"值设置为16，参数设置如图5-4-14所示。

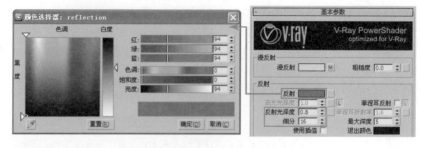

图5-4-14 设置鹅卵石的反射

03 设置完反射颜色后，设置凹凸。打开"贴图"卷展栏，将漫反射通道中的贴图以实例的方式复制到凹凸通道中，凹凸的数值设置为30，参数设置如图5-4-15所示。

图5-4-15 设置鹅卵石材质凹凸

04 设置UVW贴图，选择鹅卵石模型，在修改器列表中添加"UVW.贴图"修改器，设置贴图类型为"长方体"，将长度、宽度与高度参数均设置为1000mm，具体设置如图5-4-16所示。

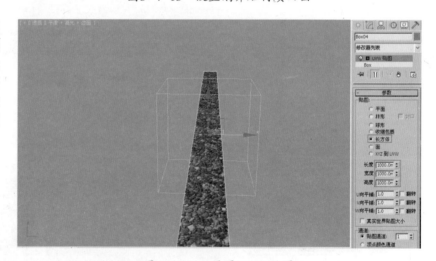

图5-4-16 设置UVW贴图

05 参数设置完成，材质球最终的显示效果如图5-4-17所示。

图5-4-17 鹅卵石材质球

5.4.4 置换参数的设置

01 鹅卵石材质材质设置完成后，设置墙砖的材质。在材质编辑器中建一个 ◎VR材质，设置墙砖材质的漫反射。在漫反射通道中添加一张 ▨位图 贴图。"模糊"值设置为0.1，参数如图5-4-18所示。

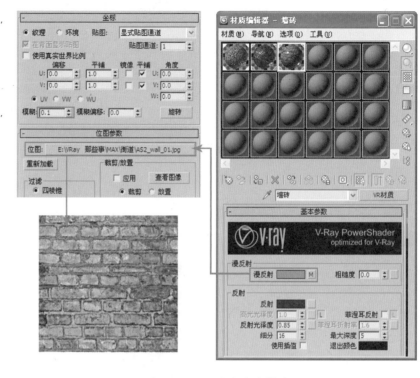

图5-4-18　设置墙砖材质

02 设置完漫反射颜色后，调整反射。颜色数值分别设置为35/35/35，"反射光泽度"设置为0.85，"细分"值设置为16，参数设置如图5-4-19所示。

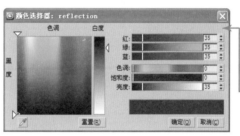

图5-4-19　设置墙砖的反射

03 设置完反射颜色后，设置置换。打开"贴图"卷展栏，在置换贴图通道中添加一张贴图，贴图的"模糊"值设置为0.1，置换的数值设置为5，参数设置如图5-4-20所示。

图5-4-20　设置墙砖材质置换

提示：

　　一般情况下，可以将漫射中的石材贴图以"实例"的方式复制到置换中，但有时为了更好的效果，可以利用Photoshop重新制作一张需要的黑白置换贴图以提高置换质量。

04 设置UVW贴图，选择墙砖模型，在修改器列表中添加"UVW贴图"修改器，设置贴图类型为"长方体"，将长度、宽度与高度参数均设置为1000mm，具体设置如图5-4-21所示。

图5-4-21　设置UVW贴图

05 参数设置完成，材质球最终的显示效果如图5-4-22所示。

图5-4-22　墙砖材质球

5.4.5　高光不锈钢材质的设置

01 接下来设置不锈钢的材质，在材质编辑器中新建一个 VR材质，设置不锈钢材质的颜色，漫反射颜色数值分别设置为48/49/48，参数设置如图5-4-23所示。

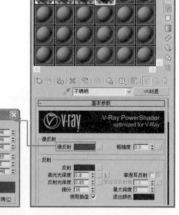

图5-4-23　设置不锈钢材质

02 调整反射，反射并不是特别大。将颜色数值分别设置为25/25/25，"高光光泽度"设置为0.8，"反射光泽度"设置为0.85，"细分"值设置为16。勾选"使用插值"选项，参数设置如图5-4-24所示。

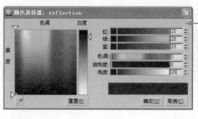

图5-4-24　设置不锈钢反射

03 参数设置完成，材质球最终的显示效果如图5-4-25所示。

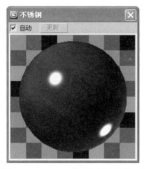

图5-4-25　不锈钢材质球

空间中的材质已经设置完毕，查看赋予材质后的效果，如图5-4-26所示。

图5-4-26　赋予材质后的空间

5.4.6　背景颜色模拟夜晚环境光

按8键，打开"环境和效果"面板。模拟夜晚环境光，设置背景颜色数值为17/21/62，如图5-4-27所示

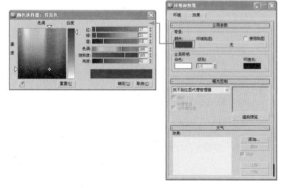

图5-4-27　创建背景光

5.4.7　相同属性的目标灯光的设置

01 在这个空间中创建射灯，来模拟路灯所发出的光。单击创建命令面板中的图标，在相应的面板中，单击"光度学"类型中的"目标灯光"按钮，将灯光的类型设置为"光度学Web"，如图5-4-28所示。

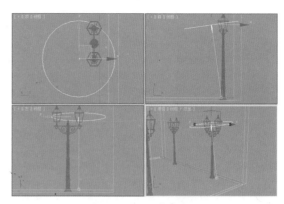

图5-4-28　创建射灯

提示：

使用目标灯光可以有效的控制灯光的方向，以及灯光所照明的范围。

02 创建目标灯光,开启灯光,设置阴影为"VRay阴影"。同时设置灯光分布类型为"光度学Web"，参数设置如图5-4-29所示。

图5-4-29　设置目标灯光参数

03 设置目标灯光的颜色分别为255/202/89,"强度"设置为50000,在"图形/区域阴影"卷展栏中使用发射光线的类型为"圆形"。参数设置如图5-4-30所示。

图5-4-30　设置目标灯光参数

04 单击"选择分布光度学文件"按钮找到文件，参数设置如图5-4-31所示。

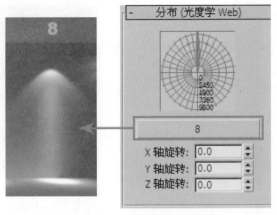

图5-4-31 设置目标灯光参数

05 在这个空间中按住 Shift 键,移动物体进行"实例"方式复制,效果如图 5-4-32 所示。

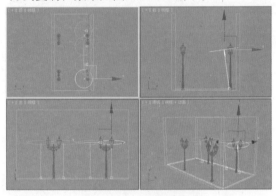

图5-4-32 创建射灯

提示:

空间中相同属性的灯光,最好以"实例"的方式复制,这样只要修改其中一个灯光参数,其他灯光也会发生相应的变化,操作起来方便快捷。

5.4.8 场景渲染面板设置

01 按快捷键 F10 打开 VRay 渲染器面板,设置 VRay 的全局开关,进入 V-Ray:: 全局开关[无名],将默认灯光设置为"关"的状态,其实默认灯光选项在空间中有光源的情况下就会自动失效,设置参数如图 5-4-33 所示。

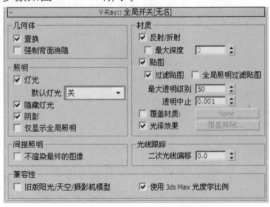

图5-4-33 设置全局开关参数

02 设置成图图像抗锯齿,进入 V-Ray:: 图像采样(反锯齿),设置图像采样器的类型为"自适应确定性蒙特卡洛",打开"抗锯齿过滤器",设置类型为"VRay 蓝佐斯过滤器",如图 5-4-34 所示。

图5-4-34 设置图像采样器参数

03 进入 V-Ray:: 间接照明(GI),打开全局光焦散,设置全局光引擎类型,首次反弹类型为"发光图",二次反弹类型为"灯光缓存",之后使用的类型都是这两种,发光图与灯光缓存相结合渲染速度比较快,质量也比较好,如图 5-4-35 所示。

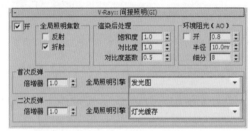

图5-4-35 设置间接照明参数

04 进入 V-Ray:: 发光图[无名],设置发光图参数,设置当前预置为"中",打开"细节增强"选项,由于单体模型本来占用空间就很小,所以不需要设置保存路径,灯光缓存与发光贴图同理,如图 5-4-36 所示。

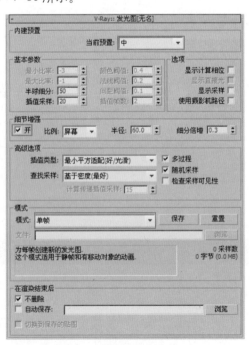

图5-4-36 设置发光图参数

05 进入 V-Ray:: 灯光缓存 ，将灯光缓存的"细分"值设为1000，在"重建参数"中勾选"对光泽光线使用灯光缓存"选项，这会加快渲染速度，对渲染质量没有任何影响，具体设置如图5-4-37所示。

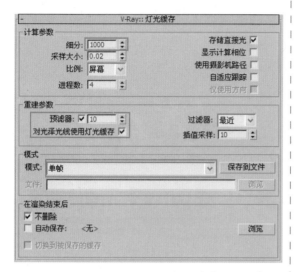

图5-4-37　设置灯光缓存参数

06 进入 V-Ray:: 确定性蒙特卡洛采样器 ，设置"噪波阈值"为0.001。参数低噪点少，值越高，噪点越明显。渲染时间与参数成反比关系，具体参数如图5-4-38所示。

图5-4-38　设置参数

07 进入 V-Ray:: 颜色贴图 ，设置类型为"指数"，该模式将基于亮度来使每个像素颜色更饱和。这对预防靠近光源区域的曝光是很有用的，如图5-4-39所示。

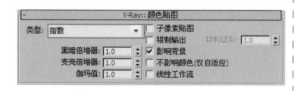

图5-4-39　设置颜色贴图参数

08 进入渲染器公用面板，设置渲染图像分辨率，一般渲染输出文件是以TGA格式为主，参数如图5-4-40所示。

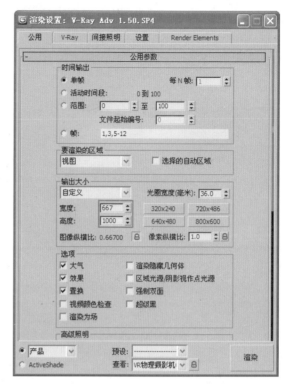

图5-4-40　设置渲染图像大小

09 设置完成后，单击"渲染"按钮即可渲染最终图像。渲染最终效果如图5-4-41所示。

图5-4-41　最终渲染效果

提示：

　　本实例的讲解视频，请参看光盘\视频教学\第5章\"街道"中的内容。

259

第6章

3ds Max标准灯光

6.1 实例：中国龙的灯光与渲染

⊙在本案例中主要讲述铜器的材质以及目标聚光灯的创建，最终效果如图6-1-1所示。

图6-1-1 最终效果

6.1.1 快门速度的调整对空间的影响

01 创建摄影机，在 📷 面板中单击 **VR物理摄影机** 按钮，如图6-1-2所示。

02 切换到顶视图中，创建空间中的摄影机。按住鼠标在顶视图中创建一个摄影机，具体位置如图6-1-3所示。

图6-1-2 选择摄影机

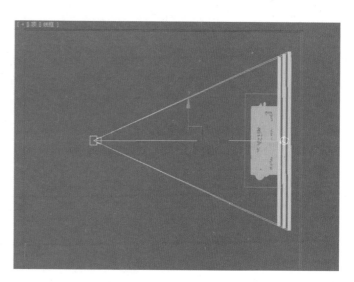

图6-1-3 摄影机顶视图角度位置

03 切换到前视图中，调整摄影机位置，如图6-1-4所示。

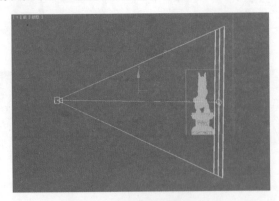

图6-1-4　前视图摄影机位置

04 再切换到左视图中，调整摄影机位置，如图6-1-5所示。

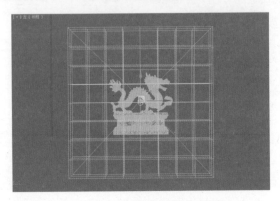

图6-1-5　左视图摄影机位置

05 在修改器列表中，设置摄影机的参数，将"光圈数"设置为1.25，"快门速度"设置为150，取消勾选"光晕"选项，具体设置如图6-1-6所示。

下面详细的介绍空间中，部分材质的具体设置方法。

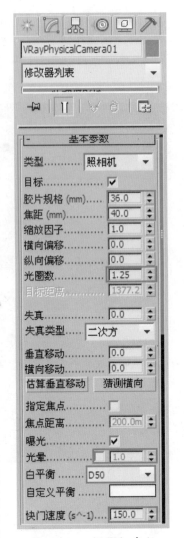

图6-1-6　摄影机参数

6.1.2　VR混合材质中各项参数的设置

01 打开配套光盘中的"中国龙.max"文件，如图6-1-7所示。

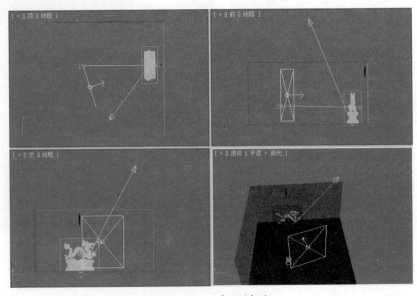

图6-1-7　空间模型

02 设置龙体本身材质，龙体本身为铜器材质，在材质编辑器中新建一个 ◎VR混合材质，先来设置基本材质，在基本材质通道中添加 ◎VR材质，具体设置如图6-1-8所示。

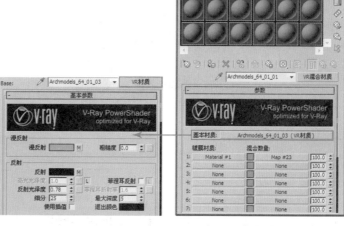

图6-1-8　设置材质的基本材质

03 添加后材质后设置材质的漫反射，在漫反射通道中添加"衰减程序纹理"贴图，具体设置如图6-1-9所示。

图6-1-9　设置材质漫反射

04 在"衰减参数"卷展栏中设置通道中的颜色参数，设置通道1分别为202/137/67，设置通道2为255/188/148，设置"衰减类型"为Fresnel，具体设置如图6-1-10所示。

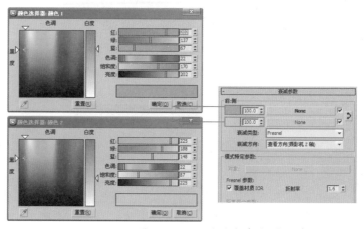

图6-1-10　设置衰减类型

05 设置反射，在反射通道中添加"衰减程序纹理"贴图，设置"反射光泽度"为0.78，将"细分"值设置为25，设置如图6-1-11所示。

图6-1-11　设置反射

06 在"衰减参数"卷展栏中设置通道中的颜色参数，设置通道1分别为29/29/29，设置通道2为39/39/39，设置"衰减类型"为Fresnel，设置如图6-1-12所示。

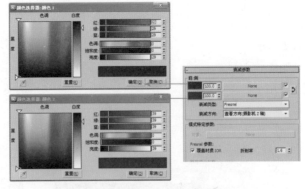

图6-1-12　设置衰减类型

07 设置镀膜材质，在镀膜材质通道中添加●VR材质，设置漫反射颜色参数分别为0/0/0，具体设置如图6-1-13所示。

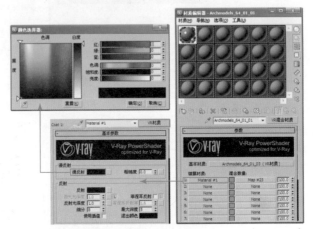

图6-1-13　设置镀膜材质

08 设置混合数量，在混合数量通道中添加●VR污垢贴图，设置"VRay 污垢参数"卷展栏中的"半径参数"为50mm，"分布"参数为0，"细分"值设置为16，"阻光颜色"设置为白色，"非阻光颜色"为黑色，设置如图6-1-14所示。

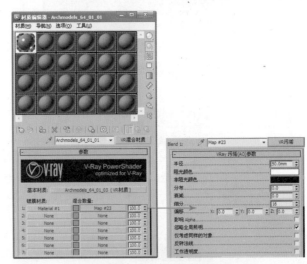

图6-1-14　设置混合数量

09 设置UVW贴图，选择龙体模型，在修改器列表中添加"UVW贴图"修改器，设置贴图类型为"长方体"，将长度、宽度与高度参数均设置为100mm，具体设置如图6-1-15所示。

图6-1-15　设置UVW贴图

10 参数设置完成，材质球最终的
显示效果如图6-1-16所示。

图6-1-16 铜器材质球

6.1.3 UVW 贴图参数正确的应用

01 设置石材台面材质，在材质
编辑器中新建一个 ●VR材质，
设置材质的漫反射，在漫反
射通道中添加一张大理石纹
理贴图，设置如图6-1-17
所示。

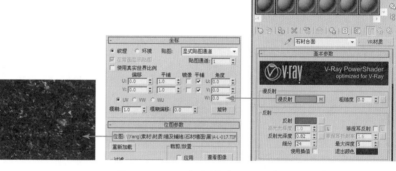

图6-1-17 设置材质的漫反射

02 设置完漫反射后设置反射，
在反射中设置颜色参数分别
为70/70/70，设置"反射
光泽度"为0.82，"细分"
值设置为24，具体设置如图
6-1-18所示。

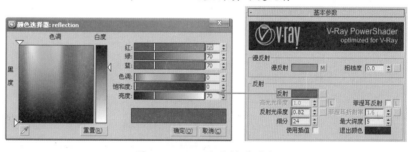

图6-1-18 设置材质反射

03 设置 UVW 贴图，选择台面
模型，在修改器列表中添加
"UVW 贴图"修改器，设置
贴图类型为"长方体"，将
长度、宽度与高度参数均设
置为100mm，具体设置如图
6-1-19所示。

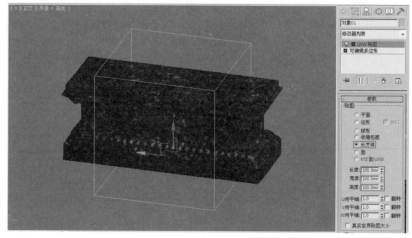

图6-1-19 设置UVW贴图

04 参数设置完成，材质球最终的
显示效果如图6-1-20所示。

图6-1-20　石材台面材质球

6.1.4　黑白凹凸贴图的应用

01 设置墙砖材质，在材质编辑
器中新建一个 VR材质，设置
材质的漫反射，在漫反射通
道中添加一张纹理贴图，设
置如图6-1-21所示。

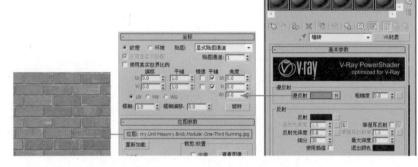

图6-1-21　设置材质的漫反射

02 设置完漫反射后设置反射，
在反射中设置颜色参数分别
为13/13/13，设置"反射
光泽度"为0.6，"细分"值
设置为30，设置如图6-1-22
所示。

图6-1-22　设置材质反射

03 设置凹凸，在凹凸通道中添
加一张黑白纹理贴图，设置
凹凸参数为30，具体设置如
图6-1-23所示。

图6-1-23　设置材质凹凸

04 设置 UVW 贴图，选择墙面模型，在修改器列表中添加"UVW 贴图"修改器，设置贴图类型为"长方体"，将长度、宽度与高度参数均设置为400mm，具体设置如图6-1-24所示。

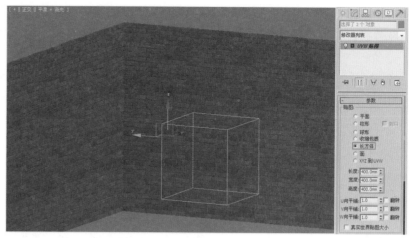

图6-1-24 设置UVW贴图

05 参数设置完成，材质球最终的显示效果如图 6-1-25 所示。

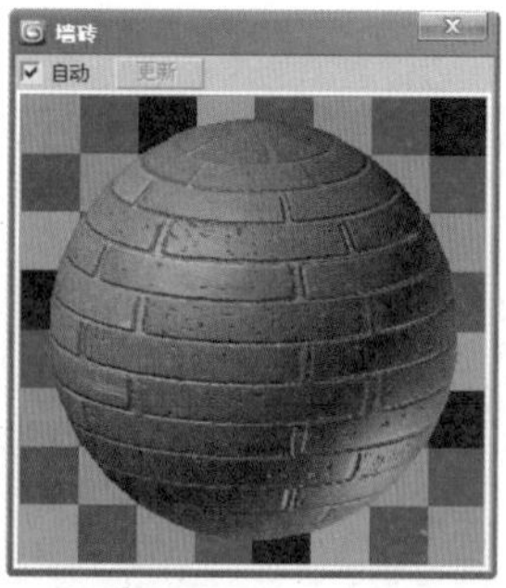

图6-1-25 墙砖材质球

6.1.5 有凹凸纹理的地面材质

01 设置地面材质，在材质编辑器中新建一个 ●VR材质，设置材质的漫反射，在漫反射通道中添加一张位图贴图，设置如图 6-1-26 所示。

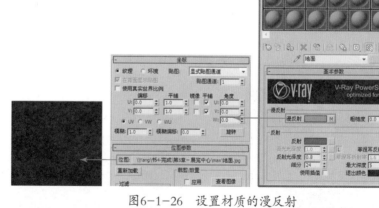

图6-1-26 设置材质的漫反射

02 设置完漫反射后设置反射，在反射中设置颜色参数分别为 75/75/75，设置"反射光泽度"为 0.8，"细分"值设置为 24，具体设置如图 6-1-27 所示。

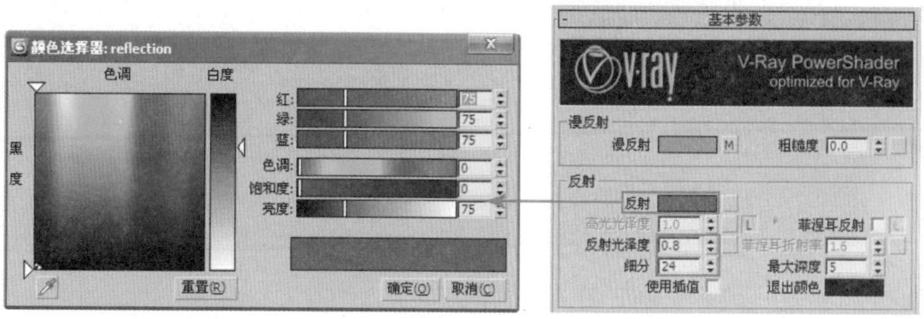

图6-1-27 设置材质反射

267

03 设置凹凸参数，在"贴图"卷展栏中将漫反射中的贴图以"实例"的方式复制到凹凸中，设置如图6-1-28所示。

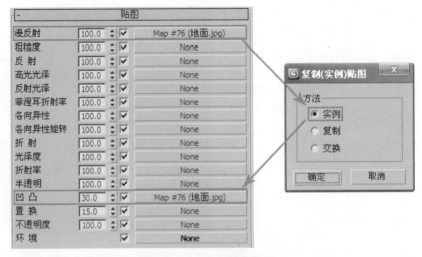

图6-1-28　设置材质凹凸

04 设置 UVW 贴图，选择地面模型，在修改器列表中添加"UVW 贴图"修改器，设置贴图类型为"长方体"，将长度、宽度与高度参数均设置为400mm，具体设置如图6-1-29 所示。

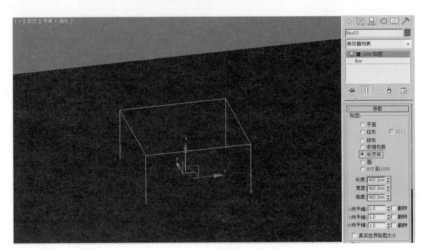

图6-1-29　设置UVW贴图

05 参数设置完成，材质球最终的显示效果如图 6-1-30 所示。

图6-1-30　地面材质球

6.1.6 多维／子对象材质的设置

01 玻璃的材质分为两种材质，玻璃缸四周为黑色的边，材质为"多维／子对象"材质，设置模型的 ID 号。在编辑多边形的"多边形"级别中，选择如图 6-1-31 所示的面，在多边形属性卷展栏中设置 ID 为 1。

图6-1-31　选择面设置ID1

02 按快捷键Ctrl+I选择剩下的面，在多边形属性卷展栏中设置 ID 为 2，如图 6-1-32 所示。

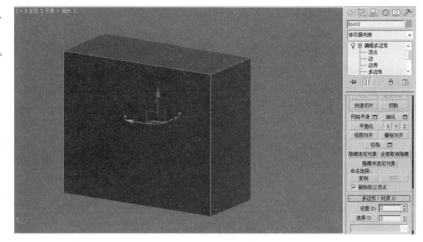

图6-1-32 选择面设置ID2

03 选择一个空白的材质球添加"多维／子对象"材质，设置多维／子对象的材质数量，单击"设置数量"按钮，设置"材质数量"为 2，如图 6-1-33 所示。

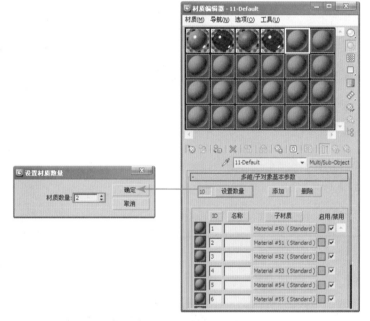

图6-1-33 设置多维/子对象材质数量

04 设置 ID1 材质，在 ID1 通道中新建一个 ◎VR材质，设置如图 6-1-34 所示。

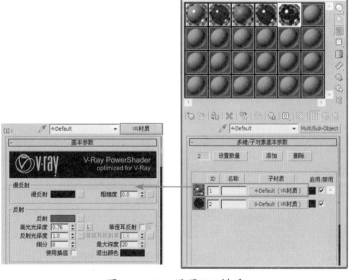

图6-1-34 设置ID1材质

05 设置材质的漫反射与反射，将漫反射的颜色参数分别设置为0/0/0，设置反射参数分别为67/67/67，将"高光光泽度"设置为0.76，提高"最大深度"值为20，具体设置如图6-1-35所示。

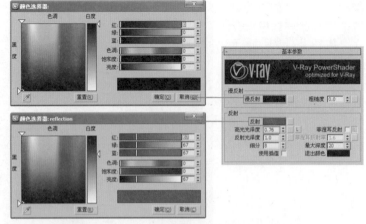

图6-1-35 设置材质漫反射与反射

06 设置折射，在折射中设置颜色参数分别为255/255/255，设置"折射率"为1.6，"最大深度"设置为20，勾选"影响阴影"选项，设置影响通道类型为"颜色+alpha"，设置如图6-1-36所示。

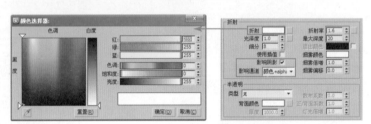

图6-1-36 设置材质折射

07 设置ID2材质，在ID2通道中添加 ○VR材质 ，设置如图6-1-37所示。

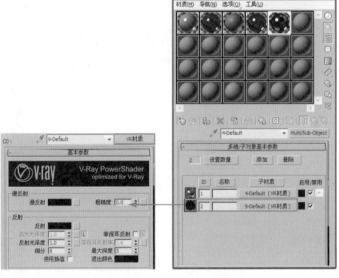

图6-1-37 设置ID2材质

08 设置材质漫反射，将漫反射参数分别设置为0/0/0，为黑色，具体设置如图6-1-38所示。

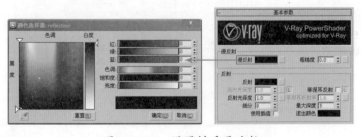

图6-1-38 设置材质漫反射

09 参数设置完成，材质球最终的显示效果如图6-1-39所示。

图6-1-39 地面材质球

空间中的所有材质已经设置完毕，查看赋予材质后的效果，如图6-1-40所示。

图6-1-40 赋予材质后的空间

6.1.7 目标聚光灯的阴影参数的调整

01 首先创建主光源，单击 创建命令面板中的 图标，在相应的面板中，单击"标准"类型中的 目标聚光灯 按钮，在视图中创建灯光，灯光的位置如图6-1-41所示。

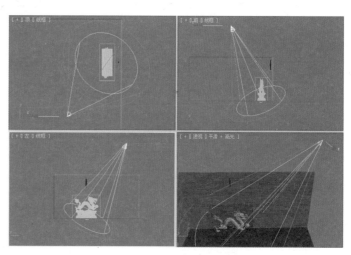

图6-1-41 创建目标聚光灯

02 设置灯光的参数，启用"阴影"选项，选择阴影类型为"VRay阴影"类型，灯光颜色参数分别设置为255/255/255，"倍增"值设置为0.8，参数设置如图6-1-42所示。

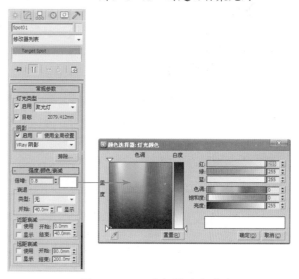

图6-1-42 目标聚光灯参数

03 然后再来设置聚光灯参数卷展栏下的参数，将"聚光区"和"衰减区"的参数分别设置为32.6与44.1。设置VRay阴影参数，勾选"区域阴影"选项，选择类型为"球体"类型，将U/V/W的参数均设置为40，这样渲染出来的阴影就不会太生硬了，提高灯光的"细分"值为24，参数设置如图6-1-43所示。

图6-1-43　目标聚光灯参数

提示：

　　创建目标聚光灯，可以自由设置灯光的照明方向和照明范围，目标聚光灯有目标点，可以自由移动目标点的位置，这样设置起来比较方便；同自由灯光一样可以加载光域网文件。

6.1.8　VRay 灯光作为补光源

01 创建补光源，单击 创建命令面板中的 图标，在相应的面板中，单击 VRay 类型中的"VRay 灯光"按钮，将灯光的类型设置为"面光源"，灯光的位置如图 6-1-44 所示。

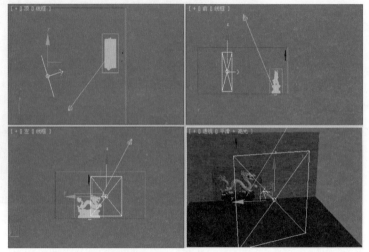

图6-1-44　创建VRay灯光

02 设置灯光大小为 366mm×421mm，设置灯光的颜色分别为 223/237/255，颜色"倍增器"为 1，参数设置如图 6-1-45 所示。

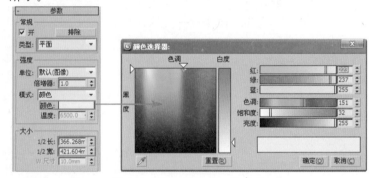

图6-1-45　VRay灯光参数

03 为了让不灯光参加反射，在选项设置面板中取消勾选影响反射选项，勾选灯光的"不可见"选项，设置灯光"细分"值为16，参数设置如图 6-1-46 所示。

图6-1-46　VRay灯光参数

6.1.9 场景渲染面板设置

01 按快捷键F10打开VRay渲染器面板,设置VRay的全局开关,进入 V-Ray::全局开关[无名],将默认灯光设置为"关"的状态,设置参数如图6-1-47所示。

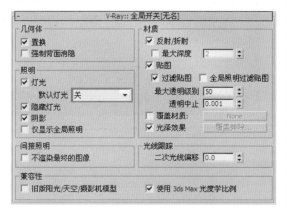

图6-1-47 设置全局开关参数

02 设置成图图像抗锯齿,进入 V-Ray::图像采样(反锯齿),设置图像采样器的类型为"自适应确定性蒙特卡洛",打开"抗锯齿过滤器",设置类型为"VRay蓝佐斯过滤器",如图6-1-48所示。

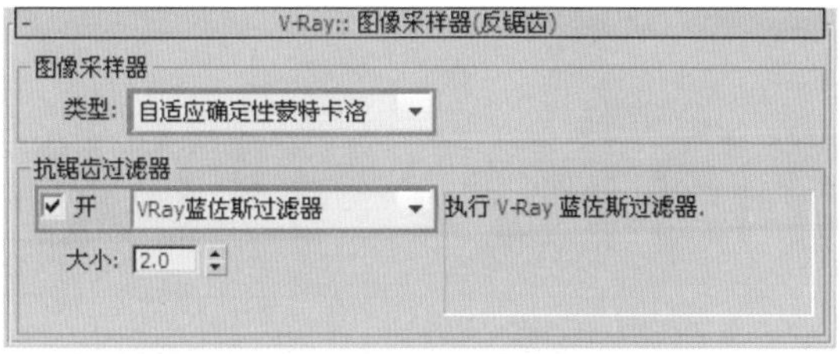

图6-1-48 设置图像采样参数

03 进入 V-Ray::间接照明(GI),打开全局光焦散,设置全局光引擎类型,首次反弹类型为"发光图",二次反弹类型为"灯光缓存",发光图与灯光缓存相结合渲染速度比较快,质量也比较好,如图6-1-49所示。

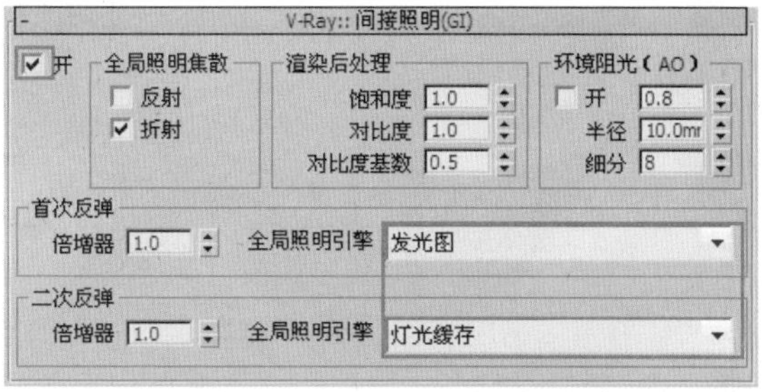

图6-1-49 设置间接照明参数

04 进入 V-Ray::发光图[无名],设置发光贴图参数,设置当前预置为"中",设置"半球细分"值为80,如图6-1-50所示。

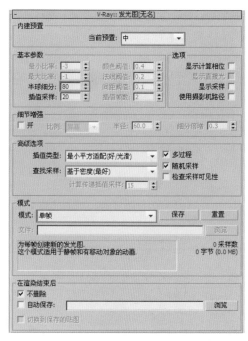

图6-1-50 设置发光贴图参数

05 进入 V-Ray::灯光缓存,将灯光缓存的"细分"值设为1000,设置"预滤器"参数为30,具体设置如图6-1-51所示。

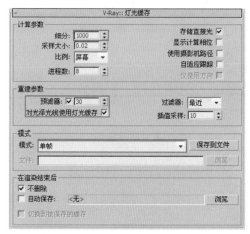

图6-1-51 设置灯光缓存参数

06 进入 V-Ray::颜色映射,设置类型为"线性倍增"类型,如图6-1-52所示。

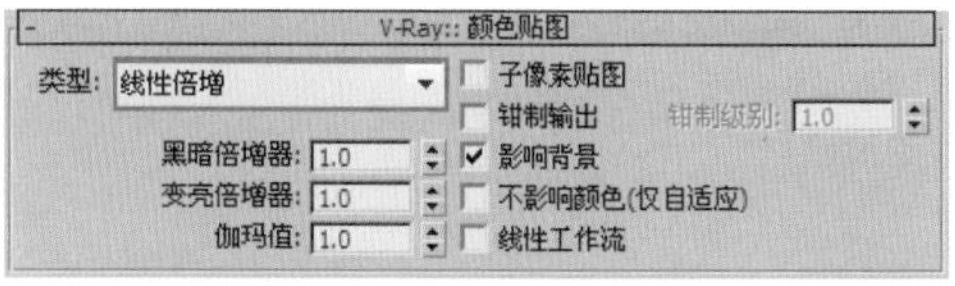

图6-1-52 设置颜色映射参数

07 进入 V-Ray::确定性蒙特卡洛采样器,设置"适应数量"为0.8,其他参数如图6-1-53所示。

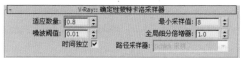

图6-1-53 设置参数

08 进入渲染器公用面板，设置渲染图像分辨率，一般渲染输出文件是以 TGA 格式为主，参数如图 6-1-54 所示。

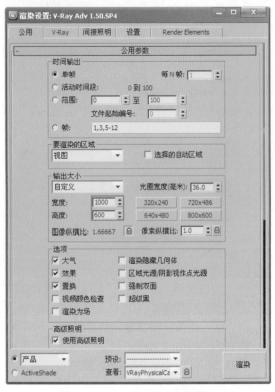

图6-1-54　设置渲染图像大小

09 设置完成后，单击"渲染"按钮即可渲染最终图像。渲染最终效果如图 6-1-55 所示。

图6-1-55　最终渲染效果

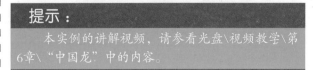

提示：

　　本实例的讲解视频，请参看光盘\视频教学\第6章\"中国龙"中的内容。

6.2　实例：洗手台的材质与灯光

⊙在这个案例中主要学习台面石材、水以及金属材质的设置方法，灯光的创建方法，在本案例中使用了目标聚光灯来实现区域亮的效果，最终效果如图 6-2-1 所示。

图6-2-1　最终效果

6.2.1 白平衡为日光的摄影机

01 首先来讲述空间中摄影机的创建方法，在 面板中单击 VR物理摄影机 按钮，如图6-2-2所示。

02 切换到顶视图中，创建空间中的摄影机。按住鼠标在顶视图中创建一个摄影机，具体位置如图6-2-3所示。

图6-2-2 选择摄影机

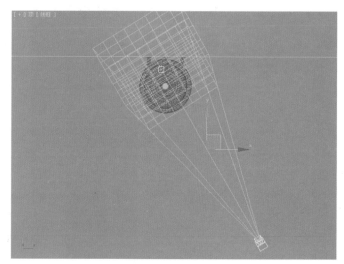

图6-2-3 摄影机顶视图角度位置

03 切换到前视图中，调整摄影机位置，如图6-2-4所示。

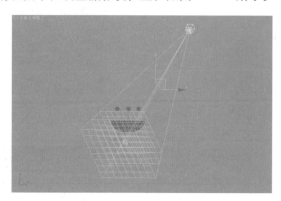

图6-2-4 前视图摄影机位置

04 再切换到左视图中，调整摄影机位置，如图6-2-5所示。

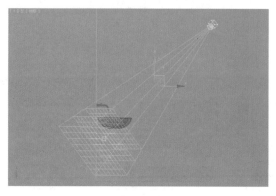

图6-2-5 左视图摄影机位置

05 在修改器列表中设置摄影机的参数，白平衡为"日光"，将"光圈数"设置为2，"光晕"数值设置为3，这样四周会更暗一点，设置如图6-2-6所示。

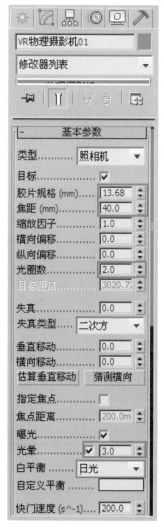

图6-2-6 摄影机参数

空间的材质分为台面、地面、墙面、金属与水等材质，下面详细的介绍这些材质的具体设置方法。

6.2.2 哑光洗手台质感的表现

01 首先打开配套光盘中的"洗手台.max"文件,如图6-2-7所示。

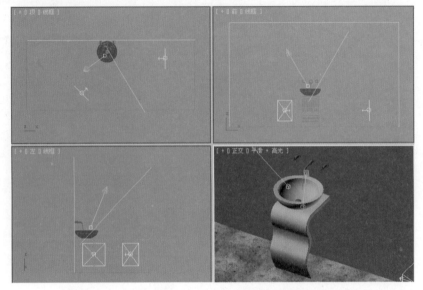

图6-2-7 打开模型

02 打开材质编辑器,在材质编辑器中新建一个 ◯VR材质, 设置台面石材材质的漫反射,在漫反射通道中添加一张位图贴图,设置贴图的"模糊"值为0.01,这样可以更好的表现贴图的纹理效果,参数设置如图6-2-8所示。

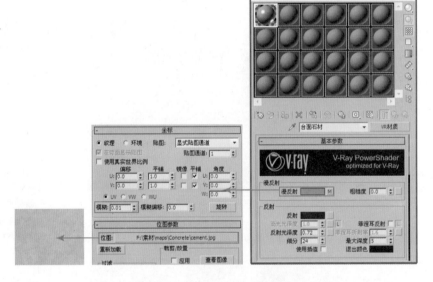

图6-2-8 设置材质漫反射

03 设置台面材质的漫反射后,调整反射参数。在这里设置的反射很小,分别设置颜色参数为20/20/20,调整"反射光泽度"为0.72,提高"细分"值为24,参数设置如图6-2-9所示。

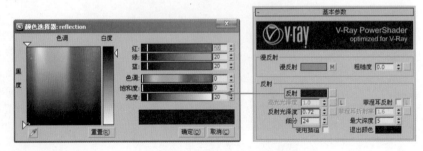

图6-2-9 设置台面石材反射

04 设置 UVW 贴图，选择台面模型，在修改器列表中添加"UVW 贴图"修改器，设置贴图类型为"长方体"，将长度、宽度与高度参数均设置为400mm，具体设置如图6-2-10 所示。

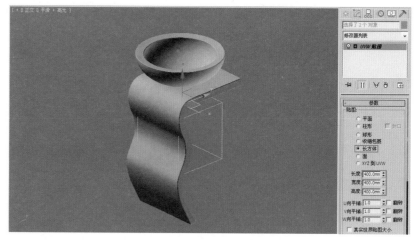

图6-2-10 设置UVW贴图

05 参数设置完成，材质球最终的显示效果如图 6-2-11 所示。

图6-2-11 台面石材材质球

6.2.3 水的真实效果表现

01 打开材质编辑器，在材质编辑器中新建一个 VR材质，设置水材质的漫反射，将漫反射中的颜色数值分别设置为 8/8/8，参数设置如图 6-2-12 所示。

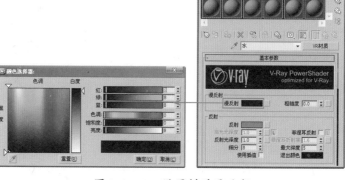

图6-2-12 设置材质漫反射

02 设置水材质的漫反射后，调整反射参数，水是有一定的反射效果，分别设置颜色参数为 109/109/109，参数设置如图 6-2-13 所示。

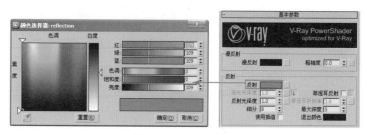

图6-2-13 设置反射

03 设置水材质的反射后，调整折射参数，水是透明的物体，分别设置颜色参数为235/235/235，将"折射率"设置为1.33，勾选"影响阴影"选项，并选择影响通道为"颜色+alpha"选项，参数设置如图6-2-14所示。

04 参数设置完成，材质球最终的显示效果如图6-2-15所示。

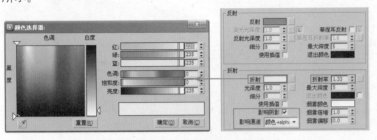

图6-2-14　设置水折射

图6-2-15　水材质球

6.2.4　反射颜色和通道贴图的区别

01 打开材质编辑器，在材质编辑器中新建一个 VR材质，设置金属材质的漫反射，将漫反射中的颜色数值分别设置为100/100/100，参数设置如图6-2-16所示。

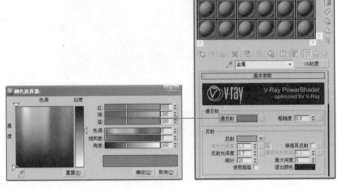

图6-2-16　设置材质漫反射

02 设置金属材质的漫反射后，调整反射参数，在反射通道中添加了一个"衰减程序纹理"贴图，通道1中的颜色参数分别设置为163/163/163，通道2中的颜色参数分别设置为237/237/237，调整"反射光泽度"为0.7，提高"细分"值为20，参数设置如图6-2-17所示。

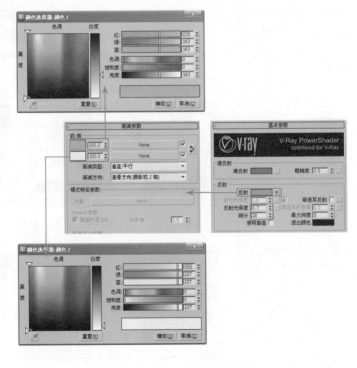

图6-2-17　设置金属反射

03 参数设置完成，材质球最终的显示效果如图6-2-18所示。

图6-2-18 金属材质球

6.2.5 解决溢色问题的方法

01 接下来设置墙面的材质，在材质编辑器中新建一个 ⊙VR代理材质，先来设置基本材质通道中的材质，在基本材质通道中添加 ⊙VR材质，参数设置如图6-2-19所示。

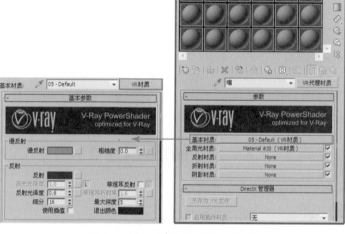

图6-2-19 设置材质基本材质

知识点：

⊙VR代理材质主要用于解决场景中某个材质的溢色问题。基本材质只用于渲染，不参与全局光的计算。全局光材质渲染不出来，但它的材质属性参与全局光计算，使用VR代理材质后绿色的墙材质就不会对其他材质有影响。

02 设置材质漫反射的参数，将漫反射中颜色数值设置为104/131/87，参数设置如图6-2-20所示。

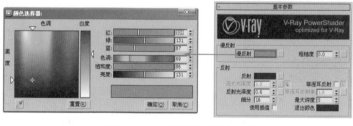

图6-2-20 设置墙面漫反射

03 设置墙面的反射参数，将墙面的反射参数分别设置为22/22/22，并设置"反射光泽度"为0.6，提高"细分"值为16，具体设置如图6-2-21所示。

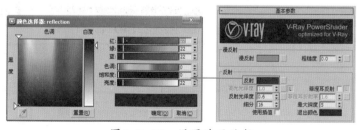

图6-2-21 设置墙面反射

04 设置全局光材质，在全局光
通道中添加 ⬤VR材质，设置如
图6-2-22所示。

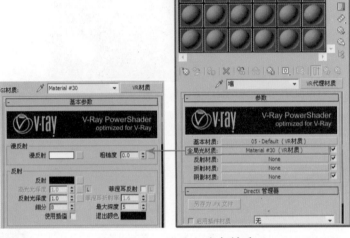

图6-2-22　设置全局光材质

05 设置材质漫反射的参数，将
漫反射中颜色数值设置为
247/248/245，参数设置如
图6-2-23所示。

图6-2-23　设置全局光漫反射

06 参数设置完成，材质球最
终的显示效果如图6-2-24
所示。

图6-2-24　墙面材质球

6.2.6　VR代理材质的设置

01 接下来设置地面的材质，在材质编辑器中新建一个 ⬤VR代理材质，先来设置
基本材质通道中的材质，在基本材质通道中添加 ⬤VR材质，参数设置如
图6-2-25所示。

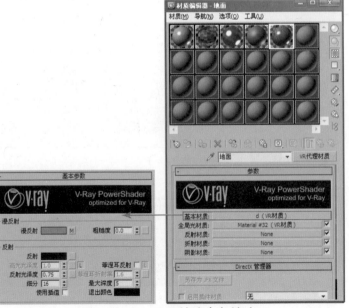

图6-2-25　设置材质基本材质

02 设置材质漫反射的参数，在
漫反射通道中添加一张地面
材质的贴图，将贴图"模糊"
值设置 0.01，参数设置如图
6-2-26 所示。

图6-2-26 设置地面漫反射

03 添加完贴图后设置地面的反
射参数，将地面的反射参数
分别设置为 22/22/22，并
设置"反射光泽度"为 0.75，
提高"细分"值为 16，具体
设置如图 6-2-27 所示。

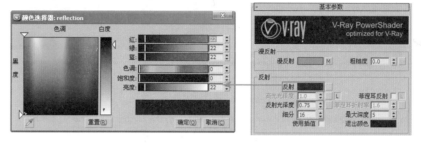

图6-2-27 设置地面反射

04 设置全局光材质，在全局光
通道中添加 VR材质，具体设
置如图 6-2-28 所示。

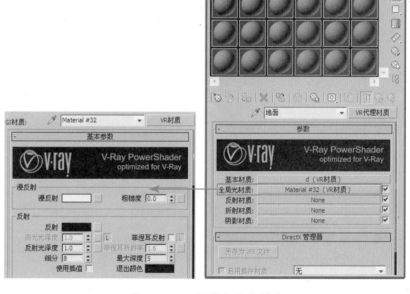

图6-2-28 设置全局光材质

05 设置材质漫反射的参数，将
漫反射中颜色数值设置为
240/236/234，参数设置如
图 6-2-29 所示。

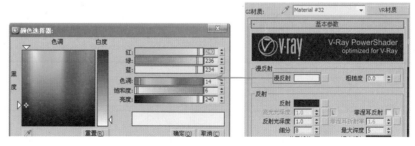

图6-2-29 设置全局光漫反射

06 设置 UVW 贴图，选择台面
模型，在修改器列表中添加
"UVW 贴图"修改器，设置
贴图类型为"平面"，将长度、
宽度参数均设置为 600mm，
具体设置如图 6-2-30 所示。

图6-2-30 设置UVW贴图

07 参数设置完成，材质球最终的
显示效果如图 6-2-31 所示。

空间中的所有材质已经设置完毕，查看赋予材质后的效果，如图
6-2-32所示。

图6-2-31 地面材质球

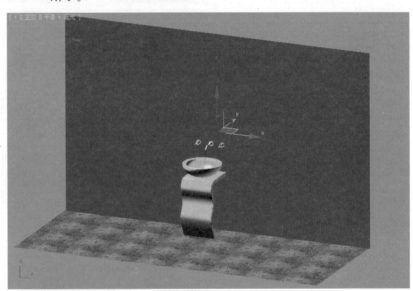

图6-2-32 赋予材质后的空间

6.2.7 目标聚光灯模拟区域射灯

01 首先创建主光源，单击 创建
命令面板中的 图标，在相应
的面板中，单击"标准"类
型中的 目标聚光灯 按钮，在视图
中健灯光，灯光的位置如图
6-2-33 所示。

图6-2-33 创建目标聚光灯

02 设置灯光的参数，启用"阴影"选项，选择阴影类型为"VRay 阴影"类型，灯光颜色参数分别设置为 255/255/255，"倍增"值设置为 35，参数设置如图 6-2-34 所示。

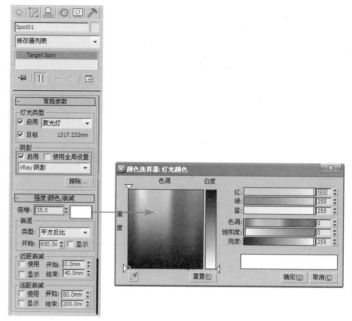

图6-2-34　设置灯光参数

03 然后再来设置"聚光灯参数"卷展栏中的参数，将"聚光区"和"衰减区"的参数分别设置为 14.042 与 45，再来设置 VRay 阴影参数勾选"区域阴影"选项，选择类型为"球体"类型，将 U/V/W 的参数均设置为 100，这样渲染出来的阴影就不会太生硬了，参数设置如图 6-2-35 所示。

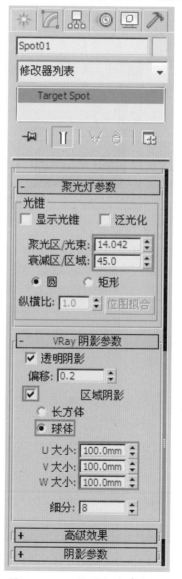

图6-2-35　设置灯光参数

提示：
　　一般要达到一种只有区域亮的效果，即可使用目标聚光灯，它可以自由的控制灯光照明的范围。

6.2.8　VRay 补光源不同角度的创建

01 现在创建补光源，单击 创建命令面板中的 图标，在相应的面板中，单击 VRay 类型中的"VRay 灯光"按钮，将灯光的类型设置为"面光源"，灯光的位置如图6-2-36所示。

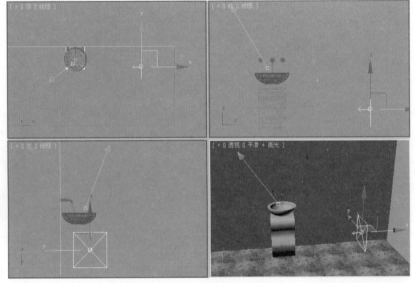

图6-2-36　创建VRay灯光

02 设置灯光大小为300mm×300mm，设置灯光的颜色分别为255/255/255，颜色"倍增器"为30，参数设置如图6-2-37所示。

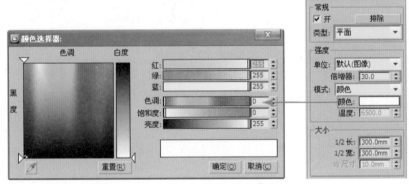

图6-2-37　设置灯光参数

03 为了不让灯光参加反射，在选项设置面板中取消勾选"影响反射"选项，并勾选"不可见"选项，参数设置如图6-2-38所示。

图6-2-38　设置灯光参数

04 创建另一面补光源，单击 创建命令面板中的 图标，在相应的面板中，单击 VRay 类型中的"VRay 灯光"按钮，将灯光的类型设置为"面光源"，灯光的位置如图6-2-39所示。

图6-2-39　创建VRay灯光

05 设置灯光大小为 300mm×300mm，设置灯光的颜色分别为 180/215/254，颜色"倍增器"为 6，参数设置如图 6-2-40 所示。

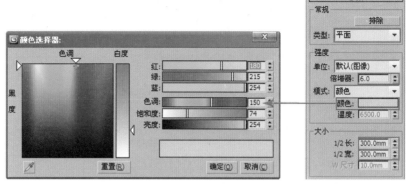

图6-2-40　设置灯光参数

06 为了不让灯光参加反射，在选项设置面板中取消勾选"影响反射"选项，并勾选"不可见"选项，参数设置如图 6-2-41 所示。

图6-2-41　设置灯光参数

6.2.9　场景渲染面板设置

01 按快捷键 F10 打开 VRay 渲染器面板，设置 VRay 的全局开关，进入 V-Ray:: 全局开关[无名]，将默认灯光设置为"关"的状态，设置参数如图 6-2-42 所示。

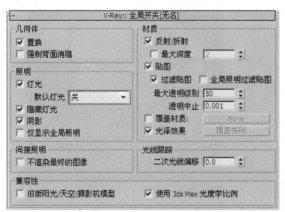

图6-2-42　设置全局开关参数

02 设置成图图像抗锯齿，进入 V-Ray:: 图像采样(反锯齿)，设置图像采样器的类型为"自适应确定性蒙特卡洛"，打开"抗锯齿过滤器"，设置类型为"VRay 蓝佐斯过滤器"，如图 6-2-43 所示。

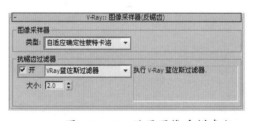

图6-2-43　设置图像采样参数

03 进入 V-Ray:: 间接照明(GI)，打开全局光焦散，设置全局光引擎类型，首次反弹类型为"发光图"，二次反弹类型为"灯光缓存"，发光图与灯光缓存相结合渲染速度比较快，质量也比较好，如图 6-2-44 所示。

图6-2-44　设置间接照明参数

04 进入 V-Ray:: 发光图[无名]，设置发光贴图参数，设置当前预置为"中"，打开"细节增强"选项，由于单体模型本来占用空间就很小，所以不需要设置保存路径，灯光缓存与发光贴图同理，如图 6-2-45 所示。

图6-2-45 设置发光贴图参数

05 进入 V-Ray:: 灯光缓存，将灯光缓存的"细分"值设为1000，勾选"对光泽光线使用灯光缓存"选项，设置如图 6-2-46 所示。

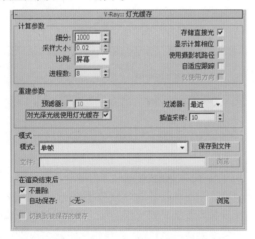

图6-2-46 设置灯光缓存参数

06 进入 V-Ray:: 颜色映射，设置类型为"指数"，将"黑暗倍增器"设置为0.4，使黑暗的地方更暗一点，如图 6-2-47 所示。

图6-2-47 设置颜色映射参数

07 进入 V-Ray:: 确定性蒙特卡洛采样器，设置"适应数量"参数为0.85，"噪波阈值"为0.001，其他参数如图 6-2-48 所示。

图6-2-48 设置参数

08 进入渲染器公用面板，设置渲染图像分辨率，一般渲染输出文件是以 TGA 格式为主，参数如图 6-2-49 所示。

图6-2-49 设置渲染图像大小

09 设置完成后，单击"渲染"按钮即可渲染最终图像。渲染最终效果如图 6-2-50 所示。

图6-2-50 最终渲染效果

提示：
　　本实例的讲解视频，请参看光盘\视频教学\第6章\"洗手台"中的内容。

第7章

厨房效果表现

7.1 摄像机的创建——创建空间中的摄影机

01 当空间基本框架建立后，要在厨房空间中创建摄像机。在本场景中使用的是 VR 物理摄像机，下面将具体介绍本场景中的摄像机创建方法。

02 首先来讲述空间中摄影机的创建方法，在 ■ 面板中单击 VR物理摄影机 按钮，如图 7-1-1 所示。

图 7-1-1 选择摄影机

03 切换到顶视图中，创建空间中的摄影机。按住鼠标在顶视图中创建一个摄影机，具体位置如图 7-1-2 所示。

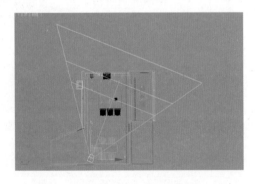

图 7-1-2 摄影机顶视图角度位置

04 切换到前视图中，调整摄影机位置，如图 7-1-3 所示。

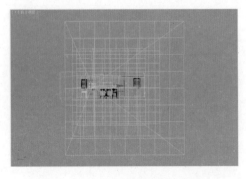

图 7-1-3 前视图摄影机位置

05 再切换到左视图中，调整摄影机位置，如图 7-1-4 所示。

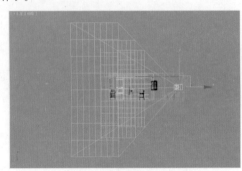

图 7-1-4 左视图摄影机位置

06 在修改器列表中设置摄影机的参数，将"光圈数"设置为 1，"快门速度"设置为 250，取消勾选"光晕"选项，具体设置如图 7-1-5 所示。

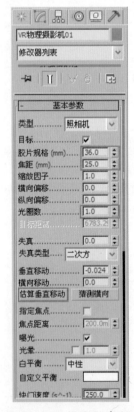

图 7-1-5 摄影机参数

提示：

　　本场景的相机目标点向上移动了，需要单击"估算垂直移动"按钮来进行校正。

7.2 设置空间材质

打开配套光盘中"厨房"\max\"厨房－模型.max"文件,这是一个已创建完成的厨房场景,如图7-2-1所示。

图7-2-1 建模完成后的欧式餐厅

以下是场景中的物体赋予材质后的效果,如图7-2-2所示。

图7-2-2 赋予材质后的欧式餐厅

继续设置厨房中的一些主要材质,材质包括基础材质、家具材质和装饰品材质。

7.3 设置场景基础材质

厨房中的基础材质有地砖、墙体、玻璃等材质,如图7-3-1所示,下面将说明它们的具体设置方法。

图7-3-1 基础材质

7.3.1 设置墙体材质

01 首先打开配套光盘中的"厨房.max"文件,如图7-3-2所示。

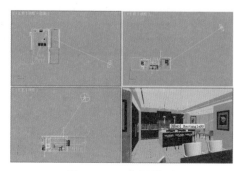

图7-3-2 空间模型

02 打开材质编辑器,在材质编辑器中新建一个 ⚫VR材质,设置墙体材质的漫反射,将漫反射中的颜色数值分别设置为255/236/216,参数设置如图7-3-3所示。

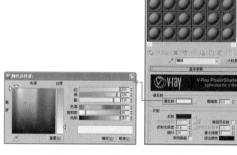

图7-3-3 设置材质漫反射

03 设置墙体材质的漫反射后,调整反射参数,在这里设置的反射很小,分别设置颜色参数为13/13/13,调整"反射光泽度"为0.6,提高"细分"值为24,参数设置如图7-3-4所示。

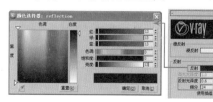

图7-3-4 设置墙体反射

04 参数设置完成，材质球最终的显示效果如图7-3-5所示。

图7-3-5 墙体材质球

7.3.2 设置地砖材质

01 接下来设置地砖的材质，在材质编辑器中新建一个 ●VR材质包裹器，先来设置基本材质通道中的材质，在基本材质通道中添加 ●VR材质，并设置"接受全局照明"参数为1.2。参数设置如图7-3-6所示。

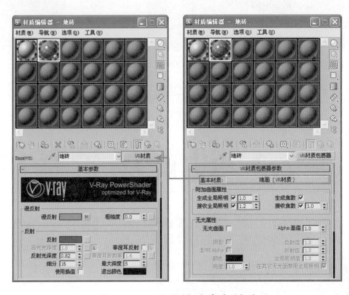

图7-3-6 设置材质基本材质

02 设置材质漫反射的参数，在漫反射通道中添加一张地砖材质的贴图，将贴图"模糊"值设置0.1，参数设置如图7-3-7所示。

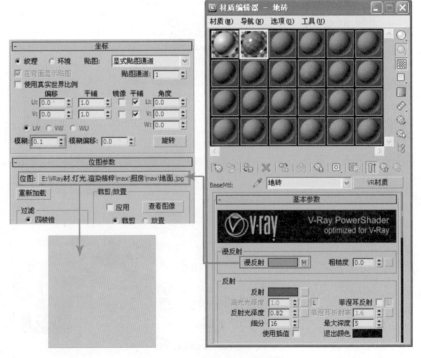

提示：

设置位图贴图的模糊数值为0.1，可以有效地提高贴图的渲染清晰度。

图7-3-7 设置地砖漫反射

03 添加完贴图后设置地砖的反射参数，在这里将地面的反射参数分别设置为72/72/72,并设置"反射光泽度"为0.82，提高"细分"值为16,具体设置如图 7-3-8 所示。

图7-3-8 设置地砖反射

提示：

将"反射"选项中的"细分"值设置为16,是为了减小模糊反射时产生的噪点，但会增加一定的渲染时间。

04 设置 UVW 贴图，选择地砖模型，在修改器列表中添加"UVW 贴图"修改器，设置贴图类型为"长方体"，将长度、宽度与高度参数均设置为 600mm,具体设置如图7-3-9 所示。

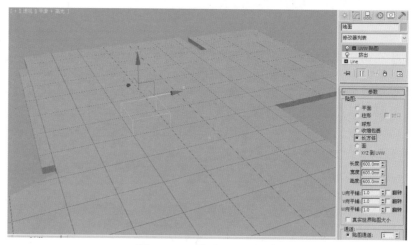

图7-3-9 设置UVW贴图

05 参数设置完成，材质球最终的显示效果如图 7-3-10 所示。

7.3.3 设置马赛克材质

01 打开材质编辑器，在材质编辑器中新建一个 ● VR材质，设置马赛克材质的漫反射，在漫反射通道中添加一张位图贴图，参数设置如图 7-3-11 所示。

图7-3-10 地砖材质球

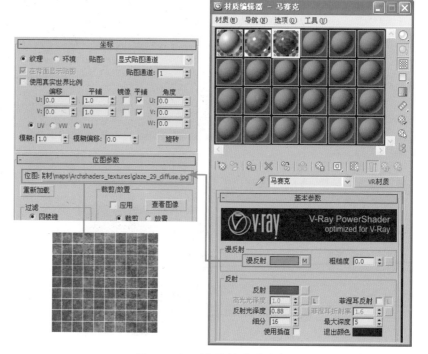

图7-3-11 设置材质漫反射

02 设置马赛克材质的漫反射后，调整反射参数，在这里设置的反射很小，分别设置颜色参数为69/69/69，调整"反射光泽度"为0.88，提高"细分"值为16，具体参数设置如图7-3-12所示。

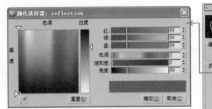

图7-3-12　设置马赛克反射

知识点：

VRay材质中的"光泽度"与"细分"是两个非常重要的参数。光泽度最大值为1，最小值为0。光泽度越大，物体的反射模糊感就越弱。光泽度越小，物体的反射模糊感就越强。细分值默认为8，细分值越高模糊反射的颗粒感越小越细腻。细分值越高同样可以减少图像的噪点，以达到提高渲染质量。

03 在材质编辑器的"贴图"卷展栏中，设置凹凸贴图，将漫反射通道中的贴图以"实例"形式复制到凹凸通道中，凹凸数值设置为50，参数如图7-3-13所示。

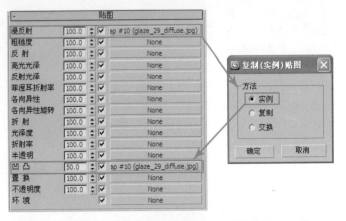

图7-3-13　设置马赛克的凹凸贴图

04 设置UVW贴图，选择马赛克模型，在修改器列表中添加"UVW贴图"修改器，设置贴图类型为"长方体"，将长度、宽度与高度参数均设置为400mm，具体设置如图7-3-14所示。

图7-3-14　设置UVW贴图

05 参数设置完成，材质球最终的显示效果如图7-3-15所示。

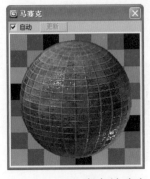

图7-3-15　马赛克材质球

7.3.4 设置橱柜材质

01 打开材质编辑器，在材质编辑器中新建一个 ●VR材质，设置橱柜材质的漫反射，在漫反射通道中添加一张位图贴图，将贴图"模糊"值设置为0.1，参数设置如图7-3-16所示。

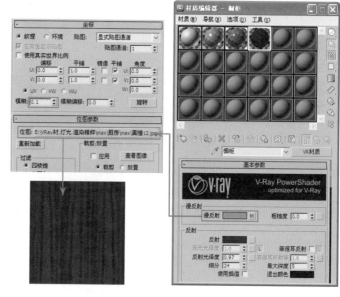

图7-3-16 设置材质漫反射

02 设置橱柜材质的漫反射后，调整反射参数，在这里设置的反射很小，分别设置颜色参数为34/34/34，调整"反射光泽度"为0.97，提高"细分"值为24，参数设置如图7-3-17所示。

图7-3-17 设置橱柜反射

03 设置UVW贴图，选择橱柜模型，在修改器列表中添加"UVW贴图"修改器，设置贴图类型为"长方体"，将长度、宽度与高度参数均设置为500mm，设置如图7-3-18所示。

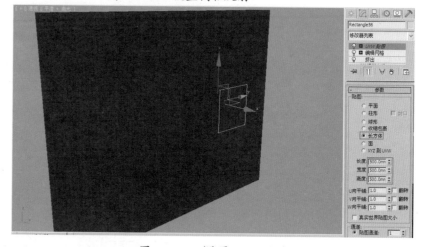

图7-3-18 设置UVW贴图

04 参数设置完成，材质球最终的显示效果如图7-3-19所示。

图7-3-19 橱柜材质球

7.3.5 设置台面材质

01 打开材质编辑器，在材质编辑器中新建一个 ● VR材质，设置台面材质的漫反射，在漫反射通道中添加一张位图贴图，参数设置如图7-3-20所示。

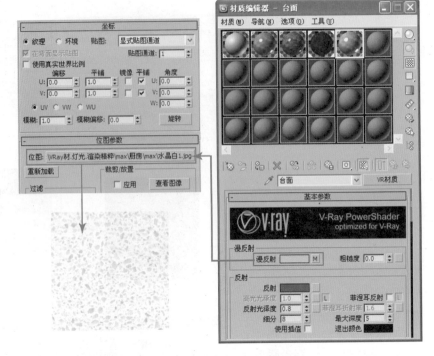

图7-3-20　设置材质漫反射

02 设置台面材质的漫反射后，调整反射参数，在这里设置的反射很小，分别设置颜色参数为81/81/81，调整"反射光泽度"为0.8，参数设置如图7-3-21所示。

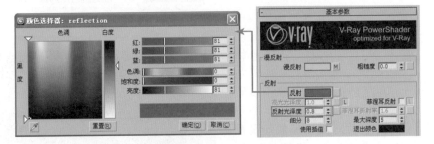

图7-3-21　设置台面反射

03 在材质编辑器的"贴图"卷展栏中设置凹凸贴图，将漫反射通道中的贴图以"实例"形式复制到凹凸通道中，凹凸数值设置为30，参数如图7-3-22所示。

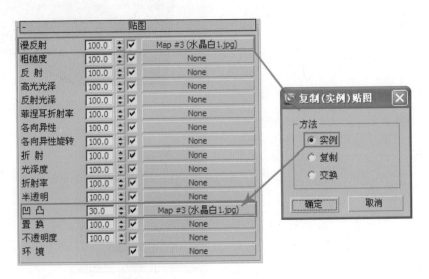

图7-3-22　设置台面的凹凸贴图

04 设置 UVW 贴图，选择台面模型，在修改器列表中添加"UVW 贴图"修改器，设置贴图类型为"长方体"，将长度、宽度与高度参数均设置为 800mm，具体设置如图 7-3-23 所示。

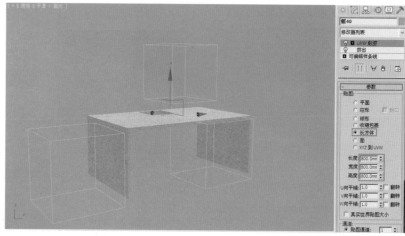

图7-3-23 设置UVW贴图

05 参数设置完成，材质球最终的显示效果如图 7-3-24 所示。

图7-3-24 台面材质球

7.3.6 设置金属材质

01 接下来设置金属的材质，在材质编辑器中新建一个 ●VR材质，设置金属材质的漫反射，设置漫反射颜色数值分别设置为 178/178/178，参数设置如图 7-3-25 所示。

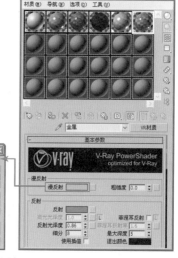

图7-3-25 设置材质漫反射

02 设置金属材质的漫反射后，调整反射参数，在这里设置的反射很大，分别设置颜色参数为 112/112/112，调整"反射光泽度"为 0.86，参数设置如图 7-3-26 所示。

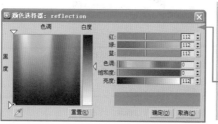

图7-3-26 设置金属反射

03 参数设置完成，材质球最终的
显示效果如图7-3-27所示。

图7-3-27 金属材质球

7.3.7 设置窗框材质

01 接下来设置窗框的材质，在
材质编辑器中新建一个
● VR材质，设置窗框材质
的漫反射颜色为白色，漫
反射颜色数值分别设置为
223/223/223，参数设置如
图7-3-28所示。

图7-3-28 设置材质漫反射

02 设置窗框材质的漫反射后，
调整反射参数，在这里设置
的反射很小，分别设置颜色
参数为47/47/47，调整"反
射光泽度"为0.7，参数设
置如图7-3-29所示。

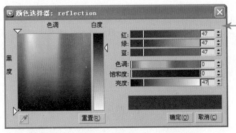

图7-3-29 设置窗框反射

03 参数设置完成，材质球最终的
显示效果如图7-3-30所示。

图7-3-30 窗框材质球

7.3.8 设置玻璃材质

01 打开材质编辑器，在材质编辑器中新建一个 ⬤VR材质，设置玻璃材质，设置玻璃的漫反射的颜色为淡蓝色，颜色数值设置为 233/255/251，如图 7-3-31 所示。

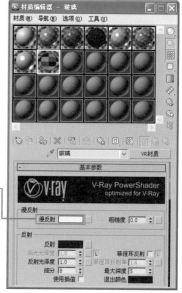

图7-3-31　设置玻璃的漫反射

02 设置完漫反射颜色后，调整反射，因为反射很小。所以反射颜色数值分别设置为 18/18/18，参数设置如图 7-3-32 所示。

图7-3-32　设置玻璃的反射

03 玻璃为透明的物体，所以要设置折射参数，在这里将玻璃的折射颜色数值分别设置为 255/255/255，为了更好的表现玻璃的效果，将"折射率"设置为 1.55，同时勾选"影响阴影"选项，选择影响通道为"颜色 +alpha"，具体参数如图 7-3-33 所示。

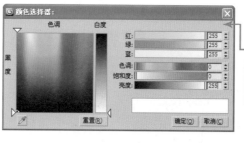

图7-3-33　设置玻璃的折射

04 参数设置完成，材质球最终的显示效果如图 7-3-34 所示。

图7-3-34　玻璃材质球

7.3.9 设置发光灯片材质

01 接下来设置发光灯片的材质，
在材质编辑器中新建一个
VR灯光材质，设置颜色数值分
别为255/255/255，数值设置
为3，参数设置如图7-3-35
所示。

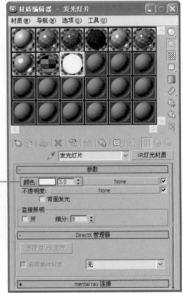

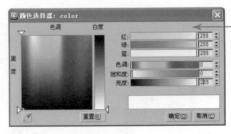

图7-3-35 设置发光灯片材质

02 参数设置完成，材质球最终的
显示效果如图7-3-36所示。

图7-3-36 发光灯片材质球

到这里，场景的基础材质已经设置完毕，查看基础材质设置效果，如图7-3-37所示。

图7-3-37 基础材质的渲染效果

7.4 设置空间家具的材质

设置茶几材质，茶几材质包括玻璃和金属腿，其中金属腿的材质制作和基础材质中的金属材质设置相同。下面讲解茶几中玻璃材质的做法，如图7-4-1所示。

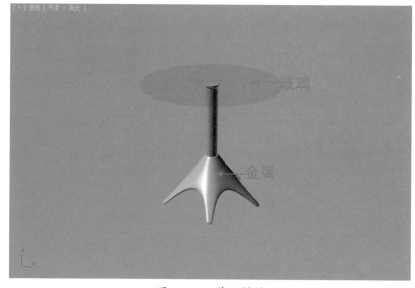

图7-4-1 茶几材质

01 打开材质编辑器，在材质编辑器中新建一个 VR材质，设置玻璃材质，设置玻璃的漫反射颜色为黑色。颜色数值设置为0/0/0，如图7-4-2所示。

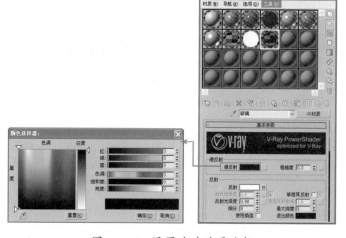

图7-4-2 设置玻璃的漫反射

02 设置完漫反射后，设置反射。在反射通道中添加一张 衰减 贴图，"反射光泽度"设置为0.98。参数如图7-4-3所示。

图7-4-3 设置玻璃的反射

03 设置衰减参数中颜色1设置为37/37/37,颜色2设置为255/255/255,"衰减类型"设置为Fresnel,具体参数如图7-4-4所示。

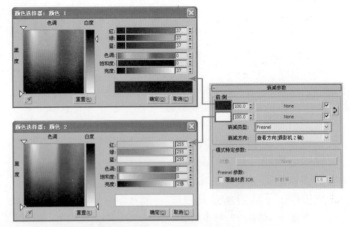

图7-4-4 设置玻璃材质

04 反射设置完成后，设置折射在通道中添加一张 ▨衰减 贴图，如图7-4-5所示。

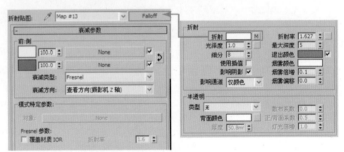

图7-4-5 设置玻璃的折射

05 设置衰减参数中颜色1设置为237/237/237,颜色2设置为96/96/96,"衰减类型"设置为Fresnel,如图7-4-6所示。

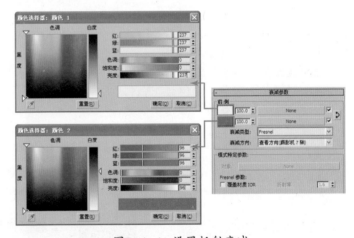

图7-4-6 设置折射衰减

06 玻璃为透明的物体，所以要设置折射参数，为了更好的表现玻璃的效果，将"折射率"设置为1.672,同时勾选"影响阴影"选项，"影响通道"中选择"仅颜色"选项。勾选"退出颜色"选项，退出颜色数值分别设置为79/124/81,烟雾颜色数值分别设置为250/255/252,"烟雾倍增"设置为0.1,具体参数如图7-4-7所示。

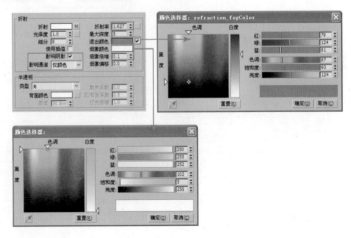

图7-4-7 设置玻璃折射

07 参数设置完成, 材质球最终的显示效果如图 7-4-8 所示。

茶几的材质已经设置完毕, 查看茶几材质设置效果, 如图 7-4-9 所示。

图7-4-8 玻璃材质球

图7-4-9 茶几材质的渲染效果

7.4.2 设置椅子材质

设置椅子材质, 椅子材质包括椅垫和不锈钢, 下面讲解椅子材质的做法, 如图 7-4-10 所示。

图7-4-10 椅子材质

01 打开材质编辑器, 在材质编辑器中新建一个 VR材质, 设置椅垫材质的漫反射, 在漫反射通道中添加一张位图贴图, 参数设置如图 7-4-11 所示。

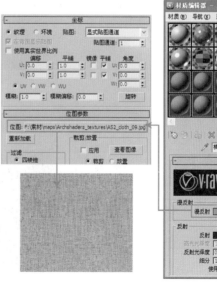

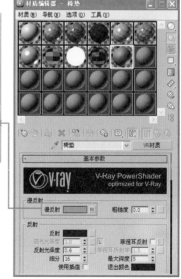

图7-4-11 设置材质漫反射

02 设置椅垫材质的漫反射后，调整反射参数，在这里设置的反射很小，分别设置颜色参数为15/15/15，调整"反射光泽度"为0.6，"细分"值设置为16，参数设置如图7-4-12所示。

图7-4-12 设置椅垫反射

03 参数设置完成，材质球最终的显示效果如图 7-4-13 所示。

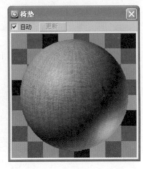

图7-4-13 椅垫材质球

04 设置完椅垫材质后设置不锈钢材质，打开材质编辑器，在材质编辑器中新建一个 ●VR材质，设置不锈钢材质的漫反射，设置颜色数值分别为 10/10/10，参数设置如图 7-4-14 所示。

图7-4-14 设置材质漫反射

05 设置不锈钢材质的漫反射后，调整反射参数，在这里设置的反射很小，分别设置颜色参数为20/20/20，调整"反射光泽度"为0.86，参数设置如图7-4-15所示。

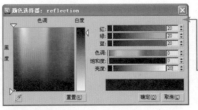

图7-4-15 设置不锈钢反射

06 参数设置完成，材质球最终的显示效果如图 7-4-16 所示。

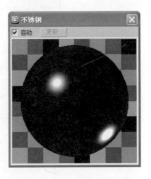

图7-4-16 不锈钢材质球

椅子的材质已经设置完毕，查看椅子材质设置效果，如图7-4-17所示。

图7-4-17　椅子材质的渲染效果

7.4.3　设置椅子2材质

设置椅子2材质，椅子2材质包括椅垫和金属，其中金属的材质制作和基础材质中的金属材质设置相同。下面讲解椅子2中椅布材质的做法，如图7-4-18所示。

图7-4-18　椅子2材质

01 打开材质编辑器，在材质编辑器中新建一个 ●VR材质，设置椅布材质的漫反射，颜色数值分别为255/238/211，参数设置如图7-4-19所示。

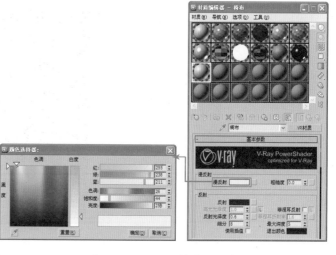

图7-4-19　设置材质漫反射

02 设置椅布材质的漫反射后，调整反射参数，在这里设置的反射很小，分别设置颜色参数为13/13/13，调整"反射光泽度"为0.6，参数设置如图7-4-20所示。

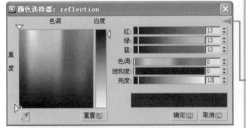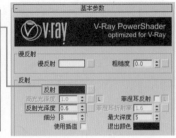

图7-4-20　设置椅布反射

03 参数设置完成，材质球最终的显示效果如图7-4-21所示。

椅子2的材质已经设置完毕，查看椅子2材质设置效果，如图7-4-22所示。

图7-4-21　椅布材质球

图7-4-22　椅子2材质的渲染效果

7.4.4　设置装饰画材质

设置装饰画材质，装饰画材质包括挂画和画框，下面讲解装饰画材质的做法。如图7-4-23所示。

图7-4-23　装饰画材质

01 打开材质编辑器，在材质编辑器中新建一个 ⬤VR材质，设置挂画材质的漫反射，在漫反射通道中添加一张位图贴图，参数设置如图7-4-24所示。

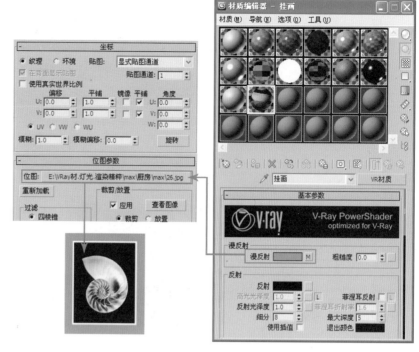

图7-4-24 设置材质漫反射

02 参数设置完成，材质球最终的显示效果如图7-4-25所示

图7-4-25 挂画材质球

03 设置完挂画材质后设置画框材质，打开材质编辑器，在材质编辑器中新建一个 ⬤VR材质，设置画框材质的漫反射，设置颜色数值分别为20/20/20，参数设置如图7-4-26所示。

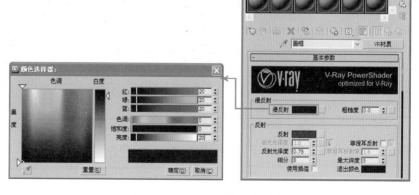

图7-4-26 设置材质漫反射

04 设置画框材质的漫反射后，调整反射参数，在这里设置的反射很小，分别设置颜色参数为 49/49/49，调整"反射光泽度"为 0.75。参数设置如图 7-4-27 所示。

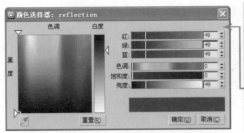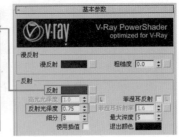

图7-4-27 设置画框反射

05 参数设置完成，材质球最终的显示效果如图 7-4-28 所示。

图7-4-28 画框材质球

装饰画的材质已经设置完毕，查看装饰画材质设置效果，如图 7-4-29 所示。

图7-4-29 装饰画材质的渲染效果

7.5 创建灯光与测试面板

材质设置完成以后，接下来讲述如何为场景创建灯光，以及 VRay 参数面板中的各项设置，在渲染成图之前，要先将 VRay 面板中的参数设置得低一点，从而提高测试渲染的速度。

7.5.1 设置测试渲染参数

01 按快捷键 F10 打开 VRay 渲染器面板，设置 VRay 的全局开关，进入 **V-Ray:: 全局开关[无名]**，将默认灯光设置为"关"的状态，其实默认灯光选项在空间中有光源的情况下就会自动失效。设置参数如图 7-5-1 所示。

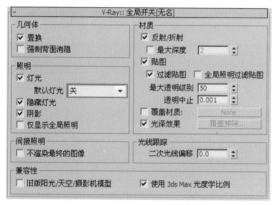

图7-5-1 设置全局开关参数

02 在 **V-Ray:: 图像采样器(反锯齿)** 中设置图像采样器类型为"固定"类型，抗锯齿为关毕状态，如图 7-5-2 所示。

图7-5-2 设置图像采样参数

加速点：

默认参数中的"固定"是 VRay 所有采样器渲染中最快的。这也是选择它作为测试渲染采样器的原因。它的好处是高速，但渲染时的锯齿较大，只能作为观察图像大效果的图像采样。

03 进入 **V-Ray:: 间接照明(GI)**，打开全局光焦散，设置全局光引擎类型，首次反弹类型为"发光图"，二次反弹类型为"灯光缓存"，之后使用的类型都是这两种，发光图与灯光缓存相结合渲染速度

比较快，质量也比较好。如图 7-5-3 所示。

图7-5-3 设置间接照明参数

04 进入 **V-Ray:: 发光图[无名]**，设置发光图参数，设置当前预置为"非常低"，选择模式为"单帧"模式。如图 7-5-4 所示。

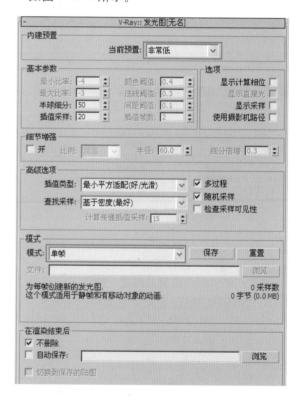

图7-5-4 设置发光图参数

加速点：

如果场景空间较大、物品较多，在选择"非常低"选项后，测试渲染的速度依然很慢，那就需要再次对发光图里的参数进行适当的修改。降低半球细分的值，将 50 更改为 20~30。

05 在 **V-Ray:: 灯光缓存** 中设置灯光缓存渲染参数"细分"值为 100，在"重建参数"中勾选"对光泽光线使用灯光缓存"选项，这会加快渲染速度，对渲染质量没有任何影响，其他设置如图 7-5-5 所示。

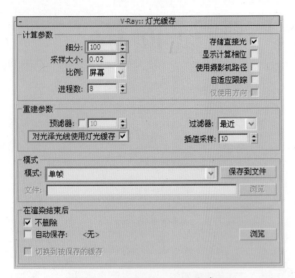

图7-5-5 设置灯光缓存参数

加速点：

降低细分值可以提高计算灯光缓存所用的时间，提高测试效率。勾选"光泽光线使用灯光缓存"选项同样是为了减少测试渲染的时间。

06 在 V-Ray:: 颜色贴图 中，设置曝光模式为指数曝光类型。如图 7-5-6 所示。

图7-5-6 设置颜色贴图

07 设置测试渲染图像的大小，把测试图像大小设置为 500×358，这样不仅可以观察到渲染的大体效果，还可以提高测试速度，如图 7-5-7 所示。

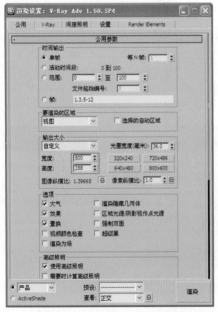

图7-5-7 设置渲染图像大小

7.5.2 太阳光的创建

01 单击 创建命令面板中的 图标，在下拉列表中选择 Vray 选项，如图 7-5-8 所示。

图7-5-8 VRay灯光创建面板

02 单击"VR 太阳"按钮，在视图中创建 VRay 的太阳系统，并在弹出的对话框中单击"否"按钮，VR 太阳的角度，如图 7-5-9 所示。

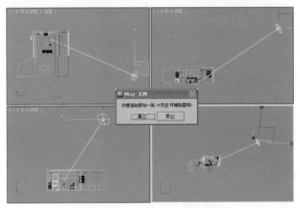

图7-5-9 创建VRay太阳

03 VRay 太阳的参数设置，"强度倍增"设置为 0.03，如图 7-5-10 所示。

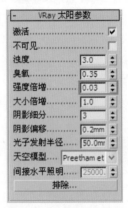

图7-5-10 设置VRay太阳参数

7.5.3 室外天光的创建

01 按 8 键，打开"环境和效果"面板。在环境贴图面板中添加 VR天空 贴图，如图 7-5-11 所示。

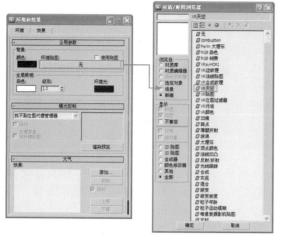

图7-5-11　创建VRay天空光

02 将 VRay 天空光按"实例"方式拖入材质编辑器中。设置"太阳强度倍增器"参数为 0.07，如图 7-5-12 所示。

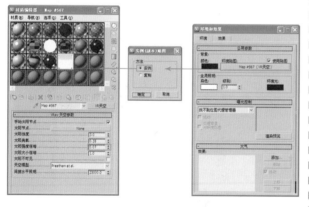

图7-5-12　以实例方式复制VRay天光到材质编辑器

03 在相机视图中按快捷键 F9，对相机角度进行渲染测试，测试效果如图 7-5-13 所示。

图7-5-13　测试渲染效果

7.5.4　窗口处VRay灯光的创建

01 在这个空间中创建一面 VRay 灯光模拟室外光。

单击 创建命令面板中的 图标，在相应的面板中，单击 VRay 类型中的"VRay 灯光"按钮，创建灯光大小与窗口大小一致，将灯光的类型设置为"平面"，参数如图 7-5-14 所示。

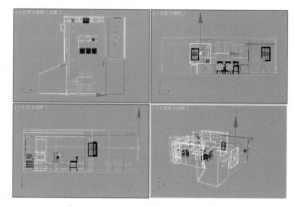

图7-5-14　创建VRay灯光

02 设置灯光大小为 800mm×750mm，设置灯光的颜色分别为 173/219/255，灯光强度"倍增器"为 7，参数设置如图 7-5-15 所示。

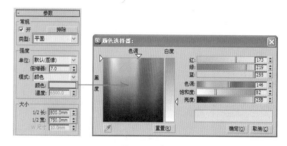

图7-5-15　设置VRay灯光参数

03 在选项设置面板中勾选"不可见"选项，为了不让灯光参加反射在这里取消勾选"影响反射"选项，并设置"细分"值为 16，参数设置如图 7-5-16 所示。

图7-5-16　设置VRay灯光参数

7.5.5 橱柜处VRay灯光的创建

01 在橱柜的下方创建一面 VRay 灯光模拟射灯。单击创建命令面板中的图标，在相应的面板中，单击 VRay 类型中的"VRay 灯光"按钮，创建灯光大小与橱柜下方灯槽大小一致，将灯光的类型设置为"平面"，参数如图 7-5-17 所示。

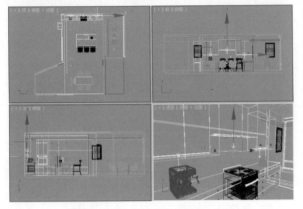

图7-5-17　创建VRay灯光

02 设置灯光大小为 575mm×36mm，设置灯光的颜色分别为 255/193/84，灯光强度"倍增器"为40，参数设置如图 7-5-18 所示。

图7-5-18　设置VRay灯光参数

03 在选项设置面板中勾选"不可见"选项，为了不让灯光参加反射在这里取消勾选"影响反射"选项，并设置"细分"值为 20，参数设置如图 7-5-19 所示。

图7-5-19　设置VRay灯光参数

提示：

设置VRay灯光中的细分值，可以提高灯光的光影效果，降低阴影噪点。但过高的细分值会降低渲染速度。勾选VR灯光的"不可见"选项，可以让相机看不见VR灯光，但VR灯光对室内还是照明。取消勾选VR灯光的"影响反射"选项，可以让室内有反射的物体反射室外的天光。

04 接着在橱柜的下方创建另一面 VRay 灯光模拟射灯。单击创建命令面板中的图标，在相应的面板中，单击 VRay 类型中的"VRay 灯光"按钮，将灯光的类型设置为"平面"，如图7-5-20 所示。

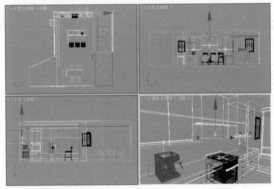

图7-5-20　创建VRay灯光

05 设置灯光大小为 2037mm×50mm，设置灯光的颜色分别为 255/196/92，灯光强度"倍增器"为5，参数设置如图 7-5-21 所示。

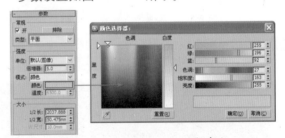

图7-5-21　设置VRay灯光参数

06 在选项设置面板中勾选"不可见"选项，为了不让灯光参加反射在这里取消勾选"影响反射"选项，具体参数设置如图 7-5-22 所示。

图7-5-22　设置VRay灯光参数

7.5.6 顶面处创建VRay灯光模拟灯带

01 在顶面处创建一面 VRay 灯光模拟灯带。单击 图标创建命令面板中的 图标，在相应的面板中，单击 VRay 类型中的"VRay 灯光"按钮，创建灯光大小与灯带大小一致，将灯光的类型设置为"平面"，参数如图 7-5-23 所示。

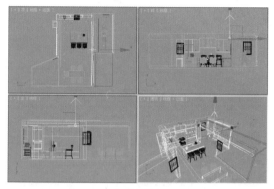

图7-5-23 创建VRay灯光

02 设置灯光大小为 124mm×3796mm，设置灯光的颜色分别为 255/201/107，灯光强度"倍增器"为 2，参数设置如图 7-5-24 所示。

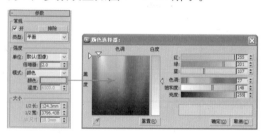

图7-5-24 设置VRay灯光参数

03 在选项设置面板中勾选"不可见"选项，为了不让灯光参加反射在这里取消勾选"影响反射"选项，参数设置如图 7-5-25 所示。

图7-5-25 设置VRay灯光参数

7.5.7 吊灯下射灯的创建

01 在顶面吊灯处创建 VRay 灯光，单击 创建命令

面板中的 图标，在相应的面板中，单击光度学类型中的"自由灯光"按钮，将灯光的类型设置为"光度学 Web"，参数设置如图 7-5-26 所示。

图7-5-26 创建射灯

02 创建自由灯光，开启灯光，设置阴影为 VRay 阴影。同时设置灯光分布类型为"光度学 Web"类型，参数设置如图 7-5-27 所示。

图7-5-27 设置自由灯光参数

03 设置自由灯光的颜色分别为 255/184/91，"强度"设置为 34000，在"图形 / 区域阴影"卷展栏中使用默认的"点光源"方式，参数设置如图 7-5-28 所示。

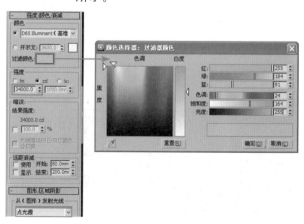

图7-5-28 设置自由灯光参数

04 单击"选择分布光度学文件"按钮找到文件，参数设置如图 7-5-29 所示。

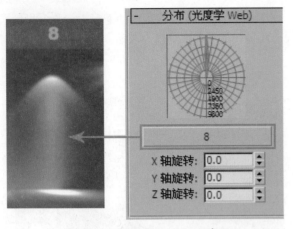

图7-5-29 设置自由灯光参数

图7-5-32 设置自由灯光参数

05 在"VRay 阴影参数"卷展栏中勾选"区域阴影"选项,并选择"球体"方式,大小设置为U30/V30/W30,参数设置如图 7-5-30 所示。

图7-5-30 设置自由灯光参数

03 设置自由灯光的颜色分别为 255/236/206,"强度"设置为8100,在"图形/区域阴影"卷展栏中使用默认的"点光源"方式,参数设置如图 7-5-33 所示。

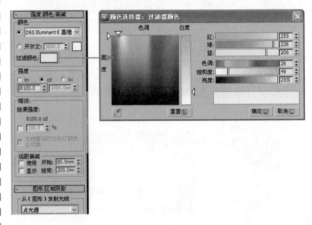

图7-5-33 设置自由灯光参数

7.5.8 筒灯下射灯的创建

01 在顶面筒灯处创建 VRay 灯光,单击 创建命令面板中的 图标,在相应的面板中,单击"光度学"类型中的"自由灯光"按钮,将灯光的类型设置为"光度学 Web",参数设置如图 7-5-31 所示。

图7-5-31 创建射灯

02 创建自由灯光,开启灯光,设置阴影为 VRay 阴影。同时设置灯光分布类型为"光度学 Web"类型,参数设置如图 7-5-32 所示。

04 单击"选择分布光度学文件"按钮找到文件,参数设置如图 7-5-34 所示。

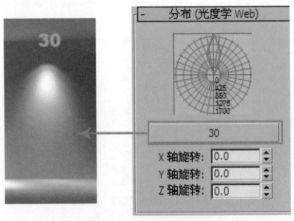

图7-5-34 设置自由灯光参数

05 在"VRay 阴影参数"卷展栏中勾选"区域阴影"选项,并选择"球体"方式,大小设置为U30/V30/W30,参数设置如图 7-5-35 所示。

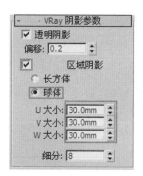

图7-5-35 设置自由灯光参数

06 在相机视图中按快捷键F9，对相机角度进行渲染测试，测试效果如图7-5-36所示。

图7-5-36 最终测试渲染效果

7.6 设置场景渲染面板

场景测试完毕后，即可正式渲染成品图，以下是成图的参数设置。

7.6.1 发光图与灯光缓存的计算

01 按快捷键F10打开渲染对话框，进入 V-Ray 面板，在 V-Ray:: 全局开关[无名] 卷展栏中设置全局光参数，如图7-6-1所示。

图7-6-1 设置全局开关参数

提示：

在计算发光贴图和灯光缓存时，可以勾选"不渲染最终的图像"选项，这样就可以不渲染最终图像，节约一些时间。

02 设置成图像抗锯齿，进入 V-Ray:: 图像采样器(反锯齿)，设置图像采样器的类型为"自适应确定性蒙特卡洛"，打开"抗锯齿过滤器"，设置类型为"VRay蓝佐斯过滤器"，如图7-6-2所示。

图7-6-2 设置图像采样器参数

03 进入 V-Ray:: 发光图[无名]，设置发光图参数，设置当前预置为"中"，打开"细节增强"选项，如图7-6-3所示。

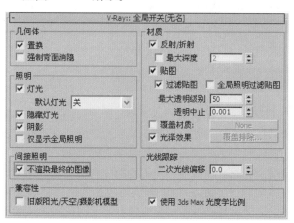

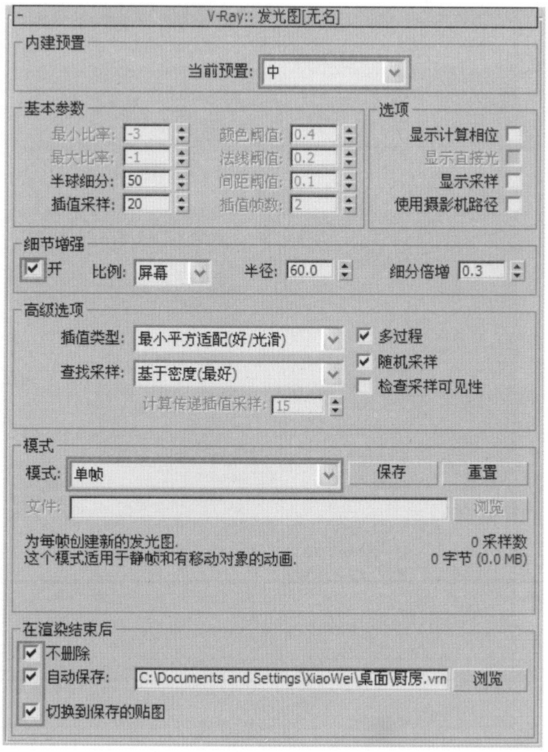

图7-6-3 设置发光图参数

04 进入 V-Ray:: 灯光缓存 ，将灯光缓存的"细分"值设为1000，在"重建参数"中勾选"对光泽光线使用灯光缓存"选项，这会加快渲染速度，对渲染质量没有任何影响，勾选"预滤器"选项，设置如图7-6-4所示。

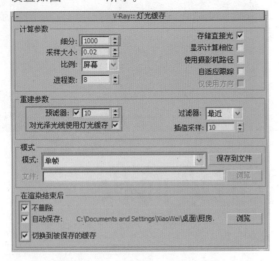

图7-6-4 设置灯光缓存参数

在相机视图中按快捷键F9进行发光贴图与灯光缓存的计算，计算完毕即可进行成图的渲染。

7.6.2 成图渲染参数设置

01 进入渲染器公用面板，设置渲染图像分辨率，一般渲染输出文件是以TGA格式为主，参数如图7-6-5所示。

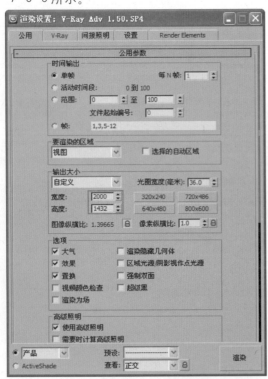

图7-6-5 设置渲染图像大小

02 取消勾选 V-Ray:: 全局开关[无名] 面板中的"不渲染最终的图像"选项，如图7-6-6所示。

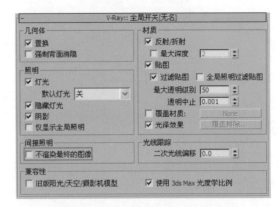

图7-6-6 取消不渲染最终图像

03 这是本场景的最终渲染效果，如图7-6-7所示。

图7-6-7 最终渲染效果

7.6.3 设置色彩通道

经过多个小时的最终图像渲染，就要进入后期制作的步骤了。后期制作的目的是为了弥补渲染中出现的瑕疵和问题，以及图像整体的色彩倾向、亮度和对比度。同时，现在流行的后期制作都需要利用色彩通道，它能够方便在Photoshop中将需要的物体快速准确的选择出来。下面来介绍色彩通道的制作。

01 将文件另存一份，然后删除场景中所有的灯光，单击菜单栏 MAXScript ，单击 运行脚本(R)... 按钮，运行beforeRender.Mse插件，如图7-6-8所示。

图7-6-8 通道插件

02 进入 VRay 的渲染面板，按 F10 键选择 V-Ray ，在 V-Ray:: 全局开关[无名] 中取消所有选项的勾选，并在间接照明中将 GI 关掉，如图 7-6-9 所示。

图7-6-9 颜色通道面板设置

03 勾选插件面板中"转换所有材质"选项，再单击 转换为通道渲染场景 图标，将所有材质转化为 3ds Max 标准材质的自发光材质，如图 7-6-10 所示。

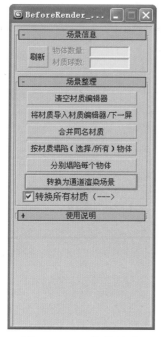

图7-6-10 转换材质

04 所有材质已经转化为 3ds Max 标准材质的自发光材质，如图 7-6-11 所示。

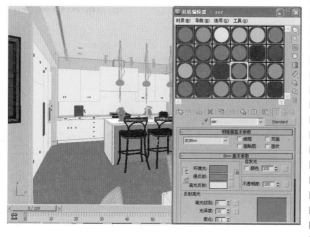

图7-6-11 色彩通道

知识点：

"转换所有材质"的意思是在执行命令时，将场景中所有非标准材质转换为标准材质。也就是说在之前设置的所有VRay材质都将转换为3ds Max的标准材质，方便正确的制作色彩通道。

取消所有选项的勾选是为了让通道渲染得更快。色彩通道用途是为了在后期处理中方便选择不同材质的各个部分，所以无须带有反射、贴图以及进行GI计算。

05 渲染色彩通道的尺寸一定要与成图的渲染尺寸保持一致，命名为"厨房 td.tga"渲染通道，如图 7-6-12 所示。

图7-6-12 色彩通道图

提示：

BeforeRender是一个非常方便的材质插件，它能够非常方便快速的制作常用的色彩通道图。

7.6.4 Photoshop后期处理

最后，使用Photoshop软件为渲染的图像进行亮度、对比度、色彩饱和度、色阶等属性的调整，以下是场景后期步骤。

01 在 Photoshop 里，将渲染出来的最终图像和色彩通道打开，如图 7-6-13 所示。

图7-6-13 打开最终渲染图像和通道

02 使用箱工具中的 🔁 "移动"工具，按住 Shift 键，将"厨房 td.tga"拖入"厨房 .tga"。调整图层关系，让厨房图层在上，通道图层在下，如图 7-6-14 所示。

图7-6-14 移动命令

技术点评：

将色彩通道图拖入到厨房.tga中，可以保留窗户玻璃的Alpha通道，方便后期添加室外背景。之前在设置玻璃VRay材质时在折射栏里使用了影响通道为"颜色+Alpha"，而且渲染最终图像时也使用的是tga格式，所以玻璃透明通道得以保留，如图7-6-15所示。

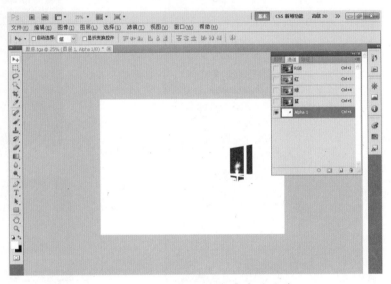

图7-6-15 保留后的玻璃透明通道

03 利用色彩通道调整局部单个物体的明暗关系和色彩关系，单击"色彩通道"图层，按快捷键 W 选 🔳 "魔棒"工具。把"容差"值调为30。在厨房顶面上单击鼠标，会有选区出现，如图 7-6-16 所示。

图7-6-16 复制图层

04 按快捷键 Ctrl+J 复制一个顶面图层后，再按快捷键 Ctrl+L，调整顶面图层的色阶，让顶面稍微显得洁净一些，如图 7-6-17 所示。

图7-6-17　调整色阶

05 单击色彩通道图层，按快捷键 W 选择 "魔棒" 工具。在地砖上单击鼠标，当选区出现时，选择图层 0，再按快捷键 Ctrl+J，复制一个图层，如图 7-6-18 所示。

图7-6-18　复制图层

06 再按快捷键 Ctrl+M，调整地砖的曲线，如图 7-6-19 所示。

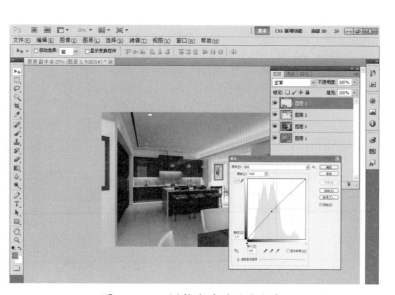

图7-6-19　调整地砖图层的曲线

07 单击色彩通道图层，按快捷键W
选择 "魔棒" 工具。在椅子上
单击鼠标，当选区出现时，选择
图层 0，再按快捷键 Ctrl+J，复
制一个图层，7-6-20 所示。

图7-6-20　复制图层

08 按快捷键Ctrl+J复制一个图层后，
再按快捷键 Ctrl+L，调整图层的
色阶，让椅子稍微显得洁净一些，
如图 7-6-21 所示。

图7-6-21　调整色阶

09 使用不同的方法依次调整金属和
椅垫等。再对整个空间进行整体
的调整，如图 7-6-22 所示。

图7-6-22　对空间进行整体的调整

10 对整个空间调整完后，对整体添加一个"色彩平衡"调整图层，如图 7-6-23 所示。

图7-6-23　添加色彩平衡

11 添加完成后，双击"色彩平衡"图层，在"调整"面板中进行修改，如图 7-6-24 所示。

图7-6-24　调整色彩平衡颜色

12 然后对整个空间进行色阶的调整，添加一个"色阶"调整图层，如图 7-6-25 所示。

图7-6-25　添加色阶

13 添加完成后，双击"色阶"图层，在"调整"面板中进行修改，如图7-6-26所示。

图7-6-26 调整色阶颜色

14 接下来，添加背景环境，打开光盘中的背景图，如图7-6-27所示。

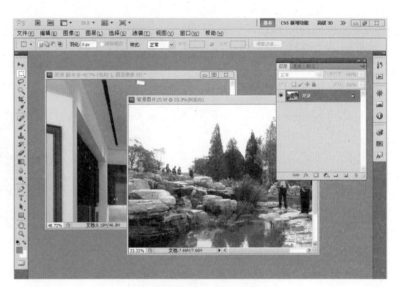

图7-6-27 打开背景图片

15 利用 "移动"工具将背景图拖放到"厨房"图像中，并将背景图放置在玻璃的位置，如图7-6-28所示。

图7-6-28 将背景图拖放到厨房中

16 进入"通道"面板，按住 Ctrl 键，再单击"通道"面板里的 Alpha1 通道。这时，会出现选区，再按快捷键 Ctrl+Shift+I，将其反选，如图 7-6-29 所示。

图7-6-29 调整选区

17 回到"图层"面板中，选择背景的图层，单击"图层"面板下的 ▣ "添加矢量蒙版"按钮，如图 7-6-30 所示。

图7-6-30 添加矢量蒙版

18 单击中间的▣按钮，取消背景图片与蒙版的连接，再单击左侧的背景图层，按 Ctrl+T 键将背影图层扩大到整个玻璃区域，并适当调整背景的大小以及位置，让透视看起来更准确一些，如图 7-6-31 所示。

图7-6-31 调整背景的大小以及位置

19 修改完成确认后，厨房最终效果如图 7-6-32 所示。

图7-6-32 厨房最终效果

提示：

本场景的讲解视频，请参看光盘\视频教学\第7章"厨房"中的内容。

读者意见反馈表

感谢您选择了清华大学出版社的图书，为了更好的了解您的需求，向您提供更适合的图书，请抽出宝贵的时间填写这份反馈表，我们将选出意见中肯的热心读者，赠送本社其他的相关书籍作为奖励，同时我们将会充分考虑您的意见和建议，并尽可能给您满意的答复。

本表填好后，请寄到：北京清华大学出版社学研大厦A座513　陈绿春　收（邮编100084）。也可以采用电子邮件（chenlch@tup.tsinghua.edu.cn）的方式。

书名：_____

个人资料：

姓名：_____ 性别：_____ 年龄：_____ 所学专业：_____ 文化程度：_____

目前就职单位：_____ 从事本行业时间：_____

E_mail地址：_____ 电话：_____

通信地址：_____ 邮编：_____

(1)下面的渲染软件哪一个您比较感兴趣
①VRay　②Lightscape　③Brazil　④Mental Ray
⑤Maxwell　⑥FinalRender　⑦Max　⑧其他
多选请按顺序排列_____
选择其他请写出名称_____

(2)三维类的书您最想学的部分包括
①建模　　②材质　　③贴图　　④灯光
⑤渲染　　⑥后期　　⑦综合　　⑧其他
多选请按顺序排列_____
选择其他请写出名称_____

(3)图书的表现形式，您更喜欢哪些类型
①实例类　　②综合类　　③大全类
④基础类　　⑤理论类　　⑥其他
多选请按顺序排列_____
选择其他请写出名称_____

(4)本类图书的定价，您认为哪个价位更加合理
①48左右　　②58左右　　③68左右
④78左右　　⑤88左右　　⑥其他
多选请按顺序排列_____
选择其他请写出范围_____

(5)您购买本书的因素包括
①封面　　②版式　　③书中的内容
④价格　　⑤作者　　⑥其他
多选请按顺序排列_____
选择其他请写出名称_____

(6)购买本书后您的用途包括
①工作需要　　②个人爱好　　③毕业设计
④作为教材　　⑤培训班　　⑥其他
多选请按顺序排列_____
选择其他请写出名称_____

(7)您对本书封面的满意程度
○很满意　　○比较满意　　○一般　　○不满意
○改进建议或者同类书中你最满意的书名
_____

(8)您对本书版式的满意程度
○很满意　　○比较满意　　○一般　　○不满意
○改进建议或者同类书中你最满意的书名
_____

(9)您对本书光盘的满意程度
○很满意　　○比较满意　　○一般　　○不满意
○改进建议或者同类书中你最满意的书名
_____

(10)您对本书技术含量的满意程度
○很满意　　○比较满意　　○一般　　○不满意
○改进建议或者同类书中你最满意的书名
_____

(11)您对本书文字部分的满意程度
○很满意　　○比较满意　　○一般　　○不满意
○改进建议或者同类书中你最满意的书名
_____

(12)您最想学习此类图书中的哪些知识
_____

(13)您最欣赏的一本VRay的书是
_____

(14)您的其他建议（可另附纸）
_____

注：用电子邮件回复的读者，请将个人资料和书名填写完整，其他项目填序号和答案即可。本页复印有效。